高职高专计算机任务驱动模式教材

C#程序设计项目化教程

赵爱美　张　玲　主　编

清华大学出版社

北京

内容简介

本书是山东省职业教育精品资源共享课程"C#程序设计"的配套教材,也是山东省职业教育教学改革研究重点项目"基于首要教学原理的高职计算机类课程建设研究与实践"阶段性成果之一。本书是按照高职高专软件技术人才培养方案的要求,结合"互联网+教育"实际,总结近几年教学改革经验编写而成。

本书基于 Visual Studio 2012 开发环境,同时也适合 Visual Studio 2010、Visual Studio 2015 和 Visual Studio 2017 开发环境。本书以项目的方式组织教材,同时又兼顾了知识的系统性和完整性。本书共包含5个项目,分为10个学习单元、22个工作任务、60个知识点和60个小案例。5个教学项目(3个入门项目,1个主导项目,1个开放项目)与学生的生活息息相关,是大家感兴趣的内容,阶梯化的项目设计使学生从一开始就能编写项目,保持并激发学生的学习兴趣和动力。在项目的设计上逐层递进,5个项目技术难度由浅入深,技术含量由低到高。越是后面的项目,所包含的知识技能点越多、面越广,学生的自主性学习能力就要更强。入门项目"门票销售系统""打字游戏"和"我的记事本"侧重于C#基本知识点的学习,主导项目"贪吃蛇游戏"侧重于逻辑思维能力和软件开发能力的培养,开放项目"考试管理系统"侧重于学生对知识的融会贯通和自主开发能力的培养。10个单元主要内容包括.NET简介和C#概述、C#语法基础、常用控件、常用类和键盘事件、数组、高级控件、面向对象编程基础、集合、继承和多态、ADO.NET数据库访问技术。每个单元都提供了同步实训和拓展实训,以便实现知识的巩固与迁移。为了方便教学,本书提供了所有配套教学资源包。

本书既可作为高职高专院校学习计算机编程语言的教材,也可作为应用型本科院校、中职学校和培训班的C#教学用书,还可供编程爱好者自学使用。

图书在版编目(CIP)数据

C#程序设计项目化教程/赵爱美,张玲主编.—北京:清华大学出版社,2020.12 (2024.1 重印)
高职高专计算机任务驱动模式教材
ISBN 978-7-302-55938-2

Ⅰ.①C… Ⅱ.①赵… ②张… Ⅲ.①C语言-程序设计-高等职业教育-教材 Ⅳ.①TP312.8

中国版本图书馆CIP数据核字(2020)第120382号

责任编辑:张龙卿
封面设计:徐日强
责任校对:赵琳爽
责任印制:沈 露

出版发行:清华大学出版社
网 址:https://www.tup.com.cn,https://www.wqxuetang.com
地 址:北京清华大学学研大厦A座 **邮 编**:100084
社 总 机:010-83470000 **邮 购**:010-62786544
投稿与读者服务:010-62776969,c-service@tup.tsinghua.edu.cn
质量反馈:010-62772015,zhiliang@tup.tsinghua.edu.cn
课件下载:https://www.tup.com.cn,010-83470410
印 装 者:三河市龙大印装有限公司
经 销:全国新华书店
开 本:185mm×260mm **印 张**:20.25 **字 数**:467千字
版 次:2020年12月第1版 **印 次**:2024年1月第3次印刷
定 价:59.00元

产品编号:062681-01

前言

FOREWORD

C＃读作 C Sharp，是微软公司推出的专门针对.NET 平台而设计的编程语言，它集中了许多语言的优点。由于它是从 C 和 C++ 中派生出来的，因此具有 C++ 的灵活性；同时，由于是微软公司的产品，它又同 VB 一样简单。对于 Web 开发而言，C＃很像 Java，同时又具有 Delphi 的一些优点。微软公司宣称：C＃是开发.NET 框架应用程序的最好语言。C＃在语法上和 Java 类似，但 C＃具备更良好的程序开发环境。

下面的图是全书内容的基本结构。

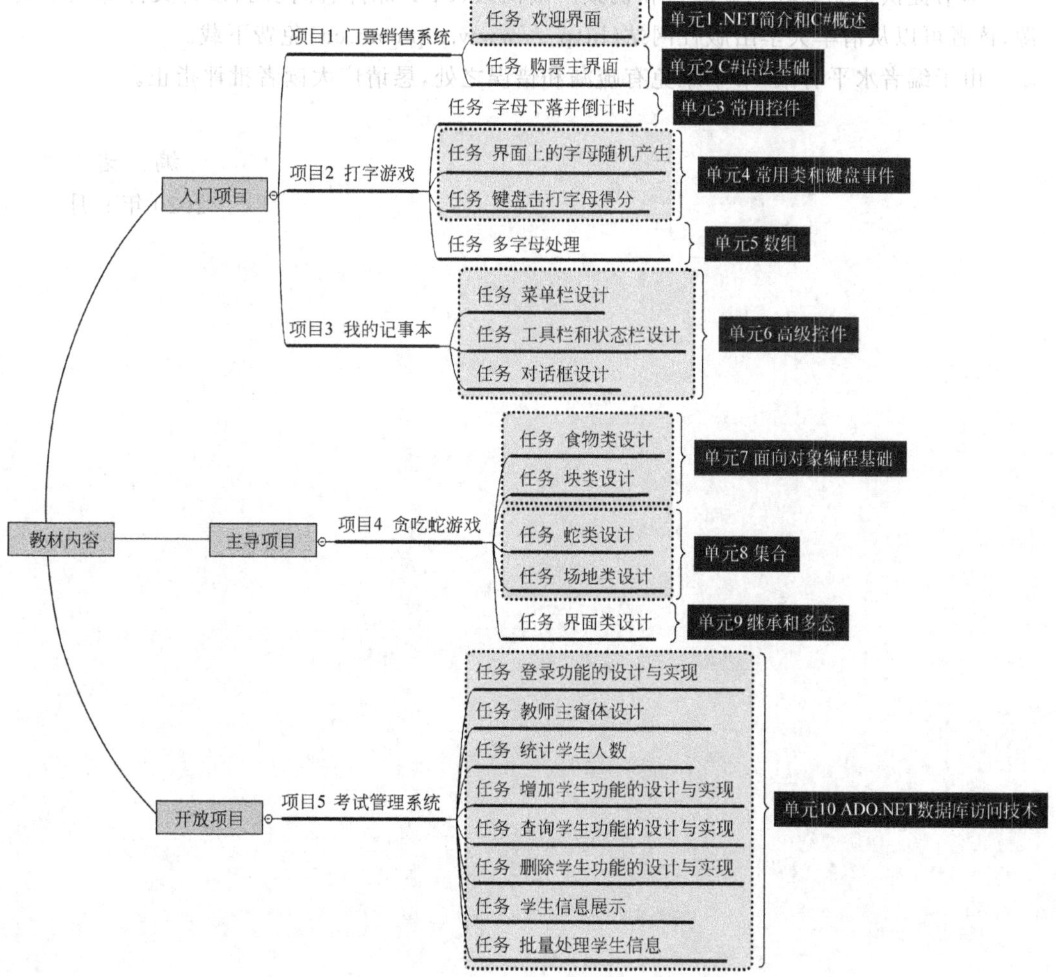

本书以当前发展迅猛的"互联网＋教育"为背景，以项目的方式组织内容，学习的过程就是完成项目的过程，这既激发了学生的学习兴趣，也培养了学生动手能力和解决实际问题的能力，极大地提高了学生的职业技能。但仅以项目来组织内容容易造成知识的零散性和缺失性，所以本书在项目基础上，划分为 10 个单元，保证了知识的系统性和完整性。本书既可以采用传统方式教学，也可以采用翻转课堂或混合式教学模式来开展教学。本书的编者已经基于本书的内容采用了两轮以上的混合式教学，均获得良好的效果。本书教学项目既与知识点紧密联系，又相互独立。教学中可选择以完成项目为主，将部分知识点的学习放到线上进行；也可选择以学习知识点为主，将教学项目放到线下小组合作进行。

本书每个单元都附有工作任务、学习目标、知识要点、典型案例。以通俗易懂的语言、生动有趣的小案例来讲解 C＃知识点。每个单元都附有同步实训和拓展实训及习题，从而实现知识的巩固与扩充。

本书由赵爱美、张玲共同编写。赵爱美主要完成了项目 1～项目 4 的编写，张玲完成了项目 5 的编写。本书在编写过程中参考了大量的资料，采纳了多位同行专家的意见和建议，在此一并表示衷心的感谢！

本书提供了配套教学资源包和视频。微视频、PPT 课件、源代码、素材文件等教学资源，读者可以从清华大学出版社网站(http://www.tup.com.cn)免费下载。

由于编者水平有限，书中难免有疏漏和错误之处，恳请广大读者批评指正。

编　者

2020 年 9 月

目 录

CONTENTS

项目1 门票销售系统

项目2 打字游戏

项目3　我的记事本

单元6　高级控件　/129

项目4　贪吃蛇游戏

单元7　面向对象编程基础　/161

单元8　集合　/199

项目1

门票销售系统

项目描述

到青岛极地海洋世界看海底动物，首先要去售票窗口买票。本项目将开发一个门票销售系统应用程序。

任务分解

本项目分解为 2 个任务，分别为“欢迎界面”和“购票主界面”。

单元 1

.NET 简介和 C# 概述

Unit 1

工作任务

本单元完成“欢迎界面”任务。

学习目标

- 了解.NET 框架和 C# 语言
- 熟悉 Visual Studio 2012 集成开发环境
- 掌握创建和运行控制台应用程序的方法和步骤(重点)
- 掌握创建和运行 Windows 窗体程序的方法和步骤(重点)
- 掌握窗体、标签、按钮和文本框的基本属性、方法和事件
- 掌握模式窗体和非模式窗体的区别和调用方式

知识要点

- Microsoft .NET 简介
- C# 概述
- Visual Studio 2012 集成开发环境
- 编程初体验——编写控制台应用程序和窗体应用程序
- C# 源程序的基本结构
- 窗体对象
- 三种常用输入/输出控件

典型案例

- 简单控制台应用程序
- 简单 Windows 窗体应用程序
- Form 控件使用
- 常用输入/输出控件使用

知识点 1 Microsoft .NET 简介

微软公司总裁兼首席执行官 Steve Ballmer 给.NET 下的定义为：“.NET 代表一个集合或一个环境，可以作为平台支持下一代 Internet 的可编程结构。”

Microsoft.NET(简称.NET)是微软公司推出的面向网络的一套完整的开发平台。从程序员的角度看,.NET是一组用于生成Web服务器应用程序、Web应用程序、Windows应用程序和移动应用程序的软件组件,.NET能支持多种应用程序的开发。本书采用的是控制台应用程序和Windows应用程序,其中控制台程序一般是字符界面,可以编译为独立的可执行文件,通过命令行运行,在字符界面上输入/输出;Windows应用程序是基于Windows窗体的应用程序,是一种基于图形用户界面的应用程序。

如图1.1所示,.NET体系结构的核心是.NET框架(.NET Framework),其在操作系统之上为程序员提供了一个编写各种应用程序的高效工具和环境。.NET体系结构的顶层是用各种语言编写的应用程序,这些应用程序在.NET核心组件的支持下运行。

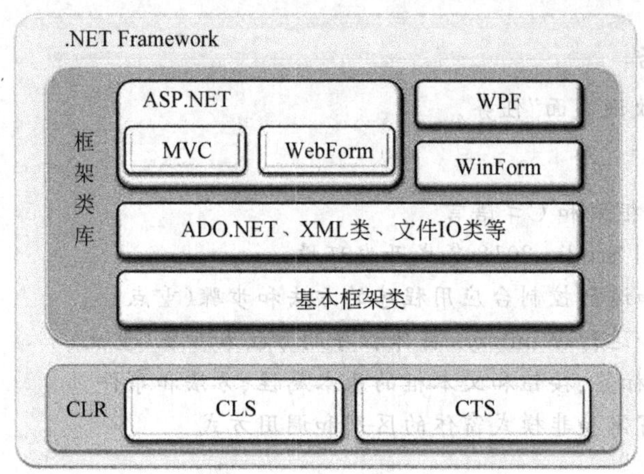

图 1.1 .NET 体系结构

1. .NET框架的两个核心组件

.NET框架包括两个核心组件,即公共语言运行环境(CLR)和框架类库。

(1) 公共语言运行环境(CLR)

公共语言运行环境又称公共语言运行时(Common Language Runtime,CLR)或公共语言运行库,在.NET框架的底层。其基本功能是管理用.NET框架类库开发的应用程序的运行并且提供各种服务。

.NET将开发语言与运行环境分开,一些基于.NET平台的所有语言的共同特性(如数据类型、异常处理等)都是在公共语言运行环境层面实现的,在.NET上集成的所有编程语言编写的应用程序均需通过公共语言运行环境才能运行。使用公共语言运行环境的一大好处是支持跨语言编程,凡是符合公共语言规范(Common Language Specification,CLS)的语言所编写的对象都可以在公共语言运行环境上相互通信、相互调用。

(2) 框架类库

框架类库是一个面向对象的可重用类型集合,该类型集合可以理解成预先编写好的程序代码库,这些代码包括一组丰富的类与接口,程序员可以用这些现成的类和接口来生成.NET应用程序、控件和组件。例如,运用Windows窗体类可以轻松地创建窗体、菜单、工具栏、按钮和其他界面元素，从而大大简化 Windows 应用程序的开发难度。程序员可以直接使用类库中的具体类，或者从这些类中派生出自己的类。.NET 框架类库是程序员必须掌握的工具。

2. Microsoft 中间语言和即时编译器

.NET 框架上可以集成许多编程语言，这些编程语言共享.NET 框架的庞大资源，还可以创建由不同语言混合编写的应用程序，因此可以说.NET 是跨语言的集成开发平台。

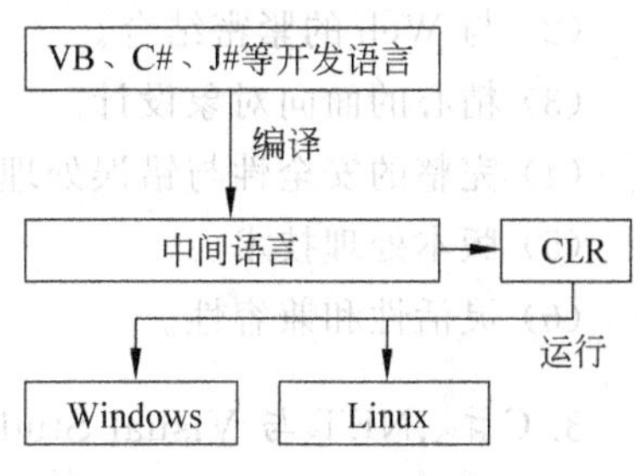

图 1.2 .NET 代码执行流程

如图 1.2 所示，.NET 框架上的各种语言分别有各自不同的编译器，编译器向 CLR 提供原始信息，各种编程语言的编译器负责完成编译工作的第一步，即把源代码转换为用 Microsoft 中间语言（Microsoft Intermediate Language，MSIL）表示的中间代码。MSIL 是一种非常接近机器语言的语言，但还不能直接在计算机上运行。第二步编译工作就是将中间代码转换为可执行的本地机器指令（本地代码），在 CLR 中执行，这个工作由 CLR 中包含的即时编译器（Just In Time，JIT）完成。

知识点2 C# 概述

C#语言是微软公司专门为.NET 平台量身打造的程序设计语言，是一种强大的、面向对象的程序设计语言，它是为生成运行在.NET 框架上的企业级应用程序而设计的。

C#看起来与 Java 有着惊人的相似，它包括诸如单一继承、接口等特征以及与 Java 几乎同样的语法和编译成中间代码再运行的过程。但是 C#与 Java 仍然有着明显的不同，它借鉴了 Delphi 的一个特点，与 COM（组件对象模型）是直接集成的，而且它是微软公司.NET Windows 网络框架的主角。

微软公司对 C#的定义为：C#是一种安全、现代、简单的由 C 和 C++ 衍生而来的面向对象编程语言。它根植于 C 和 C++ 语言之上，并可以立即被 C 和 C++ 的使用者所熟悉。设计 C#的目的就是综合 Visual Basic 的高生产率和 C++ 的行动力，目前，C#已经成为 Windows 平台上软件开发的绝对主流语言。

1. C#的由来

微软公司从 1998 年 12 月开始了 COOL 项目，直到 1999 年 7 月 COOL 被正式更名为 C#（读作 C Sharp）。2000 年 6 月，微软公司在奥兰多举行的“职业开发人员技术大会”上正式发布了新的语言 C#，它是一种面向对象的、运行于.NET Framework 之上的高级程序设计语言。安德斯·海尔斯伯格（Anders Hejlsberg，1960—），丹麦人，Turbo Pascal 编译器的主要作者，Delphi 和 C#之父，同时也是.NET 创立者。

2. C＃的特点

C＃是一种安全、稳定、简单、优雅且由C和C++ 衍生出来的面向对象的编程语言，它继承了C和C++ 强大功能的同时，去掉了一些它们的复杂特性。其具体特点如下。

(1) 简洁的语法。

(2) 与Web的紧密结合。

(3) 精心的面向对象设计。

(4) 完整的安全性与错误处理。

(5) 版本处理技术。

(6) 灵活性和兼容性。

3. C＃、.NET与Visual Studio的关系

.NET框架是微软公司推出的一个全新的开发平台；Visual Studio则是微软公司为了配合.NET战略推出的集成开发环境，同时它也是目前开发C＃应用程序最好的工具；C＃只是基于.NET框架的程序开发语言的一种，它并不是.NET的一部分。

在安装Visual Studio的同时，.NET框架也会自动安装上。安装过程中可以选择安装C＃语言、VB语言或者C++ 语言等，也可以选择都安装。C＃、.NET与Visual Studio各个版本之间的对应关系如表1.1所示。

表1.1 C＃、.NET与Visual Studio各个版本之间的对应关系

集成开发环境版本	开发平台版本	C＃语言版本
Visual Studio 2002	.NET Framework 1.0	C＃ 1.0
Visual Studio 2003	.NET Framework 1.1	C＃ 1.1
Visual Studio 2005	.NET Framework 2.0	C＃ 2.0
Visual Studio 2008	.NET Framework 3.5	C＃ 3.5
Visual Studio 2010	.NET Framework 4.0	C＃ 4.0
Visual Studio 2012	.NET Framework 4.5	C＃ 5.0
Visual Studio 2015	.NET Framework 4.6	C＃ 6.0
Visual Studio 2017	.NET Framework 4.7	C＃ 7.0

知识点3 Visual Studio 2012集成开发环境

每一个正式版本的.NET Framework都会有一个与之对应的集成开发环境，微软公司称之为Visual Studio，也就是可视化工作室。其中，Visual Studio 2012版本是一个功能强大的集成开发环境，在该开发环境中可以创建控制台程序、Windows应用程序、ASP.NET应用程序和ASP.NET服务等。

Visual Studio 2012集成开发环境如图1.3所示，主要包括菜单栏、工具栏、窗体设计

器、工具箱、属性窗口、解决方案资源管理器和代码编辑器等。

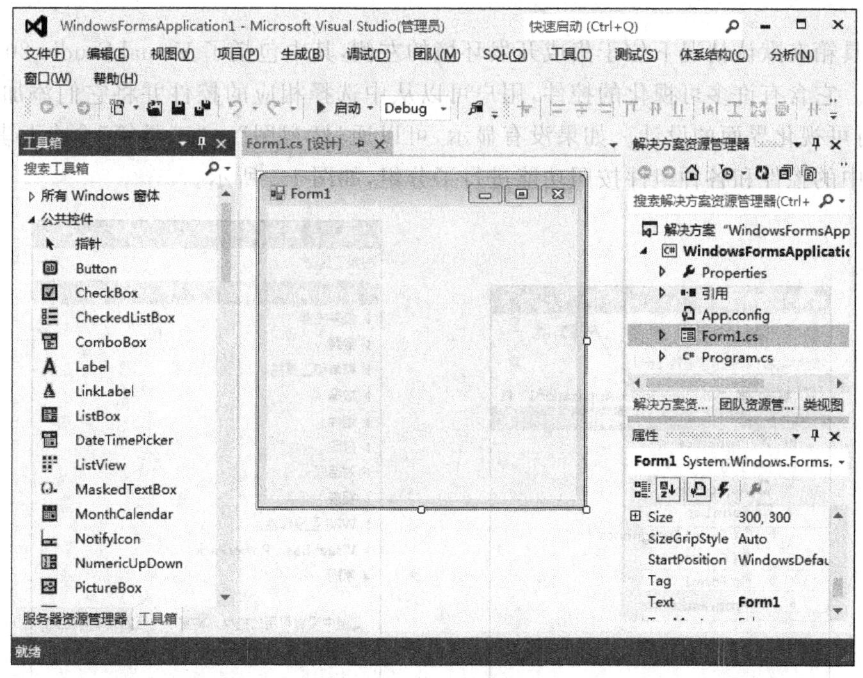

图 1.3 集成开发环境

1. 菜单栏

菜单栏主要包括"文件""编辑""视图""项目""生成""调试"等菜单项，不同的 Visual Studio 版本和不同的运行环境，菜单项略有不同。这些菜单项提供了程序设计过程中的所需功能。

2. 工具栏

工具栏以图标形式提供了常用命令的快速访问按钮，单击某个按钮可以执行相应的操作。Visual Studio 2012 将常用命令按功能的不同进行了不同分类。可以通过"视图"→"工具栏"命令来打开不同的工具栏。

3. 解决方案资源管理器

使用 Visual Studio 2012 开发的每一个应用程序都叫作一个解决方案，每一个解决方案可以包含一个或多个项目。一个项目通常是一个完整的程序模块，并且可以有多个文件。

解决方案资源管理器位于集成开发环境右上方。如果在集成开发环境中已经创建了方案或项目，则项目中所有文件以分层树的形式显示，如图 1.4 所示。

4. 工具箱

工具箱在默认情况下位于集成开发环境的左侧，其中包括了 Visual Studio 2012 的重要工具。它含有许多可视化的控件，用户可以从中选择相应的控件并将它们添加到窗体上，进行可视化界面的设计。如果没有显示，可以通过“视图”→“工具箱”命令将其打开。工具箱中的控件和各种组件按照功能进行了分组，如图 1.5 所示。

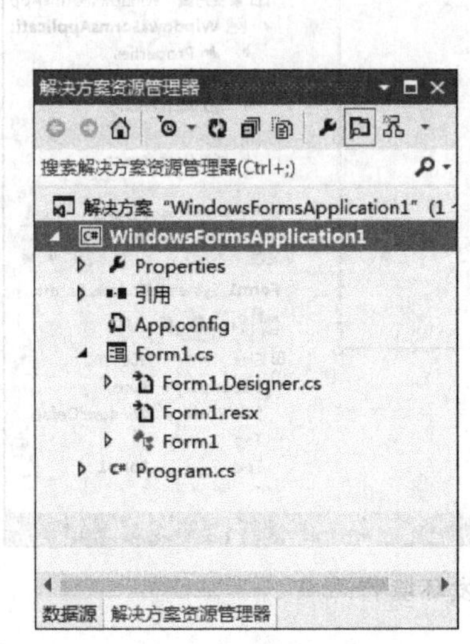

图 1.4 解决方案资源管理器

图 1.5 工具箱的分组

5.“窗体设计器/代码编辑器”窗口

“窗体设计器/代码编辑器”窗口是 Visual Studio 2012 集成开发环境的主窗口。窗体设计器用于进行可视化的设计，用户可以将各种控件放在上面，完成用户界面的设计；代码编辑器用来进行代码的设计。如果当前项目是 Windows 窗体应用程序，可以使用以下方法实现两窗体之间的切换。

(1) 按 F7 键显示代码编辑器窗口，按 Shift+F7 组合键显示窗体设计器窗口。

(2) 选择“视图”→“代码”或“视图”→“设计器”命令。

(3) 当代码编辑器窗口和窗体设计器窗口被打开后，在主窗口上方就会出现选项卡，可以通过单击选项卡标签来切换。窗体设计器窗口如图 1.6 所示，在该窗口中可以为 Windows 界面添加并设置控件。代码编辑器窗口如图 1.7 所示，这是一个纯文本编辑器，在其中可以进行常见的文本编辑操作，如定位、选定、复制、剪切、粘贴、移动、撤销、恢复等操作。代码编辑器窗口以不同的颜色显示代码中不同含义的内容，如以蓝色显示关键字，以绿色显示注释，以蓝绿色显示类名。控制台应用程序只有代码编辑器窗口。

6.“属性”面板

“属性”面板在默认情况下位于集成开发环境的右下方，如图 1.8 所示。主要用来设

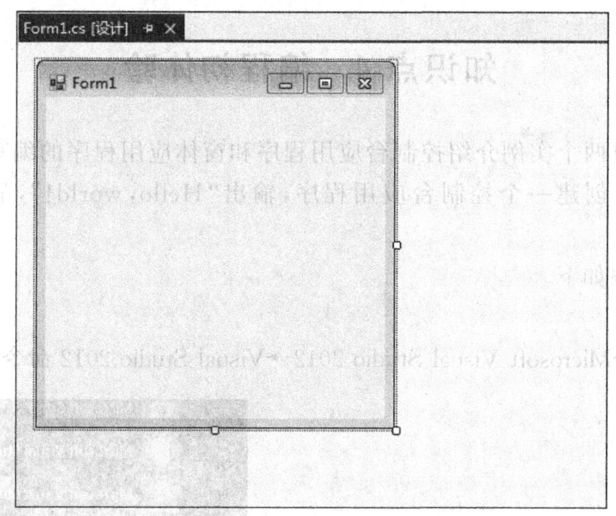

图 1.6 窗体设计器窗口

置控件的属性和事件。在 Windows 窗体的设计视图下，在“属性”面板中可以设置控件的属性或者链接用户界面控件的事件。“属性”面板同时采用了两种方式来管理属性和方法，即按“分类顺序”和“字母顺序”，用户可以根据自己的习惯采取不同的方式。

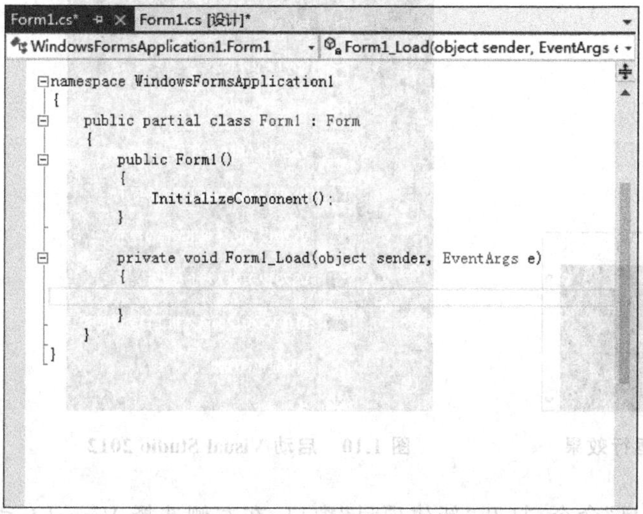

Form1.cs* Form1.cs [设计]*
WindowsFormsApplication1.Form1 Form1_Load(object sender, EventArgs e)

```
namespace WindowsFormsApplication1
{
    public partial class Form1 : Form
    {
        public Form1()
        {
            InitializeComponent();
        }

        private void Form1_Load(object sender, EventArgs e)
        {

        }
    }
}
```

图 1.7 代码编辑器窗口

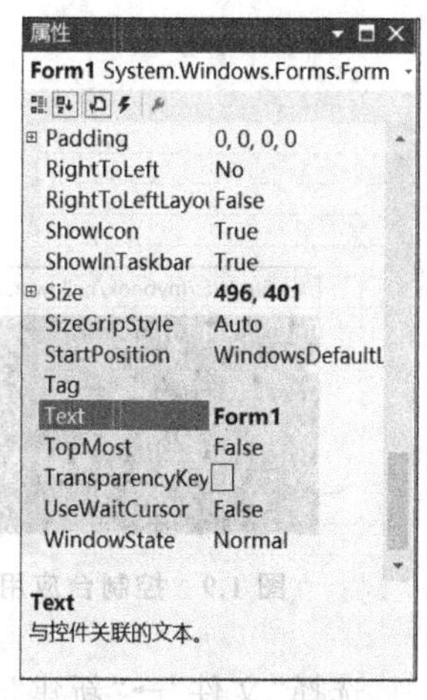

图 1.8 “属性”面板

窗体和控件都有自己的属性，用户可以通过“属性”面板对控件的属性值进行修改。在集成开发环境下，“属性”面板被关闭后，可以通过“视图”菜单打开或通过快捷键来将其打开，即通过“视图”→“属性窗口”命令或按 Alt+Enter 组合键。

知识点 4　编程初体验

下面分别通过两个实例介绍控制台应用程序和窗体应用程序的编写和运行方法。

【案例 1.1】 创建一个控制台应用程序，输出“Hello，world!”，显示效果如图 1.9 所示。

案例设计步骤如下。

(1) 新建项目

选择“开始”→Microsoft Visual Studio 2012→Visual Studio 2012 命令，如图 1.10 所示。

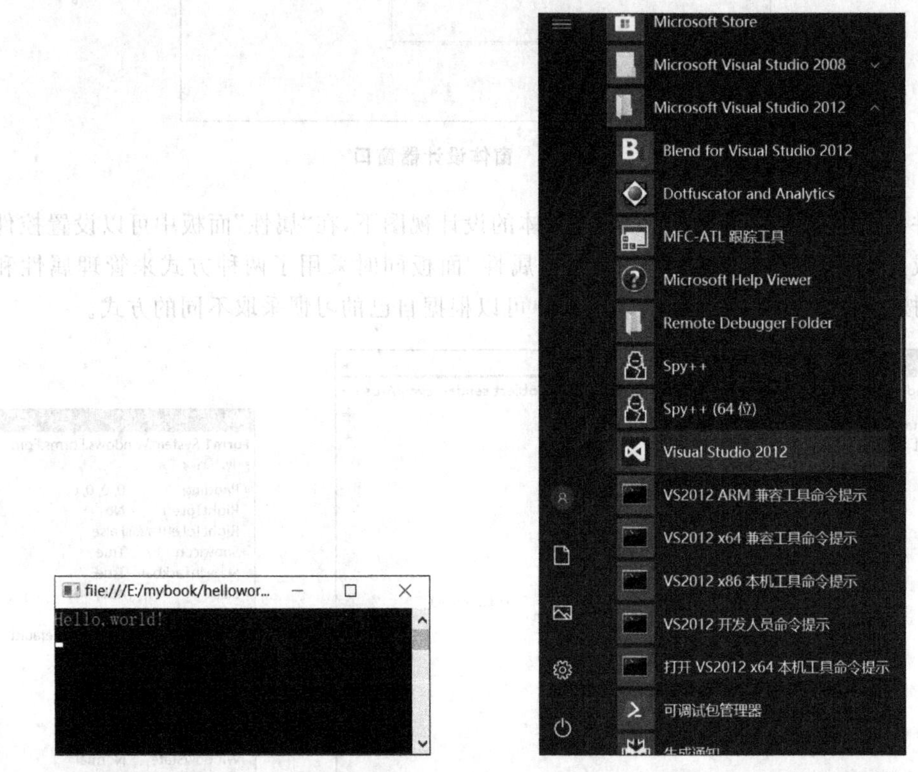

图 1.9　控制台应用程序运行效果　　**图 1.10　启动 Visual Studio 2012**

选择“文件”→“新建”→“项目”命令，打开“新建项目”窗口，在左侧选择 Visual C#，在右侧选择“控制台应用程序”，并在下方的名称中输入 helloworld，位置中选择“E:\mybook”，单击“确定”按钮，如图 1.11 所示。

(2) 编写代码

在代码窗口的 Main 方法中添加两行代码，加入代码后的 Main 方法如下：

```
static void Main(string[] args)
{
    Console.WriteLine("Hello,world!");          //输出一行信息
```

```
    Console.Read();                    //输入一个字符,这里停止窗口的作用
}
```

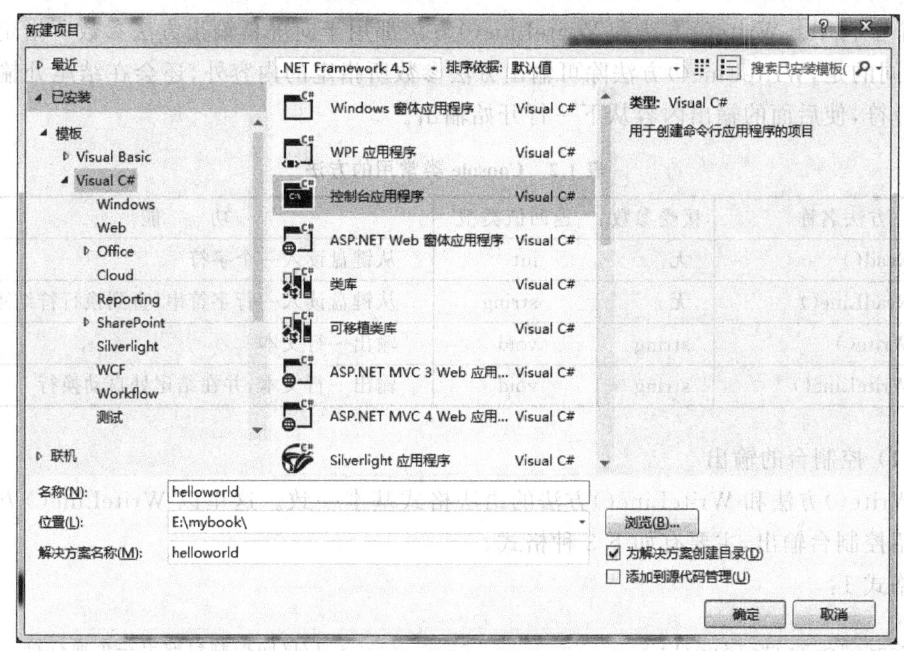

图 1.11 “新建项目”窗口

(3) 保存程序

保存 C# 程序可采用下面 3 种方法之一：①单击工具栏上的“保存”按钮；②选择“文件”→“保存”命令；③按 Ctrl+S 组合键。

注意：*在 Visual Studio 集成开发环境中运行一个程序后，该程序就会被自动保存，如果之后未做任何修改，不需要再保存；如果做过修改而未运行过，则需要保存。*

(4) 调试并运行程序

选择“调试”→“启动调试”命令，或者单击工具栏上的“启动调试”按钮，或者按 F5 键，均可调试、运行程序。还可以选择“调试”→“开始执行(不调试)”命令或按 Ctrl+F5 组合键运行程序，输出结果如图 1.9 所示。按任意键可以结束该程序的运行，返回到代码编辑器窗口。

1. 控制台的输入和输出

控制台应用程序是指没有图形化用户界面，Windows 使用命令行方式与用户交互，文本输入/输出都是通过标准控制台实现的，类似于标准的 C 语言程序。控制台程序至少包含一个 Program.cs 文件，用于存放 C# 源程序。每个 C# 源程序都必须含有且只能含有一个 Main()方法，用于指示编译器从此处开始执行程序。

Console 类是 System 命名空间中预定义的一个类，用于实现控制台的基本输入/输

出。控制台的默认输出是屏幕，默认输入是键盘。Console 类常用的方法主要有 Read()、ReadLine()、Write()和 WriteLine()，如表 1.2 所示。其中，Read()方法用于从键盘读入一个字符，并返回这个字符的编码。ReadLine()方法用于从键盘读入一行字符串，并返回这个字符串。Write()方法和 WriteLine()方法都用于向屏幕输出方法参数所指定的内容，不同的是，WriteLine()方法除可输出方法参数所指定的内容外，还会在结尾处输出一个换行符，使后面的输出内容从下一行开始输出。

表 1.2 Console 类常用的方法

方法名称	接受参数	返回值类型	功　能
Read()	无	int	从键盘读入一个字符
ReadLine()	无	string	从键盘读入一行字符串，直到换行符结束
Write()	string	void	输出一行文本
WriteLine()	string	void	输出一行文本，并在结尾处自动换行

(1) 控制台的输出

Write()方法和 WriteLine()方法的语法格式基本一致。这里以 WriteLine()方法为例介绍控制台输出，主要有如下 3 种格式。

格式 1：

```
Console.WriteLine();                              //仅向控制台输出一个换行符
```

格式 2：

```
Console.WriteLine("要输出的字符串");          //向控制台输出一个指定字符串并换行
```

例如：

```
Console.WriteLine("大家好!");          //向屏幕输出"大家好!"并换行
```

格式 3：

```
Console.WriteLine("格式字符串",输出列表);
            //按照"格式字符串"指定的格式向控制台输出"输出列表"中指定的内容
```

例如：

```
string name="Tom";           //声明字符串类型的变量
Console.WriteLine("hello!{0}",name);
```

这里，“hello! {0}”是格式字符串，name 是输出列表中的一个变量。格式字符串一定要有双引号，其中{0}称为占位符，它所占的位置就是 name 变量的位置。这两个语句的执行结果是向屏幕输出“hello! Tom”并换行。

格式字符串中的占位符个数必须与输出列表中的输出项个数相等，如果输出列表中有多个输出项，则在格式字符串中需要有相同数量的占位符，依次标识为{0}、{1}、{2}……占位符必须以{0}开始，{0}对应输出列表中的第一个输出项，{1}对应输出列表中的第二个输出项，依此类推。输出时，格式字符串中占位符被对应的输出列表项的值所代替，而格式字符串的其他字符则原样输出。

```
string name="Tom";
int age=12;
Console.WriteLine("hello!({0},{1}岁)", name,age);
```

(2) 控制台的输入

Console类中的Read()与ReadLine()方法的功能都是接收从键盘上输入的数据，区别在于Read()接收一个字符，ReadLine()接收一行字符并直至回车。下面以Console.ReadLine()方法为例介绍。

格式：

```
Console.ReadLine();        //从控制台输入一行字符串,以回车表示结束
```

这个语句的执行结果是直接返回一个字符串，因此可以把方法的返回值赋给一个字符串变量。例如：

```
string name=Console.ReadLine();        //输入学生姓名
```

2. 控制台应用程序文件结构

在Visual Studio提供的解决方案资源管理器中，可以管理解决方案中包含的各种文件。

(1) 解决方案文件夹

新建项目时，Visual Studio已经在指定的保存项目的文件夹下创建了一个与项目名同名的文件夹Helloworld，这是解决方案文件夹。解决方案可以包含一个或多个项目，本书的例子都是单项目解决方案。

(2) 项目文件夹

解决方案文件夹Helloworld下有一个同名的Helloworld文件夹，这是项目文件夹。

(3) 解决方案文件

解决方案文件夹Helloworld下的Helloworld.sln文件是解决方案文件，它保存了解决方案包含的所有项目的信息以及解决方案项等内容，打开这个文件可以打开整个解决方案。

(4) Program.cs文件

Program.cs文件位于项目文件夹Helloworld中，是程序源文件，编写的代码就在该文件中，在C#系统中以cs作为源文件的扩展名。

(5) Helloworld.exe

Helloworld.exe文件位于文件夹bin\Debug中，是项目编译运行成功后生成的可执

行文件，可以直接执行。

【案例 1.2】 创建第一个 Windows 窗体应用程序，程序完成的功能为：单击“确定”按钮，窗体文本框中显示“你好，中国”；单击“退出”按钮，退出整个应用程序，显示效果如图 1.12 所示。

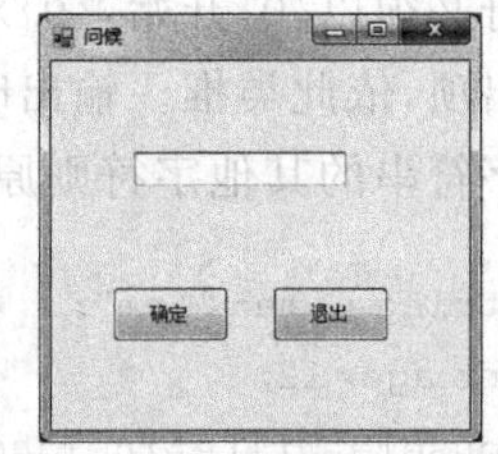

图 1.12 窗体应用程序运行结果

(1) 新建项目

选择“文件”→“新建”→“项目”命令，打开“新建项目”对话框。

在“新建项目”对话框左侧选择 Visual C#，右侧选择“Windows 窗体应用程序”，并在下方的“名称”文本框中输入“问候”，“位置”中选择“E:\mybook”，“解决方案名称”文本框中也输入“问候”，如图 1.13 所示。

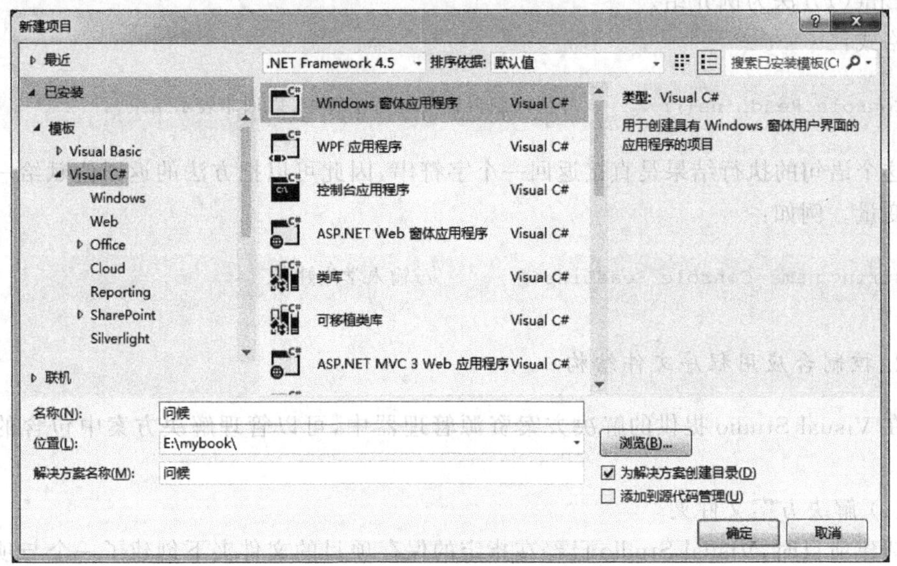

图 1.13 新建 Windows 应用程序

单击“确定”按钮，进入如图 1.14 所示的窗体设计界面。

(2) 窗体界面设计

单击左侧的“工具箱”，在弹出的“工具箱”窗口标题栏上右击，在快捷菜单中选中“停靠”命令，将“工具箱”停靠在窗体左侧，以便使用。在“工具箱”中找到 TextBox 控件，按住鼠标左键不放将其拖动到窗体上，或者直接双击该控件即可将控件添加到窗体上。再用相同的方法在窗体上添加两个 Button 控件，并将这些控件调整到合适的位置，完成后的窗体界面如图 1.15 所示。

修改窗体和控件的属性。在窗体空白处右击，在弹出的快捷菜单中选择“属性”命令，将属性窗口中的 Text 属性值设置为“问候”。选中 button1 按钮控件和 button2 按钮控件的 Text 属性值，分别设置为“确定”和“退出”。设置后的窗体界面如图 1.16 所示。

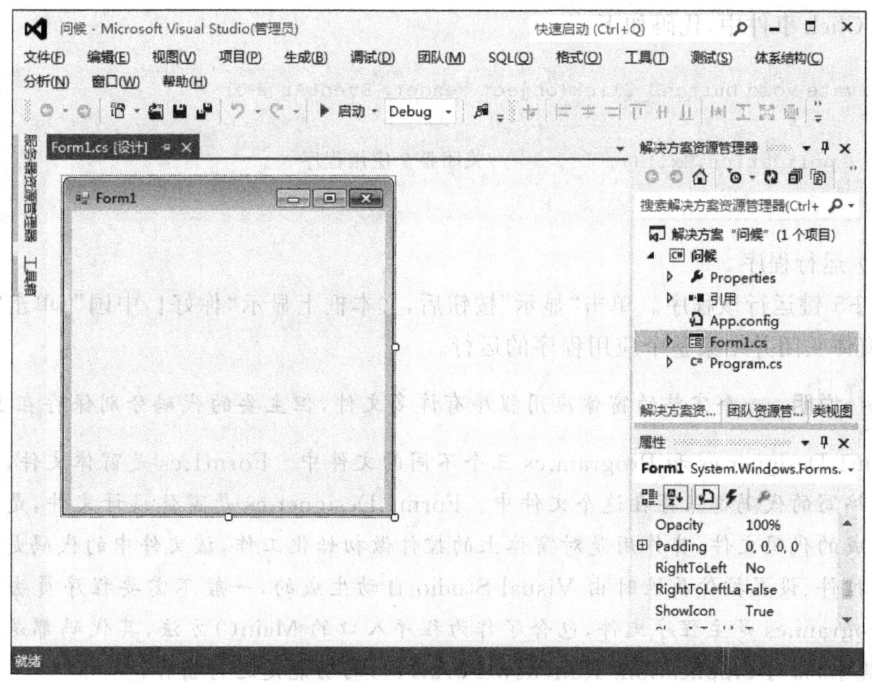

图 1.14 窗体设计界面

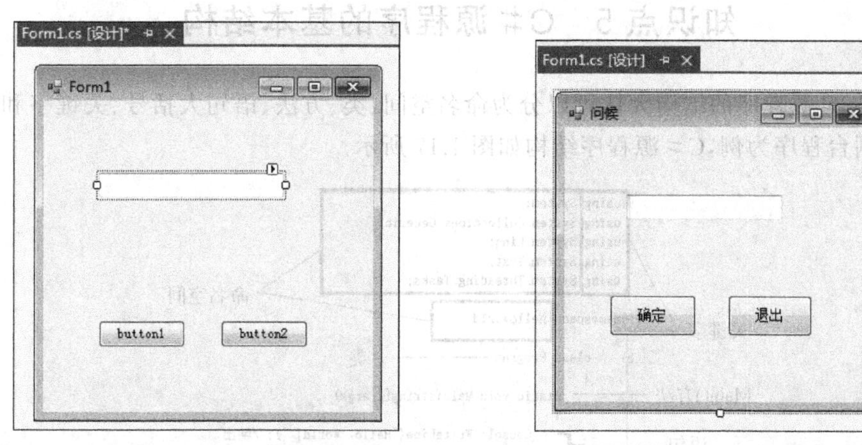

图 1.15 添加控件后的窗体界面　　图 1.16 设置属性后的窗体界面

(3) 编写代码

双击"确定"按钮,打开代码编辑器窗口,在 button1 按钮的 Click 事件中加入如下代码:

```
private void button1_Click(object sender, EventArgs e)
{
    textBox1.Text ="你好!中国";
}
```

单击"Form1[设计]"选项卡,回到窗体设计器窗口,双击"退出"按钮,进入 button2

按钮的 Click 事件中，代码如下：

```
private void button2_Click(object sender, EventArgs e)
{
    Application.Exit();          //关闭整个应用程序
}
```

(4) 运行程序

按 F5 键运行该程序。单击“显示”按钮后，文本框上显示“你好！中国”；单击“退出”按钮，窗体关闭并结束整个应用程序的运行。

说明：一个完整的窗体应用程序有许多文件，但主要的代码分别保存在 Form1.cs、Form1.Designer.cs 和 Program.cs 三个不同的文件中。Form1.cs 是窗体文件，程序员对窗体编写的代码都保存在这个文件中。Form1.Designer.cs 是窗体设计文件，是窗体设计器生成的代码文件，其作用是对窗体上的控件做初始化工作，该文件中的代码是程序员在拖放控件、设置控件属性时由 Visual Studio 自动生成的，一般不需要程序员去直接操作。Program.cs 是主程序文件，包含了作为程序入口的 Main()方法，其代码都是自动生成的，其中，语句 Application. Run(new Form1())的功能是运行窗体。

知识点 5　C＃源程序的基本结构

一个 C＃源程序的结构大体可以分为命名空间、类、方法、语句大括号、关键字和注释等，以控制台程序为例，C＃源程序结构如图 1.17 所示。

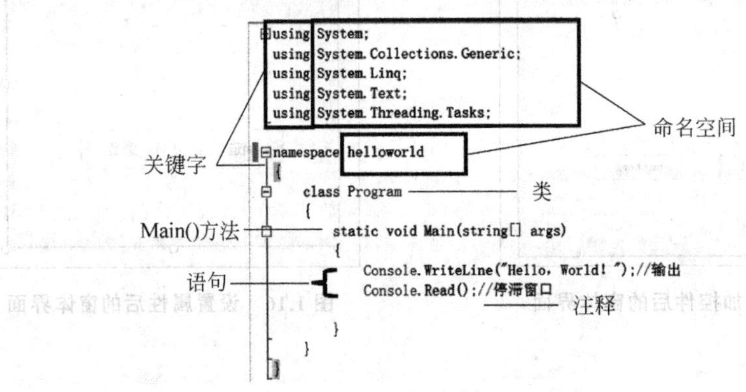

图 1.17　C＃源程序的基本结构

1. 命名空间

namespace 是命名空间的关键字，C＃程序是利用命名空间将类组织起来的。外部程序如果需要使用某个命名空间中的类或方法，需要首先在程序的开始部分使用 using 指令引入命名空间，引用格式为：

```
using 命名空间名;
```

命名空间有两种：系统命名空间和用户自定义命名空间。系统命名空间是 Visual Studio 提供的系统预定义的命名空间。当创建 C# 程序时会创建一个以项目名为空间名的默认命名空间，用户也可以修改命名空间的名称。用户自定义命名空间的格式如下：

```
namespace 命名空间名
{
…                                   //类的定义
}
```

2. 类

类是一种数据结构，它可以封装数据成员、方法和其他类。类是创建对象的模板。C# 中必须用类来组织程序，用户编写的所有代码必须包含在类中。类是 C# 语言的核心和基本构成模块。C# 中至少包含一个自定义类，创建控制台程序时 C# 默认创建了一个 Program 类，用户也可以修改这个类名。使用任何一个新的类之前必须先声明类，一个类一旦被声明，就可以当作一种新的数据类型来使用。在 C# 中通过使用 class 关键字来声明类，声明形式如下：

```
[类修饰符] class [类名] [: 基类或接口]
{
    [类体]
}
```

3. 方法

在 C# 中程序的功能是通过执行类中的方法来实现的。一个类中可以定义多个方法，但是有且只有一个 Main()方法，它是程序的入口，也就是程序的执行总是从 Main()方法开始的。根据返回类型和入口参数的不同，C# 中的 Main()方法有以下 4 种形式：

```
static void Main(string[] args){}
static void Main(){}
static int  Main(string[] args){}
static int Main(){}
```

注意：Main()方法必须用 static 关键字修饰，Main 的首字母必须大写。

4. 语句

语句是构成 C# 程序的基本单位，语句是以分号结束的。C# 语言区分大小写，书写代码时，注意尽量使用缩进来表示代码的层次结构。C# 是对字母大小写敏感的语言，它把同一字母的大小写当作两个不同的字符对待。例如，大写 A 与小写 a 对 C# 来说是两个不同的字符。尤其值得注意的是,很多习惯于C++或C语言的人可能会误把Main写成main,此时C#会把main当成是不同于Main的另一个名称。

5. 大括号

在C#中,大括号是一种范围标志,表示代码层次的一种方式。大括号可以嵌套,以表示应用程序中的不同层次。大括号必须成对出现。

6. 关键字

关键字也叫保留字,是对C#有特定意义的字符串。关键字在Visual Studio环境的代码视图中默认以蓝色显示。例如,代码中的using、namespace、class、static、void、string等均为C#的关键字。

7. 注释

注释的作用是对某行或某段代码进行说明,方便对代码的理解和维护。程序运行时注释语句不执行。注释语句分为单行注释、多行注释和文档注释3种。

- 单行注释:以双斜线“//”开始,一直到本行尾部,均为注释内容。
- 多行注释:以“/*”开始,以“*/”结束,可以注释多行,也可以注释一行代码中间的一部分,比较灵活。
- 文档注释:以“///”开始。若有多行文档注释,每一行都以“///”开头。

在Visual Studio 2012中可以通过单击工具栏上的按钮将选中文本转换为注释,取消注释可以通过单击工具栏上的按钮实现。

知识点6 窗体对象

窗体(Form)对象就是应用程序设计中的窗口界面,是C#编程中最常见的控件,其他控件对象都必须放置在窗体上。在创建C#的Windows应用程序时,Visual Studio会自动添加一个窗体。

1. 窗体常用的属性

窗体常用的属性如表1.3所示。可以通过设置或修改这些属性来改变窗体的状态。属性的设置或修改有两种途径:一种是在设计窗体时,通过“属性”面板进行设置;另一种是在程序运行时,通过代码来实现。通过代码设置属性的一般格式为:

```
对象名.属性名=属性值;
```

例如,要把名为Form1的窗体标题修改为“我的窗体”,代码如下:

```
this.Text="我的窗体";
```

表 1.3　窗体常用的属性

属　　性	说　　明
Name	窗体的名称，可以在代码中标识窗体
BackColor	窗体的背景色
BackgroundImage	窗体的背景图案
Font	窗体中控件默认的字体、字号、字形
ForeColor	窗体中控件文本的默认颜色
MaximizeBox	窗体是否具有最大化、还原按钮，默认为 true
MinimizeBox	窗体是否具有最小化按钮，默认为 true
ShowlnTaskbar	确定窗体是否出现在任务栏，默认为 true
Text	窗体标题栏中显示的标题内容

2. 窗体常用的方法

窗体常用的方法如表 1.4 所示，通过调用这些方法可以实现一些特定的操作。

表 1.4　窗体常用的方法

方　法	说　明
Close()	关闭窗体
Hide()	隐藏窗体
Show()	显示窗体

Hide()方法和 Show()方法是窗体和绝大多数控件共有的方法。

调用方法的一般格式为：

```
对象名.方法名(参数列表)
```

3. 窗体常用的事件

窗体的事件是指发生在窗体上且窗体能够识别的外部刺激。例如，在窗体上单击，就是发生在窗体上的事件。通过“属性”面板的事件按钮可以查看窗体的有关事件。常用事件如表 1.5 所示。

表 1.5　窗体常用的事件

事　　件	说　　明
Activated	窗体激活事件，窗体被代码(或用户)激活时发生
FormClose	窗体关闭事件，窗体被用户关闭时发生
Load	窗体加载事件，窗体加载时发生
MouseClick 或 Click	鼠标单击事件，用户单击窗体时发生
MouseDoubleClick	鼠标双击事件，用户双击窗体时发生

图 1.18 程序运行效果

【案例 1.3】 创建一个程序，完成如下功能：显示一个窗体；在单击窗体时，窗体标题变成“你好！”双击窗体，窗体的背景会变成红色；单击按钮时可以将窗体显示在屏幕中央。运行效果如图 1.18 所示。

案例设计步骤如下。

(1) 程序界面设计

创建一个 Windows 应用程序，在 Form1 窗体中添加一个 Button 控件，界面效果如图 1.19 所示。

(2) 窗体及控件属性设置

窗体和 button1 的 Text 属性分别设置为“大家好”和“显示在屏幕中央”，如图 1.20 所示。

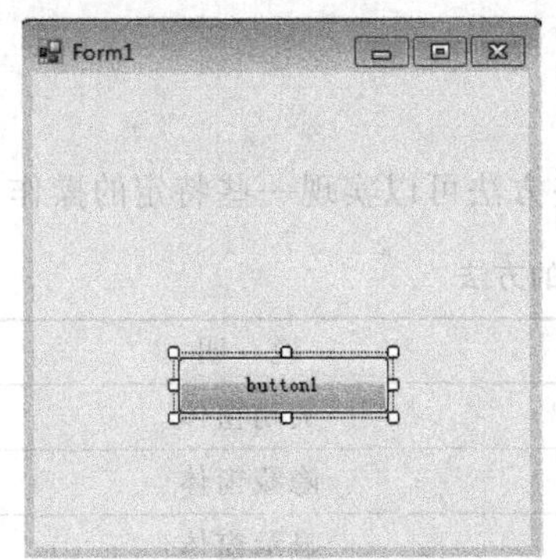

图 1.19 添加控件后的窗体界面

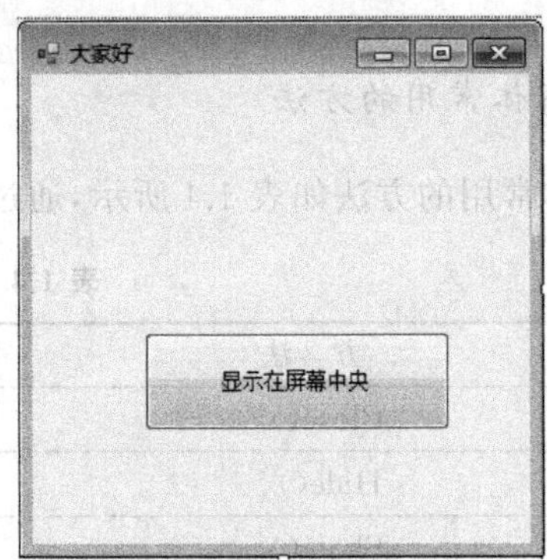

图 1.20 修改属性后的窗体界面

(3) 设计代码

打开窗体，单击“属性”面板工具栏中的事件按钮⚡。分别在 Click 和 DoubleClick 事件上双击，加入如下代码。

```
private void Form1_Click(object sender, EventArgs e)
{
    this.Text ="你好!";              //当前窗体
}
private void Form1_DoubleClick(object sender, EventArgs e)
{
    this.BackColor =Color.Red;
}
```

双击“显示在屏幕中央”按钮，打开代码编辑器窗口，在 button1 按钮的 Click 事件中加入如下代码：

```
private void button1_Click(object sender, EventArgs e)
{
```

```
        this.CenterToScreen();
    }
```

(4) 执行程序

按 F5 键或单击工具栏上的“启动调试”按钮，程序开始运行。分别单击和双击窗体进行测试。

4. 新窗体的添加及调用

(1) 添加新窗体

一般情况下 Windows 应用程序拥有多个窗体。要添加新窗体，可选择项目并右击，选择“添加”→“Windows 窗体”命令，如图 1.21 所示。

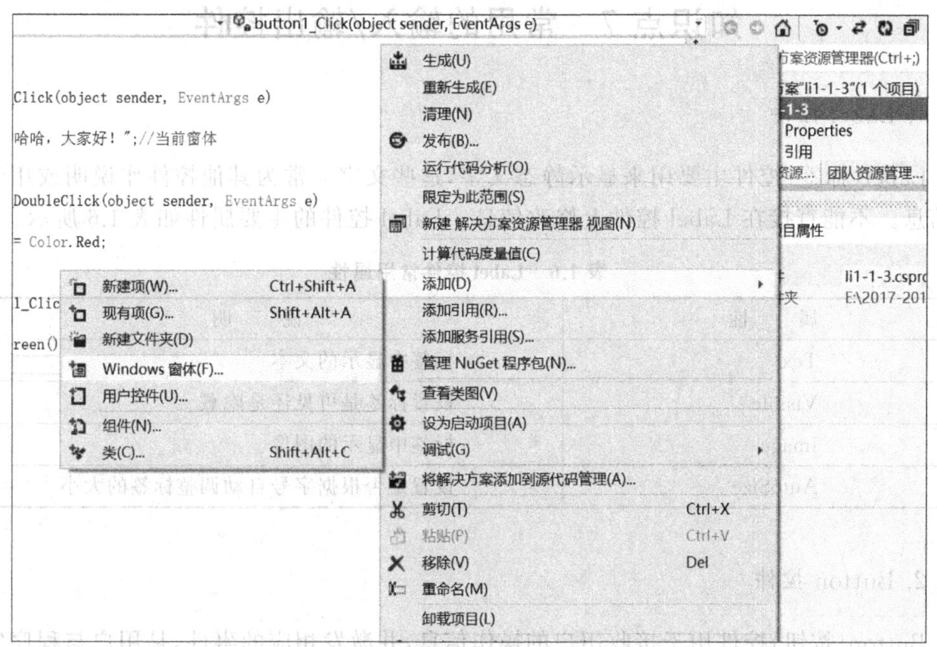

图 1.21 添加新窗体

(2) 调用新窗体

下面介绍调用新窗体的方法。

(1) 定义窗体对象。格式如下：

```
被调用的窗体类名  窗体对象 =new 被调用的窗体类名();
```

(2) 显示窗体。格式如下：

```
窗体对象.ShowDialog();          //模式窗体
窗体对象.Show();                //非模式窗体
```

Windows 窗体分为模式窗体和非模式窗体。模式窗体是使用 ShowDialog()方法显示的窗体。窗体显示时作为激活窗体，则其他窗体不可用，不能通过单击其他窗体进行窗体切换，只有将模式窗体关闭后，其他窗体才恢复可用状态。

非模式窗体是使用 Show()方法显示的窗体。非模式窗体在显示时如果有多个窗体，用户可以单击任何一个窗体进行窗体切换，被单击的窗体成为激活窗体显示在屏幕的最前面。

例如：

```
Form2 frm=new Form2();
frm.ShowDialog();            //模式窗体
frm.Show();                  //非模式窗体
```

知识点 7　常用的输入/输出控件

1. Label 控件

Label(标签)控件主要用来显示静态文字，这些文字通常为其他控件作说明或用于输出信息。不能直接在 Label 控件上修改信息。Label 控件的主要属性如表 1.6 所示。

表 1.6　Label 控件常用属性

属　　性	说　　明
Text	标签中显示的文本
Visible	设置标签是可见还是隐藏
Image	标签中显示的图像
AutoSize	设置是否根据字号自动调整标签的大小

2. Button 控件

Button(按钮)控件用于接收用户的操作信息，并激发相应的事件，是用户与程序实现交互的主要方法之一。Button 控件的主要属性和事件如表 1.7 所示。

表 1.7　Button 控件常用的属性和事件

属性和事件	说　　明
Name 属性	设置按钮的名称，在代码中作为按钮标识
Text 属性	设置按钮显示的文本内容
TextAlign 属性	设置按钮上文本的对齐方式
Visible 属性	确定按钮是否可见
Enabled 属性	设置按钮是否可用
Click 事件	用户单击按钮时发生

3. TextBox 控件

TextBox(文本框)控件用于获取用户输入的信息或向用户显示文本信息。TextBox 控件常用的属性和事件如表 1.8 所示。

表 1.8 TextBox 控件常用的属性和事件

属性和事件	说　明
MaxLength 属性	设置文本框可以输入或粘贴的最大字符数
MultiLine 属性	设置是否可以在文本框中输入多行文本,默认为 false
Name 属性	设置文本框名称,在代码中作为文本框标识
PasswordChar 属性	指定当文本框作为密码框时,框中显示的字符(框中不显示实际输入文本)
ReadOnly 属性	指定文本框中的文本是否是只读,默认为 false
Text 属性	设置文本框内容
TextAlign 属性	设置文本框内文本的对齐方式
TextChanged 事件	当文本框中的文本值发生改变时发生

【案例 1.4】 创建一个程序,单击"确定"按钮,在标签中根据文本框的值显示"***你好,欢迎你!",单击"弹出消息框"按钮,则会弹出消息框"***你好,谢谢光临!"。单击"退出"按钮,则退出整个应用程序。程序运行效果如图 1.22 所示。

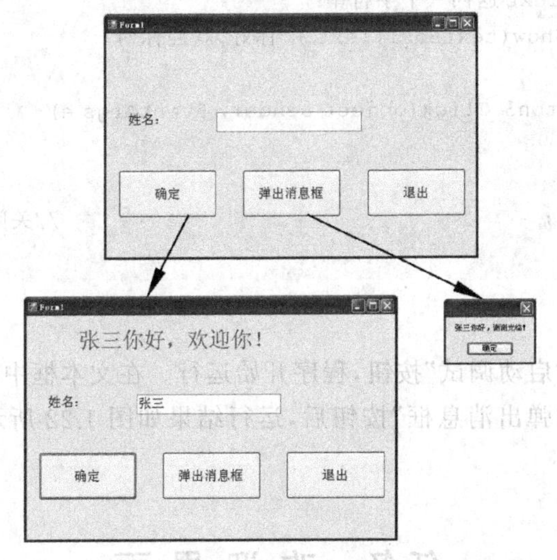

图 1.22 运行效果

案例设计步骤如下。

(1) 程序界面和属性设置

创建一个 Windows 应用程序,在 Form1 窗体中添加 3 个 Button 控件,2 个 Label 控件,1 个 TextBox 控件。修改 Text 属性后,界面如图 1.23 所示.

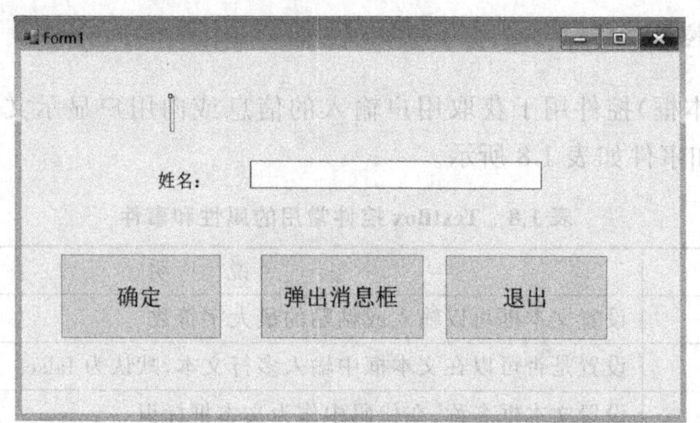

图 1.23 修改属性后的窗体界面

(2) 代码设计

分别双击 3 个按钮，添加如下代码：

```
private void button1_Click(object sender, EventArgs e)
{
    label2.Text =textBox1 .Text +"你好,欢迎你!";         //字符串连接
}
private void button2_Click(object sender, EventArgs e)
{
    //textBox1 .Text 返回一个字符串
    MessageBox.Show(textBox1.Text +"你好,欢迎你");
}
private void button3_Click(object sender, EventArgs e)
{

    this.Close();                                          //关闭当前窗口
}
```

(3) 执行程序

单击工具栏上的“启动调试”按钮，程序开始运行。在文本框中输入姓名“张三”后，单击“确定”按钮或单击“弹出消息框”按钮后，运行结果如图 1.22 所示。单击“退出”按钮，应用程序运行结束。

任务 欢迎界面

1. 任务要求

运行效果如图 1.24 所示。

界面要求：

(1) 无窗体边框。

图 1.24 欢迎界面运行效果

(2) 使用背景图片。

(3) 窗体宽为 500 像素,高为 400 像素。

(4) 窗体启动时在屏幕居中位置。

功能要求:

(1) 单击"退出"按钮,则退出整个应用程序。

(2) 单击"进行购票"按钮,则进入购票主界面。

2. 任务实施

(1) 程序界面设计

创建一个门票销售系统应用程序,在 Form1 窗体中添加 2 个 Button 控件和 1 个 Label 控件。选择项目并右击,添加一个新的 Windows 窗体,窗体的名称命名为 TicketSell,如图 1.25 所示。

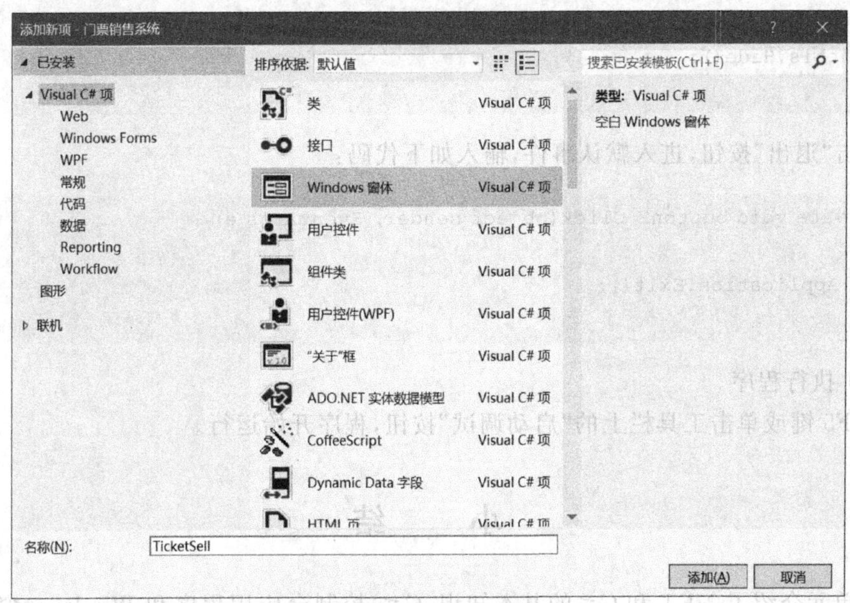

图 1.25 增加新窗体

(2) 窗体及控件属性的设置

设置窗体和各控件的属性如表 1.9 所示。

表 1.9 设置窗体和控件属性

控 件 名	属 性	属 性 值
form1	Name	Welcome
	FormBorderStyle	None
	BackgroundeImage	相应图片
	BackgroundeImageLayout	Stretch
	Size	500,400
	StartPosition	CenterScreen
button1	Text	进行购票
button2	Text	退出
label1	Text	欢迎光临极地海洋世界
	ForeColor	red
	BackColor	Transparent
	Font	宋体,30pt,style=Bold

(3) 设计代码

双击"进行购票"按钮,进入默认事件,输入如下代码:

```
private void button1_Click(object sender, EventArgs e)
{
    TicketSell ts =new TicketSell();
    ts.Show();
    this.Hide();
}
```

双击"退出"按钮,进入默认事件,输入如下代码:

```
private void button2_Click(object sender, EventArgs e)
{
    Application.Exit();
}
```

(4) 执行程序

按 F5 键或单击工具栏上的"启动调试"按钮,程序开始运行。

小 结

本单元介绍了.NET 和 C# 的基本知识、C# 控制台应用程序和 Windows 窗体应用程序的创建和运行,对 Visual Studio 2012 集成开发环境以及 C# 源程序的基本结构进行了详细介绍，学习了Form窗体和3个基本输入/输出控件的用法。

同步实训和拓展实训

1. 实训目的

熟悉.NET环境的组成，界面布局，各个部分的功能，以及各种控制台程序和窗体应用程序的创建步骤和执行过程，熟悉C#程序的基本结构。

2. 实训内容

同步实训1：编写一个控制台应用程序，运行结果如图1.26所示。

同步实训2：编写一个窗体应用程序。当单击左边的按钮时，左边按钮显示为“显示”，右边按钮显示为“单击我”，文本框显示“你单击的是左边的按钮”。当单击右边的按钮时，左边按钮显示为“单击我”，右边按钮显示为“显示”，文本框显示“你单击的是右边的按钮”。运行界面如图1.27所示。

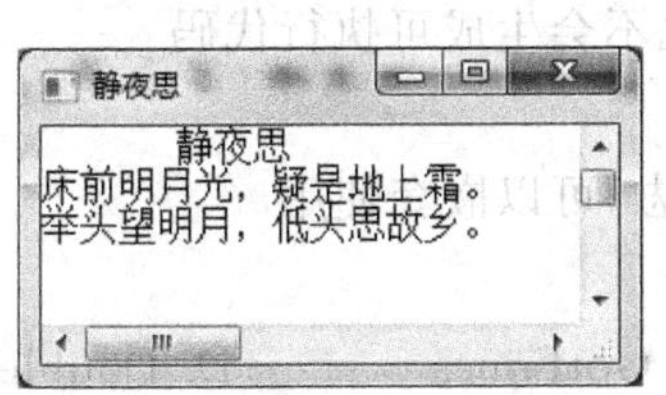

图1.26 编写控制台应用程序

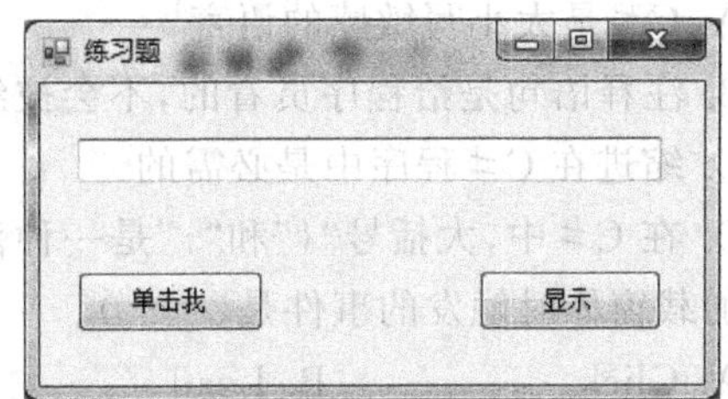

图1.27 窗体应用程序

拓展实训：创建一个窗体应用程序，实现MSN模拟登录，假设用户名是admin，密码123456，输入正确显示消息框“欢迎admin登录”，否则显示“用户名或密码错误”，运行界面如图1.28所示。

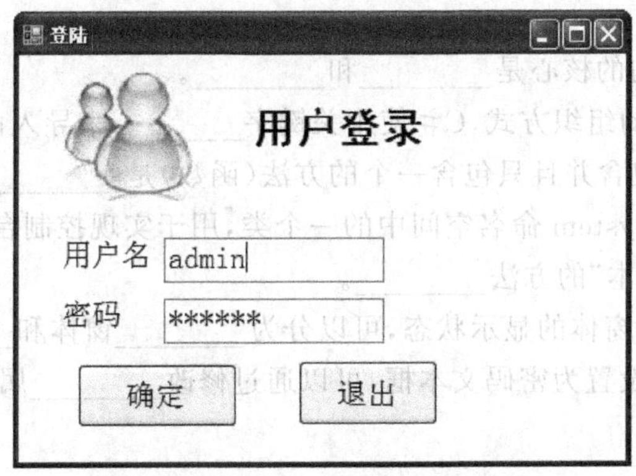

图1.28 实现MSN模拟登录

习 题 1

一、选择题

1. 命名空间是类的组织方式,C#提供了关键字(　　)来声明命名空间。

A. namespace　　B. using　　C. Class　　D. Main

2. C#程序的语句必须以(　)作为语句结束符。

A. 逗号　　B. 分号　　C. 冒号　　D. 大括号

3. Console类是System命名空间中的一个类,该类用于实现控制台的基本输入/输出,其中完成"输出一行文本"的方法是(　　)。

A. WriteLine()　　B. Write()　　C. ReadLine()　　D. Read()

4. 下面是C#的单行注释语句的是(　　)。

A. /*注释内容*/　　B. //注释内容　　C. ///注释内容　　D. Note注释内容

5. 关于C#程序书写格式,以下说法错误的是(　　)。

A. C#是大小写敏感的语言

B. 注释语句是给程序员看的,不会被编译,也不会生成可执行代码

C. 缩进在C#程序中是必需的

D. 在C#中,大括号"{"和"}"是一种范围标志,可以嵌套使用

6. 加载窗体时触发的事件是(　　)。

A. Click　　B. Load　　C. GotFoucs　　D. DoubleClick

7. 若要使命令按钮不可操作,要对(　　)属性进行设置。

A. Visible　　B. Enabled　　C. BackColor　　D. Text

8. 若要使TextBox是只读的,应将(　　)属性进行设置为true。

A. Locked　　B. Visible　　C. Enabled　　D. ReadOnly

二、填空题

1. .NET体系结构的核心是________和________。

2. 命名空间是类的组织方式,C#使用关键字________来导入命名空间。

3. C#程序必须包含并且只包含一个的方法(函数)是________,它是程序的入口点。

4. Console类是System命名空间中的一个类,用于实现控制台的基本输入/输出,其中功能为"输入一行文本"的方法________。

5. 根据Windows窗体的显示状态,可以分为________窗体和________窗体。

6. 将文本框控件设置为密码文本框,可以通过修改________属性实现。

单元 2

C# 语法基础

Unit 2

工作任务

本单元完成任务“购票主界面”。

学习目标

- 掌握变量与常量的声明和使用
- 理解 C# 的基本数据类型，以及数据类型的转换
- 掌握 C# 的表达式和运算符，以及运算符的优先级
- 熟练掌握选择语句的使用方法
- 熟练掌握循环语句的使用方法
- 熟练掌握跳转语句的使用方法
- 熟练掌握和使用 RadioButton 控件、GroupBox 控件和 ComboBox 控件

知识要点

- 常量与变量
- C# 基本类型
- 运算符与表达式
- 选择结构
- 循环结构
- 跳转语句
- RadioButton 控件和 GroupBox 控件
- ComboBox 控件

典型案例

- 求圆的面积和周长
- 体脂指数(BMI)的计算
- 成绩评价器
- 九九乘法表

知识点1 常量与变量

1. 常量

常量是指在程序运行过程中始终保持不变的量。常量包括字面常量和符号常量，字面常量分为字符常量、字符串常量、数值常量和布尔常量等；符号常量的声明使用 const 关键字，格式如下：

```
const 数据类型标识符  常量名=数值或表达式;
```

说明：

(1) 符号常量一旦定义，在程序运行过程中是不能更改的。

(2) 在定义一个符号常量时，表达式中不能出现变量。例如：

```
int x=7;
const int m=x+7;                //提示错误
```

(3) 符号常量必须在定义时赋值，不能像变量一样将定义和赋值分开。例如：

```
const int m;
m=5;                            //提示错误
```

下面是一些正确的符号常量定义的例子。符号常量一般用大写字符来定义。

```
const int B=100;
const char C ='A';
const double PI=3.1415926;
```

2. 变量

变量是指在程序运行过程中值可以改变的量。要使用变量，必须先声明变量，声明变量时要指定变量的数据类型和名称。

声明变量的语法如下：

```
数据类型 变量名;
```

下面是一些正确的变量定义的例子：

```
int studentId;
double studentHeight, studentWeight;
char studentSex;
string name;
```

变量定义后，在程序中可以通过表达式来给变量赋值。比如：

```
studentId=1001;
studentHeight=1.68;
studentWeight=55.5;
studentSex='女';
name="张三";
```

也可在定义变量的同时给变量赋值，例如：

```
int studentId=1001;
double studentHeight=1.68, studentWeight=55.5;
```

变量名的命名规则如下。

(1) 变量名必须以字母或下画线开头。

(2) 变量名只能由字母、数字和下画线组成，不能包含空格、标点符号、运算符等其他符号。

(3) 变量名不能与C#中的关键字名称相同。

(4) 变量名不能与C#中的库函数名称相同。

(5) 变量名区分大小写。

例如：

```
int a;              //合法
int No$2;           //不合法，含有非法字符
string name;        //合法
string class;       //不合法，与关键字名称相同
float Main;         //不合法，与主函数名称相同
```

尽管只要符合上述要求的变量名就可以使用，但还是希望在给变量取名时，给出具有描述性质的名称，这样写出来的程序更便于理解。例如，苹果价格的变量名就可以叫applePrice，而abd就不是一个好的变量名。

知识点2　C#基本类型

C#中的数据类型分两类：值类型和引用类型。值类型包括整数类型、浮点类型、布尔类型、字符类型、结构类型和枚举类型等。引用类型包括类类型、数组类型、接口类型等，如图2.1所示。值类型的变量存储在内存的"栈"区域，在开始运行程序时，计算机就已经在"栈"中分配好此变量的内存块了。当程序运行结束，为此变量分配的内存将都被释放。引用类型的变量存储在内存的"堆"区域，在程序运行时，计算机随时在"堆"中分配和释放任意长度的内存块。值类型变量之间的赋值是赋予变量的值，而引用类型变量之间的赋值只是复制引用(相当于地址)。

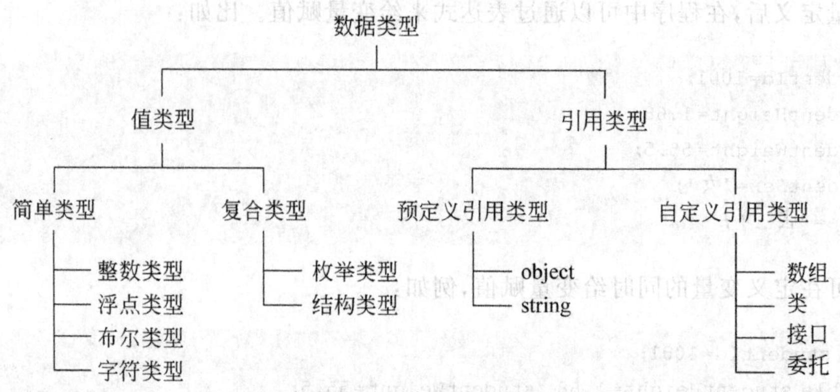

图 2.1 C＃中的数据类型

1. 整数类型

不同的类型存储不同范围的数据，占用不同的内存空间。C＃整数类型的取值范围如表 2.1 所示。

表 2.1 整数类型列表

类型标识符	CTS类型名	描　　述	可表示的数值范围
sbyte	System.Sbyte	有符号 8 位整数	－128～127
byte	System.Byte	无符号 8 位整数	0～255
short	System.Int16	有符号 16 位整数	－32 768～32 767
ushort	System.Uint16	无符号 16 位整数	0～65 535
int	System.Int32	有符号 32 位整数	－2 147 483 648～2 147 483 647
uint	System.Uint32	无符号 32 位整数	0～4 294 967 295
long	System.Int64	有符号 64 位整数	－9 223 372 036 854 775 808～9 223 372 036 854 775 807
ulong	System.Uint64	无符号 64 位整数	0～18 446 744 073 709 551 615

C＃中的 int 数据类型其实是 CTS 类型中 Int32 的一个别名。在声明一个 C＃变量时，既可以使用 C＃中的数据类型名，如"int a;"；也可以用 CTS 类型名，如"System.Int32 a;"。

2. 浮点类型

C＃支持 3 种基本浮点类型：表示单精度的 float，表示双精度的 double 和表示财务计算用途的 decimal。这 3 种不同的浮点数所占用的空间并不相同，因此它们可用来设定的数据范围也不相同，具体如表 2.2 所示。

表 2.2 浮点类型列表

类型标识符	CTS 类型名	描　述	可表示的数值范围
float	System.Single	32 位单精度浮点型，精度为 7 位	－3.402823e38～3.402823e38
double	System.Double	64 位双精度浮点型，精度为 15～16 位	－1.79769313486232e308～1.79769313486232e308
decimal	System.Decimal	128 位精确小数类型或整型，精度为 29 位	±1.0e－28～±7.9e28

例如：

```
float price=12.5F;              //定义了一个单精度型变量
double value=12.5d(或省略 d);//定义了一个双精度型变量
decimal money=12.5M;            //定义了一个小数型变量
```

**说明：**

(1) 如果一个数值常数带小数点，如 1.2，则该常数的类型是浮点型中的 double 类型。

(2) f(或 F)后缀可加在任何一个数值常数后面，代表该常数是 float 类型。

(3) d(或 D)后缀可加在任何一个数值常数后面，代表该常数是 double 类型。

(4) m(或 M)后缀可加在任何一个数值常数后面，代表该常数是 decimal 类型。

3. 布尔类型

布尔类型数据用于表示逻辑真和逻辑假，布尔类型的类型标识符是 bool。布尔类型只有两个值：true 和 false，通常占用一个字节的存储空间。例如：

```
bool pass=true;
```

4. 字符类型

C# 中使用 char 表示字符类型。字符类型包括英文字符、数字字符和中文等。C# 中采用 Unicode 字符集来表示字符类型。一个 Unicode 字符长度为 16 位(2 个字节)。字符类型表示用单引号引起的单个字符，例如：

```
char s='a';
```

用来表示字符数据常量时，共有以下几种不同的表示方式。

(1) 用单引号将单个字符包括起来，例如：'A'、'n'、'u'、'5'。

(2) 用字符的数值编码来表示字符数据常量，例如：用 97 表示'a'，用 53 表示'5'。

(3) 还可以直接通过十六进制转义符(前缀为"\x")或 Unicode 表示法(前缀为"\u")表示字符数据常量，例如：'\x0032'、'\u5495'。

(4) C# 提供了转义符，用于在程序中指代特殊的控制字符，具体如表 2.3 所示。

表 2.3 C#常用转义符

转义序列	代表的字符或作用	字符的 Unicode 值	转义序列	代表的字符或作用	字符的 Unicode 值
\'	单引号	0x0027	\f	换页	0x000c
\"	双引号	0x0022	\n	换行	0x000a
\\	反斜杠	0x005c	\r	回车	0x000d
\0	空	0x0000	\t	水平制表符	0x0009
\a	响铃	0x0007	\v	垂直制表符	0x000b
\b	退格	0x0008			

5. 字符串类型

字符串类型是多个字符的序列，类型标识符为 string，它是用双引号引起的多个字符。定义字符串的语法如下：

```
string 变量名="student";
```

C#支持两种形式的字符串常数。

(1) 常规字符串

```
string string1="teacher\nworker" ;                // \n 是转义字符
```

(2) 逐字字符串

在字符串前加上@符号，可创建一个逐字字符串，编译器会严格按照原样对逐字符串进行解释。

```
string string2=@"teacher\nworker" ;
```

注意：不能将字符串常量直接赋给字符变量。例如，下面的写法是错误的。

```
char ca="A";         //编译错误
```

6. 枚举类型

在程序中，有时需要表示一种离散的个数有限的数据，比如四季只有 4 个离散的值：春、夏、秋、冬，可以使用 4 个整数来表示，如使用 1、2、3、4，但这种表示方法不容易记忆。在 C#中可以使用枚举类型来描述这种数据。

(1) 枚举类型的定义

定义枚举类型的语法如下。

```
[访问修饰符] enum 枚举类型名[: 基本类型]
{
    成员 1[=数据类型],
```

```
    成员 2[=数据类型],
    ⋮
    成员 n[=数据类型]
}
```

“[]”中是可以省略不写的内容。enum 是枚举类型的关键字，访问限制符默认为 internal，表示同一命名空间下均可使用。基本类型表示成员数据类型，可以是 byte、sbyte、short、ushort、int、uint、long 或 unlong 数据类型中的任何一种，省略时默认为 int。枚举类型的成员之间用逗号分隔。

例如：

```
enum Season
{
    Spring,
    Summer,
    Autumn,
    Winter
}
```

(2) 枚举类型成员的值

在定义的枚举类型中，每一个枚举成员都有一个常量值与其对应，默认情况下枚举的基类型为 int，而且规定第一个枚举成员的取值为 0，它后面的每一个枚举成员的值加 1 递增，如上例中 Spring＝0，Summer＝1，Autumn＝2，Winter＝3。在编程时可以根据实际需要为枚举成员赋值。如果某一枚举成员赋值了，那么枚举成员的值就以赋的值为准。在它后面的每一个枚举成员的值加 1 递增，直到下一个赋值枚举成员出现为止。例如：

```
enum Season
{
    Spring=1,
    Summer,
    Autumn ,
    Winter
}
```

各成员的值为：Spring＝1，Summer＝2，Autumn＝3，Winter＝4。

(3) 枚举成员的访问

在 C# 中可以通过枚举类型名和枚举变量这两种方式来访问枚举成员：

```
枚举类型名.枚举成员;
```

或

```
枚举类型名 变量名;
变量名=枚举类型名.枚举成员;
```

如上面定义的 Season 枚举类型，访问枚举成员的方法为

```
Season.Spring;
```

或

```
Season s;
s=Season.Spring;
```

7. 结构类型

在日常生活中经常会遇到一些更为复杂的数据类型。例如描述学生的基本信息，包括学号、姓名、年龄和性别。如果使用简单类型来管理，每一条记录都要存放在多个不同的变量当中，这样变量相互割裂，不够直观，而且工作量也很大。在 C# 中可以使用结构类型来进行描述。结构类型是一种用户自定义的数据类型，它由一组不同类型数据组成的数据结构。

(1) 结构类型的定义

代码如下：

```
struct 结构标识名[:基接口列表]
{
    public 成员类型 成员名;
}
```

struct 是结构类型的关键字，成员之间的分隔符使用分号。

例如：

```
struct student
{
    public int no;
    public string name;
    public int age;
    public char sex;
}
```

(2) 结构类型成员的访问

结构类型成员的访问需要使用结构类型变量，也就是必须首先声明结构类型变量，然后才能访问结构成员，语法格式如下：

```
结构类型名 变量名;
变量名.结构成员;
```

例如：

```
student stu;
stu.no=10;
```

8. 数据类型转换

在C#中不同数据类型之间可以相互转换。类型转换有两种形式：隐式转换和显式转换。当从低精度类型向高精度类型转换时可以进行隐式转换，比如 int 型转换为 long 型，而从高精度类型到低精度则必须进行显式转换，比如 long 型向 int 型转换。

(1) 隐式转换

隐式转换不需要加以声明就可以进行转换。表 2.4 列出了可以进行的隐式转换。

表 2.4　隐式转换

源类型	目标类型
sbyte	short、int、long、float、double、decimal
byte	short、ushort、int、uint、long、ulong、float、double、decimal
short	int、long、float、double、decimal
ushort	int、uint、long、ulong、float、double、decimal
int	long、float、double、decimal
uint	long、ulong、float、double、decimal
long	float、double、decimal
ulong	float、double、decimal
char	ushort、int、uint、long、ulong、float、double、decimal
float	double

注意：不存在向 char 类型的隐式转换，实数型也不能隐式地转换为 decimal 类型。

(2) 显式转换

显式转换也叫强制转换，可以由用户直接指定转换后的类型。显式转换不会总是成功，有时候成功了也会丢失部分信息，语法格式如下：

```
(类型标识符) 表达式
```

这样就可以将表达式值的数据类型转换为类型标识符的类型。例如：

```
int a=(int)6.143              //把 Double 类型的 6.143 转换为 int 类型
```

也可以利用 Convert 类的各种方法来进行显示转换。例如：

```
int a =Convert.ToInt32("100");
```

各种类型转换方法如表 2.5 所示。Convert 类的转换也叫万能转换。

表 2.5　Convert 类中常用的类型转换方法

方　法	说　明
Convert.ToInt16()	转换为整型(short)
Convert.ToInt32()	转换为整型(int)

续表

方　法	说　明
Convert.ToInt64()	转换为整型(long)
Convert.ToChar()	转换为字符型(char)
Convert.ToString()	转换为字符串型(string)
Convert.ToDateTime()	转换为日期型(datetime)
Convert.ToDouble()	转换为双精度浮点型(double)
Conert.ToSingle()	转换为单精度浮点型(float)

例如：

```
int i=Convert.ToInt32("100");
```

此时 i=100,Convert.ToInt32()把字符串类型转换成了整数数据类型。

(3) 字符串与数值之间的转换

① ToString 方法。该方法可将其他数据类型的变量值转换为字符串类型,格式如下：

```
变量名称.ToString()
```

例如：

```
int x=123;
string s=x.ToString();
```

② Parse 方法。可以将特定格式的字符串转换为数值,格式如下：

```
数值类型名称.Parse(字符串型表达式)
```

例如：

```
int x=int.Parse("123");
```

【案例 2.1】 当输入半径值时,输出以该值为半径的圆的面积和周长。程序运行效果如图 2.2 所示。

案例设计步骤如下。

(1) 程序界面和属性设置

创建一个 Windows 应用程序,在 Form1 窗体中添加两个 Button 控件,两个 Label 控件,一个文本框,修改 Text 属性后,界面如图 2.3 所示。

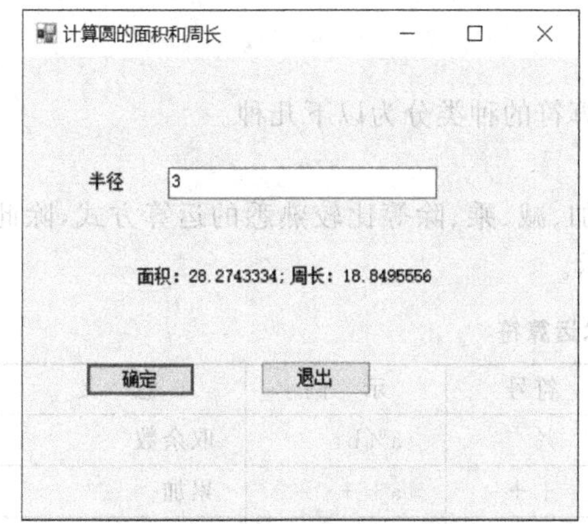

图 2.2 案例 2.1 的运行效果

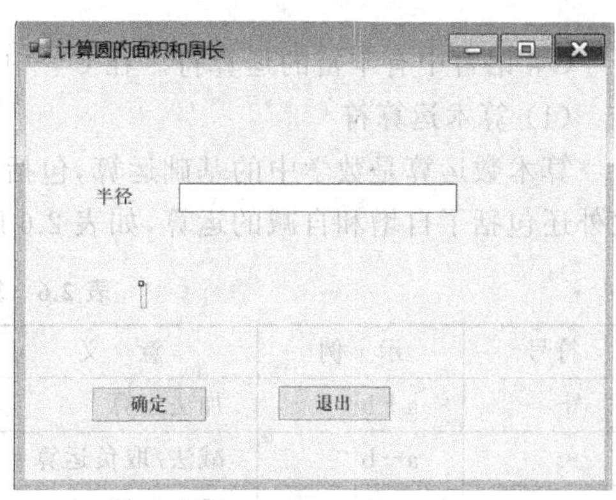

图 2.3 修改属性后的窗体界面

（2）代码设计

代码如下：

```
//"确定"按钮
private void button1_Click(object sender, EventArgs e)
{
    const double PI =3.1415926;              //声明符号常量
    double area, peri, r;
    r =double.Parse(txtR.Text);              //字符串转换成双精度型
    area =PI * r * r;
    peri =2 * PI * r;
    lblOutPut.Text ="面积: " +area +";周长: " +peri;
}
//"退出"按钮
private void button2_Click(object sender, EventArgs e)
{
    this.Close();
}
```

（3）执行程序

按 F5 键或单击工具栏上的“启动调试”按钮，程序开始运行，在文本框中输入半径 3 后，单击“确定”按钮，运行结果如图 2.2 所示。单击“退出”按钮，应用程序运行结束。

知识点 3 运算符与表达式

运算符是表示各种不同运算的符号。表达式是由变量、常量和运算符组成的，是用运算符将运算对象连接起来的运算式。表达式在经过一系列运算后得到的结果就是表达式的结果，结果的类型是由参加运算的操作数据的数据类型决定的。

1. 运算符

C♯语言中有丰富的运算符。在C♯中运算符的种类分为以下几种。

(1) 算术运算符

算术数运算是数学中的基础运算，包括了加、减、乘、除等比较熟悉的运算方式，除此之外还包括了自增和自减的运算，如表2.6所示。

表 2.6　算术运算符

符号	示　例	意　义	符号	示　例	意　义
＋	a＋b	加法运算	％	a％b	取余数
－	a－b	减法/取负运算	＋＋	a＋＋	累加
*	a * b	乘法运算	－－	a－－	递减
/	a/b	除法运算			

注意：①％(求余)运算符是以余数作为运算结果。例如：

```
int x=9,y=2,a;
a=x%y;              //结果为1
```

②"/"运算符是以商作为运算结果。例如：

```
int x=9,y=2,b;
b=x/y;              //b的值为4
```

(2) 赋值运算符

赋值运算符最常用的就是等号，即将右边变量的值赋值给左边的变量。除此之外，C♯中还定义了与赋值相结合的复合运算符：＋＝、－＝、*＝、/＝、％＝。

```
x=5;                //把5存放在变量x中
x+=3;               //等价于x=x+3;
```

(3) 关系运算符

关系运算符用于比较运算，比较两个值的大小。关系运算符包括大于(＞)、小于(＜)、等于(＝＝)、大于等于(＞＝)、小于等于(＜＝)和不等于(！＝)6种。关系运算的结果类型是布尔类型。关系运算符如表2.7所示。

表 2.7　关系运算符

符　号	示　例	为 真 条 件
＜	a＜b	当a的值小于b值时
＞	a＞b	当a的值大于b值时
＜＝	a＜＝b	当a的值小于或等于b值时
＞＝	a＞＝b	当a的值大于或等于b值时

续表

符　号	示　例	为真条件
==	a==b	当 a 的值等于 b 值时
!=	a!=b	当 a 的值不等于 b 值时

例如：

```
bool a,b,c;
a=5>3;                    //true
b='a'<'A';                //false
c=("abc"=="ab");          //false
```

(4) 逻辑运算符

逻辑运算符用于逻辑运算,包括与(&&)、或(||)、非(!)3 种。逻辑运算的结果类型是布尔类型,而且逻辑运算两边的运算对象的数据类型都为布尔类型。逻辑运算符如表 2.8 所示。

表 2.8　逻辑运算符

符号	示　例	为真条件
&&	a&&b	当 a 为真并且 b 也为真时
||	a||b	当 a 为真或者 b 为真时
!	! a	当 a 为假时

例如：

```
bool a,b,c;
a=!true;                //false
b=5>3&&1>2;             //false
c=5>3||1>2;             //true
```

(5) 字符串运算符

字符串运算符只有一个,即"+"运算符,表示将两个字符串连接起来。例如：

```
string connec="abcd"+"ef";          //结果为"abcdef"
```

"+"运算符还可以将其他类型的数据(字符型、数值型数据)与字符串连接在一起,例如：

```
string connec="abcd "+'e'+25;          //结果为"abcde25"
```

(6) 条件运算符

条件运算符是一个三目运算符,用于条件求值(?:)。语法如下：

```
逻辑表达式?语句 1:语句 2;
```

说明：上述表达式先判断逻辑表达式是 true 还是 false，如果是 true，则执行语句 1；如果是 false，则执行语句 2。

例如：

```
x=5>10?6:9;              //x 最终值是 9
```

由条件运算符和表达式组成的式子叫作条件表达式。

2. 表达式

表达式是按照一定规则，把运算符和操作数连接起来的式子。

3. 运算符优先级

一个表达式中含有多个运算符时，运算符的优先级决定各运算的执行顺序。当运算符的优先级相同时，按照从左到右的顺序运算（赋值运算符和条件运算符是从右向左执行）。可以通过在表达式中使用小括号来改变运算符的执行顺序，小括号可以嵌套。例如：x+y*z 按照运算符的优先级要先执行 y*z，再执行加法运算；而(x+y)*z 先执行小括号中的加法运算，再将结果乘以 z。

各运算符的优先级如表 2.9 所示。

表 2.9　运算符优先级

优先级	类　别	运 算 符
1	一元	+、-、!、++、--
2	乘除	*、/
3	加减	+、-
4	关系运算符	<、>、<=、>=
5	相等或不相等	==、!=
6	按位与运算符	&
7	按位异或运算符	^
8	按位或运算符	|
9	逻辑与运算符	&&
10	逻辑或运算符	||
11	条件运算符	?:
12	赋值	=、*=、/=、%=、+=、-=

【案例 2.2】 体脂指数(BMI)的计算。

BMI 是世界公认的一种评定肥胖程度的分级方法，目前世界卫生组织(WHO)也以 BMI 来对肥胖或超重进行了定义，它的定义如下：

$$\text{BMI}=\text{体重}/\text{身高}^2$$

体重单位为 kg，身高单位为 m。当 BMI 指数为 18.5～24.9 时属正常。

本案例中要求单击“计算”按钮，计算 BMI 值；单击“取消”按钮，清除文本框的值。程序运行效果如图 2.4 所示。

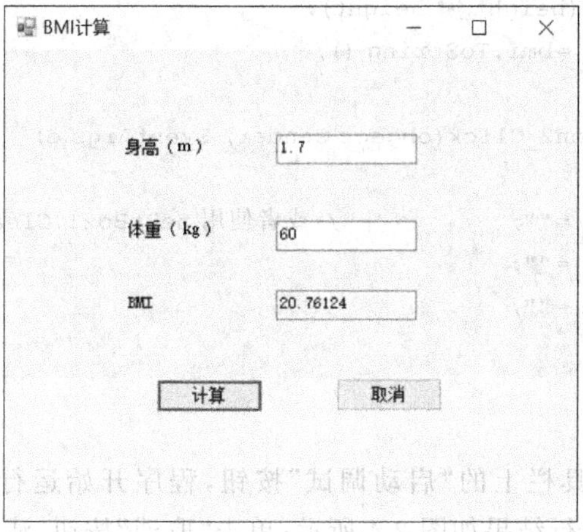

图 2.4 运行效果

案例设计步骤如下。

(1) 程序界面和属性设置

创建一个 Windows 应用程序，在 Form1 窗体中添加 2 个 Button 控件，3 个 Label 控件，3 个文本框，修改 Text 属性，将 textBox3 的 ReadOnly 属性改为 true，界面如图 2.5 所示。

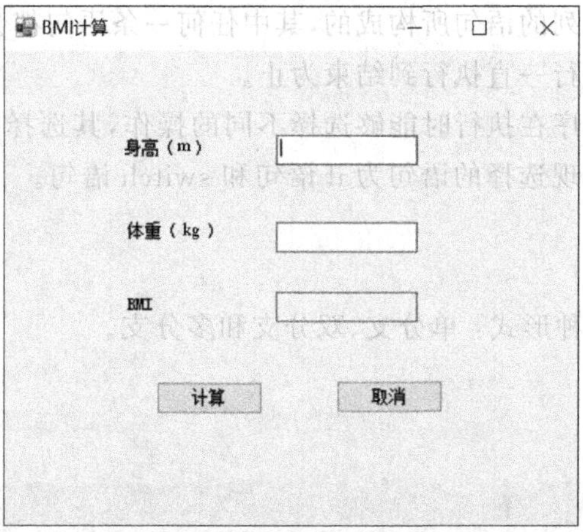

图 2.5 修改属性后的窗体界面

(2) 设计代码

代码如下：

```
private void button1_Click(object sender, EventArgs e)
{
    float height, weight, bmi;
    bmi = 0;
```

```
        height =float.Parse(textBox1.Text);
        weight =float.Parse(textBox2.Text);
        bmi =weight / (height * height);
        textBox3.Text =bmi.ToString ();
    }
    private void button2_Click(object sender, EventArgs e)
    {
        textBox1.Text ="";              //或者使用 textBox1.Clear()方法
        textBox2.Text ="";
        textBox3.Text ="";
    }
```

(3) 执行程序

按 F5 键或单击工具栏上的"启动调试"按钮,程序开始运行,在文本框中输入相应值,单击"计算"按钮,运行结果如图 2.4 所示;单击"取消"按钮,清除文本框的值。

知识点 4 选 择 结 构

C＃程序设计中有三大程序结构,分别为顺序结构、选择结构和循环结构。在具体的程序设计中,这 3 种程序结构都是可以嵌套、组合使用的。

顺序结构是由一系列的语句所构成的,其中任何一条语句都会被执行一次,而且执行的顺序是由程序的第一行一直执行到结束为止。

选择结构可以让程序在执行时能够选择不同的操作,其选择的标准是由指定的条件是否成立而确定的。实现选择的语句为 if 语句和 switch 语句。

1. if 语句

if 条件语句包含多种形式:单分支、双分支和多分支。

1) 单分支结构

语法格式如下:

```
if(表达式)
  {语句}
```

当满足条件,就执行语句序列,否则跳过 if 语句,执行 if 语句后面的程序。流程图如图 2.6 所示。

(1) "if"后面括号()中的条件是一个表达式,此表达式的运算结果是 true,则满足条件;运算结果是 false,则不满足条件。

(2) 如果"{语句}"中的代码包含一条以上的语句,则必须用"{}"括起来,组成复合语句。

【案例 2.3】 成绩评价器 1.0,如果某学生考试超过 90 分,则提示“你真棒!”。

运行效果如图 2.7 所示。

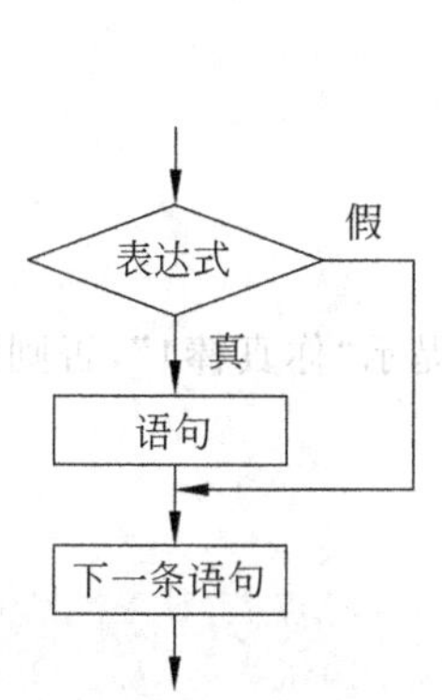

图 2.6 单分支的流程图

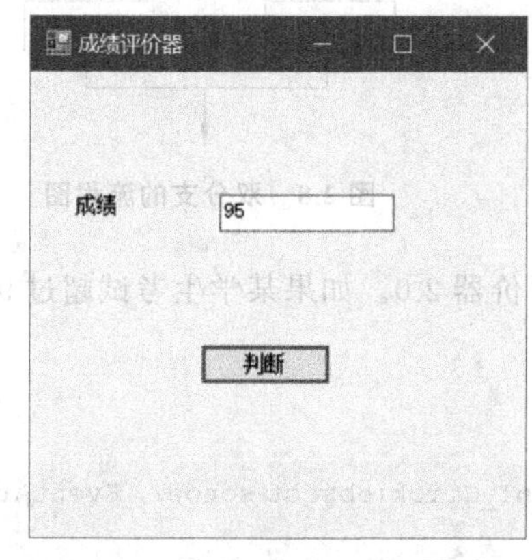

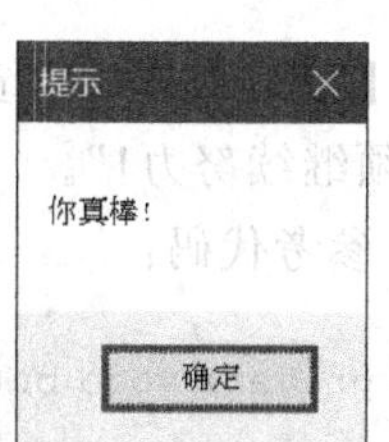

图 2.7 案例 2.3 的运行效果

案例设计步骤如下。

(1) 程序界面和属性设置

创建一个 Windows 应用程序,在 Form1 窗体中添加 1 个 Button 控件、1 个 Label 控件、1 个文本框。3 个控件的 Text 属性分别设置为“判断”“成绩”和空。

(2) 代码设计

代码如下:

```
private void button1_Click(object sender, EventArgs e)
{
    float score;
    score = float.Parse(textBox1.Text);
    if (score >= 90)
    {
        MessageBox.Show("你真棒!","提示");
    }
}
```

2) 双分支结构

if 语句更常用的形式是双分支语句,执行流程如图 2.8 所示。

语法格式如下:

```
if(条件)
    语句 1;        //当满足条件时执行
else
    语句 2;        //当不满足条件时执行
```

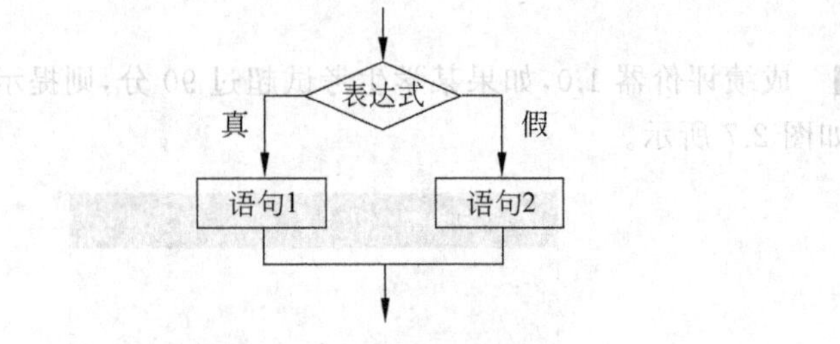

图 2.8 双分支的流程图

【案例 2.4】 成绩评价器 2.0。如果某学生考试超过 90 分，提示“你真棒！”，否则提示“仍须继续努力！”。

参考代码：

```
private void button1_Click(object sender, EventArgs e)
{
    float score;
    score =float.Parse(textBox1.Text);
    if (score >=90)
    {
        MessageBox.Show("你真棒!", "提示");
    }
    else
    {
        MessageBox.Show("仍须继续努力!", "提示");
    }
}
```

3）多分支结构

前两种形式的 if 语句一般都用于单分支和双分支的结构。当有多个分支选择时，可采用 if-else if 语句，流程图如图 2.9 所示。

语法格式如下：

```
if(表达式 1)
    语句 1;
else if(表达式 2)
    语句 2;
else if(表达式 3)
    语句 3;
⋮
else if(表达式 n)
    语句 n;
else
    语句 n+1;
```

【案例 2.5】 成绩评价器 3.0。成绩大于等于 90 分为优秀，成绩在 80～89 分为良好，

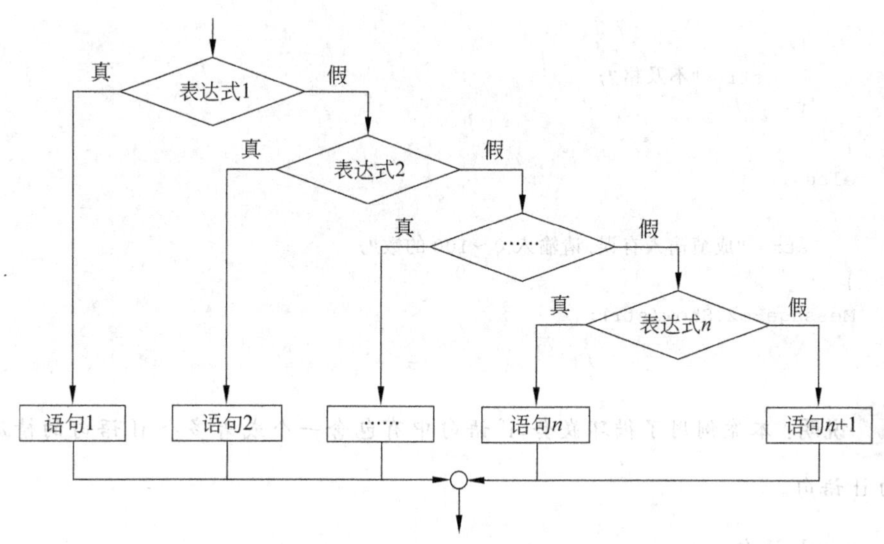

图 2.9　多分支的流程图

成绩在 70～79 分为中等，成绩在 60～69 分为及格，60 分以下为不及格。

参考代码：

```
private void button1_Click(object sender, EventArgs e)
{
    float score;
    string str;
    score = float.Parse(textBox1.Text);
    //要求输入的成绩为 0～100
    if (score >= 0 && score <= 100)
    {
        if (score >= 90)
        {
            str = "优秀";
        }
        else if (score >= 80)
        {
            str = "良好";
        }
        else if (score >= 70)
        {
            str = "中等";
        }
        else if (score >= 60)
        {
            str = "及格";
        }
        else
```

```
            {
                str ="不及格";
            }
        }
        else
        {
            str ="成绩输入有误,请输入 0~100 的数";
        }
        MessageBox.Show(str);
    }
```

说明：本案例用了循环嵌套，if 语句中有包含一个或者多个 if 语句的情况称为嵌套的 if 语句。

2. switch 语句

switch 语句是多分支选择语句，用来实现多分支选择结构。一般形式如下：

```
switch(表达式)
{
    case 常量表达式 1: 语句 1; break;
    case 常量表达式 2: 语句 2; break;
    ⋮
    case 常量表达式 n: 语句 n; break;
    [default:语句 n+1; break;]
}
```

执行 switch 语句的步骤为：当代码执行到此语句时，先执行 switch 后面()的表达式，然后将表达式的运算结果与“{}”中 case 后面的“常量表达式”逐个匹配，如果与某个“常量表达式”匹配成功，则进入相对应的 case 代码段；如果匹配都不成功，则进入 default 语句，执行默认代码段。如果没有 default 语句，则跳出 switch 语句。

注意：

(1) switch 后面()中表达式的运算结果可能是整数类型、字符类型、字符串类型或枚举类型等。

(2) 在 case 后的“常量表达式”必须能隐式转换为 switch 后表达式的类型，不可以含有变量，且“常量表达式”不允许重复。

(3) 在 switch 结构中，每一个 case 语句中不要忘记加上 break 语句。

(4) case 和 default 标签以冒号结束而非分号。

(5) case 标签后面的语句无论是单条语句还是多条语句，都无须括号包围。

(6) 如果 case 后无语句序列，则允许不加 break 语句，此时多个 case 共用一组语句序列。

```
switch (表达式)
{
    case 常量表达式 1:
    case 常量表达式 2:
    case 常量表达式 3: 语句 3; break;
     ⋮
    case 常量表达式 n: 语句 n;break;
    [default: 语句 n+1;break; ]
}
```

【案例 2.6】 编写 Windows 项目,从文本框中输入月份,然后在标签中显示出该月的天数。界面如图 2.10 所示。

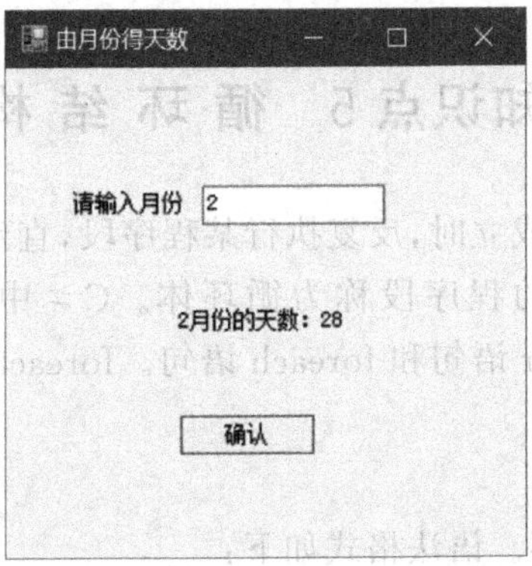

图 2.10　案例 2.6 的运行效果

案例设计步骤如下。

(1) 程序界面和属性设置

创建一个 Windows 应用程序,在 Form1 窗体中添加 1 个按钮控件 button1、2 个标签控件 label1 和 label2、1 个文本框 textBox1。button1 的 Text 属性设置为"确认",label1 的 Text 属性设置为"请输入月份",label2 和 textBox1 的 Text 属性设置为空。

(2) 代码设计

代码如下:

```
private void button1_Click(object sender, EventArgs e)
{
    int month, day;
    day =0;
    month =int.Parse(textBox1.Text);
    switch (month)
    {
        case 1:
        case 3:
        case 5:
        case 7:
```

```
        case 8:
        case 10:
        case 12: day =31; break;
        case 2: day =28; break;
        case 4:
        case 6:
        case 9:
        case 11: day =30; break;
    }
    label2.Text =month +"月份的天数: " +day;
}
```

知识点 5　循环结构

循环结构是在给定条件成立时，反复执行某程序段，直到条件不成立为止。给定的条件称为循环条件，反复执行的程序段称为循环体。C＃中实现循环的语句有 4 个，即 while 语句、do-while 语句、for 语句和 foreach 语句。foreach 语句在单元 5 中介绍。

1. while 语句

while 循环也称当型循环。语法格式如下：

```
while(表达式)
{
    循环语句
}
```

while 语句执行过程如图 2.11 所示。执行过程分析如下：计算表达式的值是否为 true，如为 true 则执行循环体。执行完循环语句后，再次回到 while 语句的开始处计算表达式的值是否为 true，如为 true，则继续执行循环语句。当条件表达式的值为 false 时，则退出循环，执行后续语句。

说明：

（1）while 语句中的表达式一般是关系表达式或逻辑表达式，只要表达式的值为 bool 类型即可。

（2）应注意循环条件的选择，避免死循环。

（3）若循环体中又含有"循环语句"，则称为嵌套的循环语句，也称多重循环。

【案例 2.7】 用 while 语句求 1＋2＋3＋…＋100 的和。运行效果如图 2.12 所示。

参考代码：

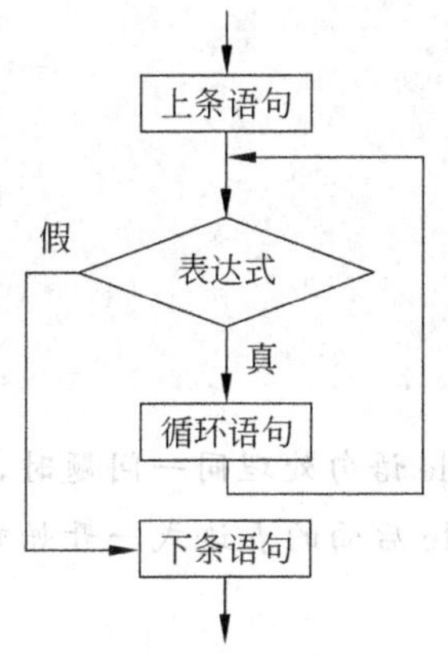

图 2.11　while 语句的执行流程

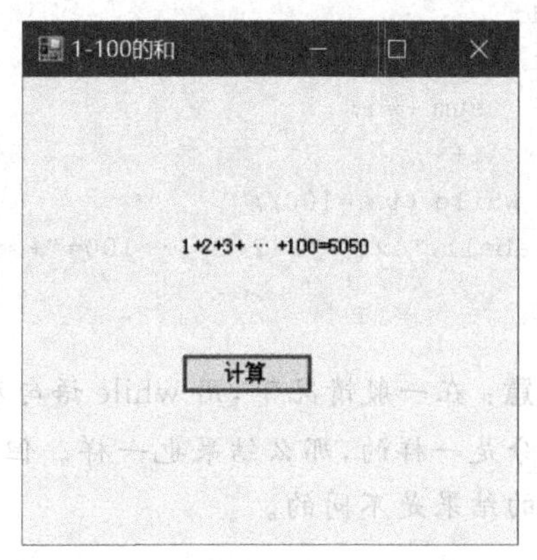

图 2.12　案例 2.7 的运行效果

```
private void button1_Click(object sender, EventArgs e)
{
    int sum =0, i=1;
    while (i <=100)
    {
        sum +=i;
        i++;
    }
    label1.Text ="1+2+3+…+100="+sum;
}
```

2. do-while 语句

do-while 语句先执行循环体语句一次，再判别表达式的值，若为 true 则继续循环，否则终止循环。语法格式如下：

```
do{
    循环语句
}while(表达式);
```

do-while 语句的执行过程是：先执行循环条件，然后检查条件是否成立，若成立，再执行循环语句。执行过程如图 2.13 所示。

【案例 2.8】　用 do-while 语句改写案例 2.7。

参考代码：

```
private void button1_Click(object sender, EventArgs e)
{
    int sum =0, i=1;
```

```
    do
    {
        sum +=i;
        i++;
    } while (i <=100);
    label1.Text ="1+2+3+…+100="+sum;
}
```

注意：在一般情况下，用 while 语句和用 do-while 语句处理同一问题时，若二者的循环体部分是一样的，那么结果也一样。但是如果 while 后面的表达式一开始就是假时，两种循环的结果是不同的。

3. for 语句

for 语句也是一种重复执行一段代码的循环语句，应用最为广泛。语法格式如下：

```
for(表达式 1;表达式 2;表达式 3)
{
    循环语句
}
```

for 语句的执行过程如图 2.14 所示。执行步骤如下：

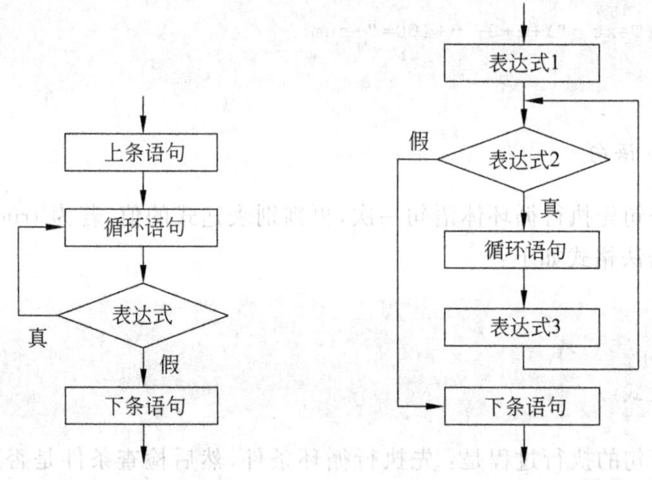

图 2.13　do-while 语句的执行流程　　　图 2.14　for 语句的执行流程

(1) 计算表达式 1 的值。
(2) 计算表达式 2 的值，若值为 true，则执行循环循环语句，否则跳出循环。
(3) 计算表达式 3 的值，转回第(2)步重复执行。

说明：

(1) 表达式 1 通常用来给循环变量赋初值，一般是赋值表达式。也允许在 for 语句外给循环变量赋初值，此时可以省略该表达式。

(2) 表达式 2 通常是循环条件，一般为关系表达式或逻辑表达式。

(3) 表达式 3 通常可用来修改循环变量的值，一般是赋值语句。

(4) 这 3 个表达式都可以是逗号表达式，即每个表达式都可由多个表达式组成。3 个表达式都是任选项，都可以省略，但分号间隔符不能少，如：for(表达式 2;表达式 3)省去了表达式 1，for(表达式 1;;表达式 3)省去了表达式 2，for(表达式 1;表达式 2;)省去了表达式 3，for(;;)省去了全部表达式。

(5) 在整个 for 循环过程中，表达式 1 只计算一次，表达式 2 和表达式 3 则可能计算多次。循环体可能执行多次，也可能一次都不执行。

【案例 2.9】 用 for 语句改写案例 2.7。

参考代码：

```
private void button1_Click(object sender, EventArgs e)
{
    int sum = 0, i;
    for (i = 1; i <= 100; i++)
    {
        sum += i;
    }
    label1.Text = "1+2+3+...+100=" + sum;
}
```

4. 循环嵌套

当一个循环(称为外循环)的循环体内包含另一个循环(称为内循环)，称为循环的嵌套。内循环中还可以嵌套循环，这就是多层循环。3 种循环(while 循环、do-while 循环和 for 循环)可以互相嵌套。

【案例 2.10】 设计一个 Windows 窗体应用程序，利用 for 语句设计循环结构程序，输出九九乘法表。运行结果如图 2.15 所示。

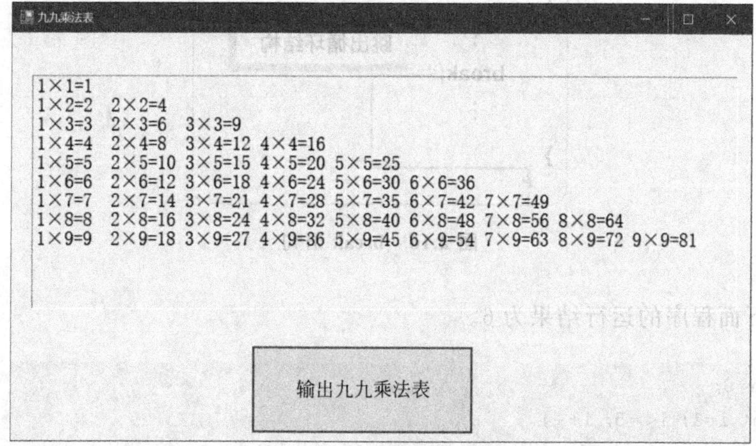

图 2.15 案例 2.10 的运行效果

参考代码：

```
private void button1_Click(object sender, EventArgs e)
{
    string OutputStr = "";
    for (int i =1; i <=9; i++)          //控制行数
    {
        for (int j =1; j <=i; j++)
        {
            OutputStr +=string.Format("{0}×{1}={2,-3}", j, i, j * i);
        }
        OutputStr +="\n";
    }
    label1.Text =OutputStr;
}
```

知识点 6 跳转语句

跳转语句提供了程序之间跳转执行的功能。在某些条件和需求下，跳转语句可以使得编写代码更加灵活、方便和有效。C＃中的跳转语句包括了 break、continue、return 和 goto 等，其中 goto 语句不建议使用。

1. break 语句

break 语句常常出现在循环语句中，其作用是可以终止当前所在的循环语句。break 语句也可以被应用在 switch 判断条件语句中，可以终止其所在的 case 条件，并跳出当前 switch 语句。break 语句如图 2.16 所示。

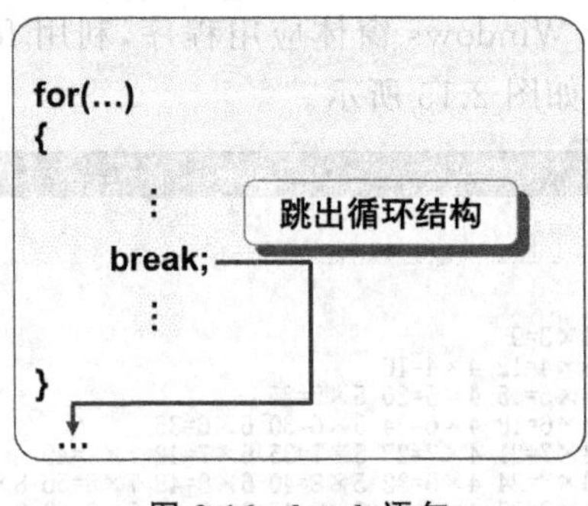

图 2.16　break 语句

例如，下面程序的运行结果为 6。

```
int sum=0;
for (int i=1; i<=5; i++)
{
```

```
    if ( i ==4)
    break;
    sum=sum+i;
}
```

2. continue 语句

continue 语句经常配合循环语句一起使用，其作用是终止当次的循环，而继续下一次循环。与 break 语句不同的是，continue 语句不是终止整个循环，只是终止当次的循环，继而执行下一次的循环。continue 语句如图 2.17 所示。

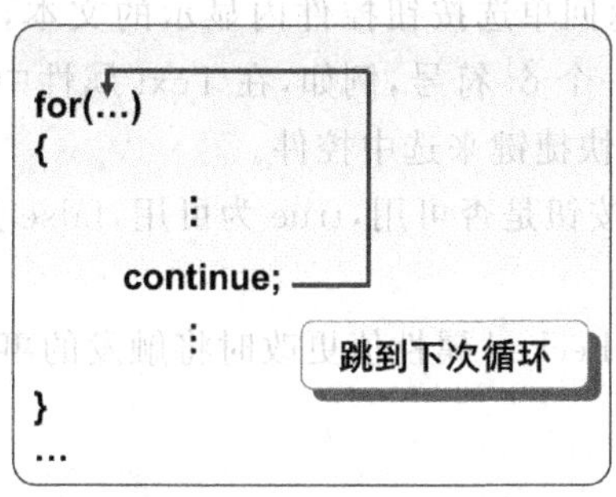

图 2.17 continue 语句

例如，下面程序的运行结果为 11。

```
int sum=0;
for (int i=1; i<=5; i++)
{
    if ( i ==4)
    continue;
    sum=sum+i;
}
```

3. return 语句

return 语句一般都是应用在方法或事件中，终止当前的方法或事件的执行，并将控制返回给调用方法或窗体运行界面。

知识点 7 RadioButton 控件和 GroupBox 控件

1. RadioButton 控件

RadioButton 控件为用户提供由两个或两个以上互斥选项组成的选项集。在一组单选按钮中用户只能从中选择一项，也就是说这一组单选按钮彼此是相互排斥的。一旦某一单选按钮被选中，则同组中其他单选按钮的选中状态自动清除。默认直接添加在 Form 窗体上的多个单选按钮属于一组。如果要在一个 Form 上创建多个单选按钮组，需要 GroupBox 控件来组织。

(1) 常用属性

- Checked：用来设置或返回单选按钮是否被选中，选中时值为 true，没有选中时值为 false。
- Appearance：用来获取或设置单选按钮控件的外观。当取值为 Appearance.Button 时，将使单选按钮的外观像命令按钮一样：当选定它时，看似已被按下；当取值为 Appearance.Normal 时，就是默认的单选按钮的外观。
- Text：用来设置或返回单选按钮控件内显示的文本，该属性也可以包含访问键，即在某字母前面加一个 & 符号，例如，在 Text 属性中设置成 &Female，则用户就可以通过按 Alt+F 快捷键来选中控件。
- Enabled：设置单选按钮是否可用，true 为可用，false 为不可用。

(2) 常用事件

CheckedChanged：当 Checked 属性值更改时将触发的事件。

2. GroupBox 控件

GroupBox 控件又称为分组框控件，它主要为其他控件提供分组，并且按照控件的分组来细分窗体的功能，其在所包含的控件集周围总是显示边框，可以使用 Text 属性设置分组框控件显示的标题。

【案例 2.11】 根据选择的单选按钮，单击“确定”按钮可以改变文本框字体的颜色，程序的运行结果如图 2.18 所示。

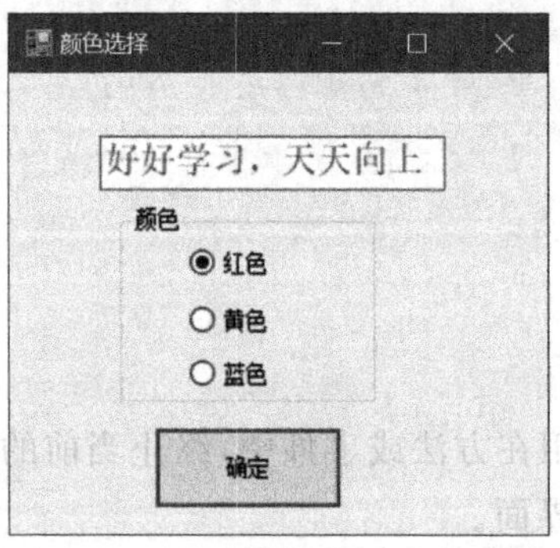

图 2.18 案例 2.11 的运行效果

案例设计步骤如下。

(1) 程序界面和属性设置

创建一个 Windows 应用程序，在 Form1 窗体中添加 1 个 Button 控件、1 个 TextBox 控件、1 个 GroupBox 控件、3 个 RadioButton 控件，各控件均采用默认的名称(余同)。窗体和各控件的属性设置如表 2.10 所示。

表 2.10 属性设置

控件名	属 性	属 性 值
form1	Name	Welcome
	Text	颜色选择
button1	Text	确定
textBox1	Text	好好学习,天天向上
groupBox1	Text	颜色
radioButton1	Text	红色
	Checked	true
radioButton2	Text	黄色
radioButton3	Text	蓝色

(2) 代码设计

双击"确定"按钮,添加如下代码:

```
private void button1_Click(object sender, EventArgs e)
{
    if (radioButton1.Checked )
    {
        textBox1.ForeColor =Color.Red;
    }
    else if (radioButton2.Checked )
    {
        textBox1.ForeColor =Color.Yellow ;
    }
    else if (radioButton3.Checked )
    {
        textBox1.ForeColor =Color.Blue ;
    }
}
```

(3) 执行程序

单击工具栏上的"启动调试"按钮,程序开始运行。分别选择不同单选按钮,文本框字体显示相应的颜色。

【案例 2.12】 单击选择某个单选按钮,可以改变文本框字体的颜色,程序的运行结果如图 2.19 所示。

案例设计步骤如下。

(1) 程序界面和属性设置

创建一个 Windows 应用程序,在 Form1 窗体中添加 1 个 TextBox 控件、1 个 GroupBox 控件、3 个 RadioButton 控件。窗体和各控件的属性设置如表 2.11 所示。

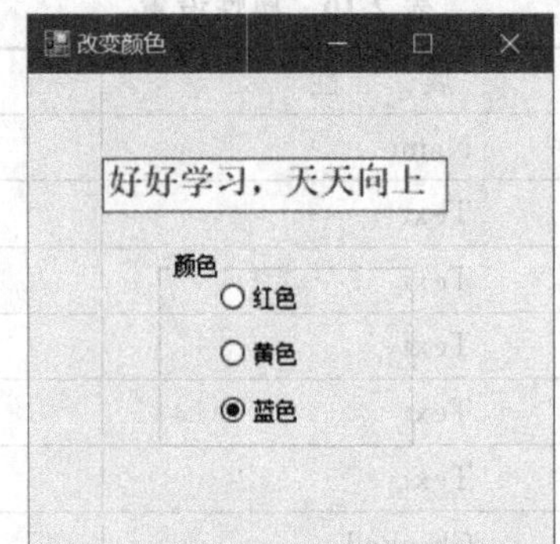

图 2.19　案例 2.12 的运行效果

表 2.11　案例 2.12 的属性设置

控件名	属　性	属性值
form1	Name	Welcome
	Text	颜色选择
textBox1	Text	好好学习,天天向上
groupBox1	Text	颜色
radioButton1	Text	红色
	Checked	true
radioButton2	Text	黄色
radioButton3	Text	蓝色

(2) 代码设计

分别双击 3 个单选按钮,进入它们的默认事件,添加代码如下。

```
//红色
private void radioButton1_CheckedChanged(object sender, EventArgs e)
{
    if (radioButton1.Checked)
    {
        textBox1.ForeColor =Color.Red;
    }
}
//黄色
private void radioButton2_CheckedChanged(object sender, EventArgs e)
{
    if (radioButton2.Checked)
    {
        textBox1.ForeColor =Color.Yellow ;
```

```
        }
    }
    //蓝色
    private void radioButton3_CheckedChanged(object sender, EventArgs e)
    {
        if (radioButton3.Checked)
        {
            textBox1.ForeColor =Color.Blue ;
        }
    }
```

知识点 8 ComboBox 控件

组合框由文本框和列表框组成。可以在文本框中输入字符;文本框右侧有一个向下的箭头,单击此箭头可以打开一个列表框,可以从中选择希望输入的内容。

1. 常用属性

- Items:获取一个对象,该对象表示该 ComboBox 控件中所包含项的集合。
- SelectedItem:获取或设置 ComboBox 控件中当前选定的项。如果一个也没选,该值为 null。
- SelectedIndex:获取或设置指定当前选定项的索引,索引号从 0 开始。如果未选择条目,则该值为-1。
- DropDownStyle:确定下拉列表组合框类型。为 Simple 时表示文本框可编辑,列表部分永远可见。DropDown 是默认值,表示文本框可编辑,必须单击箭头才能看到列表部分。为 DropDownList 时表示文本框不可编辑,必须单击箭头才能看到列表部分。
- SelectedText :获取或设置 ComboBox 控件的可编辑部分中选定的文本。
- SelectedValue :获取或设置由 ValueMember 属性指定的成员属性的值。
- MaxDropDownItems:获取或设置下拉列表框中显示的最大项数。如果实际条目数大于此数,将出现滚动条。

2. 常用事件

SelectedIndexChanged:选择的项发生改变时触发事件。

【案例 2.13】 运用 ComboBox 控件自动显示职位,并根据用户的选择自动显示结果。职位只能选择而不能输入。运行结果如图 2.20 所示。

案例设计步骤如下。

(1) 程序界面和属性设置

创建一个 Windows 应用程序,在 Form1 窗体中添加 1 个 ComboBox 控件、2 个

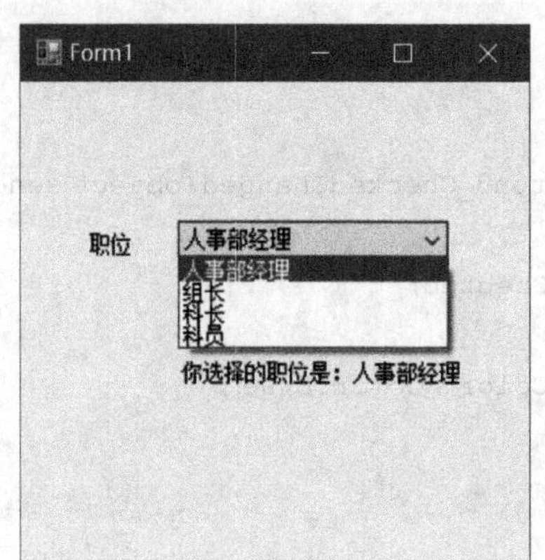

图 2.20　案例 2.13 的运行效果

Label 控件。窗体和各控件的属性设置如表 2.12 所示。

表 2.12　案例 2.13 的属性设置

控件名	属性	属性值
label1	Text	职位
label2	Text	
comboBox1	Items	人事部经理、组长、科长、科员
	DropDownStyle	DropDownList

(2) 代码设计

分别进入组合框的默认事件,添加代码如下：

```
private void comboBox1_SelectedIndexChanged(object sender, EventArgs e)
{
    label2.Text ="你选择的职位是: " +comboBox1.Text ;
}
```

任务　购票主界面

1. 任务要求

任务运行效果如图 2.21 所示。

(1) 界面要求

① 购票类型分为三类：成人票、儿童票和打折票。组合框只能选择而不能输入。

② 初始页面不能进行折扣选择,5 个文本框是只读的。

(2) 功能要求

① 当选择了购票类型,购票数量和实付款文本框是可输入的。

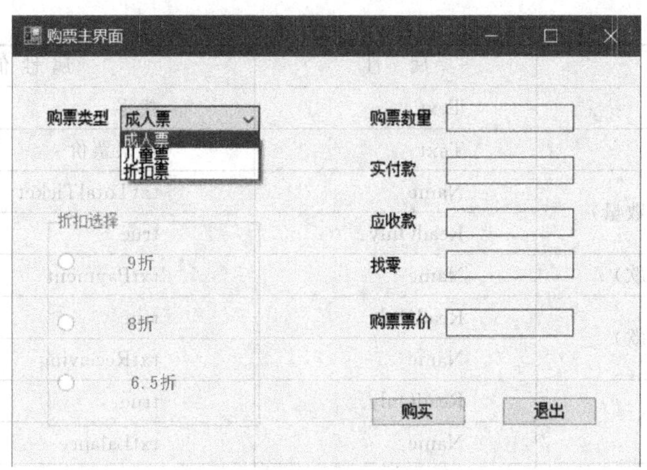

图 2.21 购票主界面

② 当购票类型为打折票时，给出折扣选择，成人票和儿童票时折扣选择不可用。

③ 当选择某类型的门票时，自动给出相应的票价显示。成人票执行正常票价，本项目假定票价为 45.00 元人民币。儿童票执行成人票的半价，即 22.50 元人民币。打折票执行三种成人票的折扣标准：9 折、8 折和 6.5 折。

④ 输入当前预购买票的数量、输入实付款，自动计算应付款，自动计算应该找给客户的零钱，并显示。

⑤ 为避免连续销售不同类型的门票时，工作界面上遗留的前次售票数据对本次售票的影响，要求切换售票类型时能同时预置合理的票价信息，并清除找零信息预应付款信息（折扣票的情况，默认情况下为 9 折）。

2. 任务实施

(1) 程序界面设计

打开门票销售系统，在 TicketSell 窗体中拖入 2 个 Button 控件、6 个 Label 控件、5 个 TextBox 控件、1 个 ComboBox 控件、1 个 GroupBox 控件、3 个 RadioButton 控件，并将 RadioButton 控件依次排放在 GroupBox 控件里面，如图 2.22 所示。

(2) 窗体及控件属性设置

各控件的属性设置如表 2.13 所示。

表 2.13 购票主界面中控件的属性设置

控 件 名	属 性	属 性 值
form1	Text	购票主界面
label1	Text	购票类型
label2	Text	购票数量
label3	Text	实付款
label4	Text	应收款

续表

控 件 名	属 性	属 性 值
label5	Text	找零
label6	Text	购票票价
textBox1(购票数量)	Name	txtTotalTicket
	ReadOnly	true
textBox2(实付款)	Name	txtPayment
textBox3(应收款)	ReadOnly	true
	Name	txtReceiving
textBox4(找零)	ReadOnly	true
	Name	txtBalance
textBox5(购票票价)	ReadOnly	true
	Name	txtPrice
button1	Text	购买
	Name	btnBuy
button2	Text	退出
	Name	btnExit
comboBox1	Name	cmbTicketType
	DropDownStyle	DropDownList
	Items	成人票、儿童票、折扣票
radioButton1	Text	9 折
radioButton2	Text	8 折
radioButton3	Text	6.5 折
groupBox1	Text	折扣选择

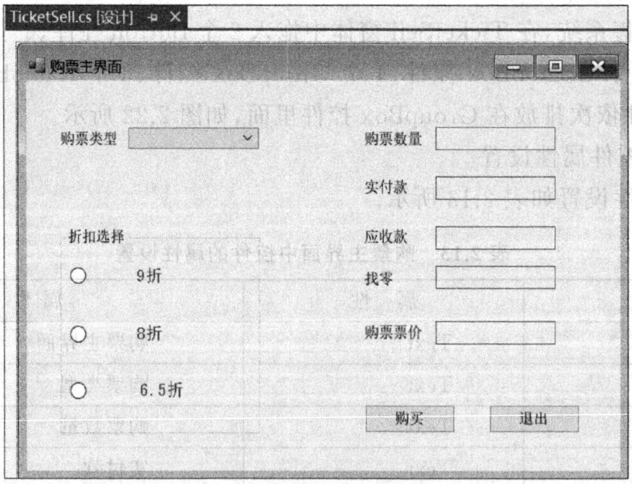

图 2.22 增加新窗体

(3) 设计代码

① 声明全局变量。

```
double commonPrice =45.00;
```

② 双击 3 个单选按钮,并分别添加代码如下:

```
private void radioButton1_CheckedChanged(object sender, EventArgs e)
{
    txtPrice.Text =string.Format("{0:f2}", commonPrice * 90 / 100);     //9折
}
private void radioButton2_CheckedChanged(object sender, EventArgs e)
{
    txtPrice.Text =string.Format("{0:f2}", commonPrice * 80 / 100);     //8折
}
private void radioButton3_CheckedChanged(object sender, EventArgs e)
{
    txtPrice.Text =string.Format("{0:f2}", commonPrice * 65 / 100);     //6.5折
}
```

③ 双击“购买”按钮,并添加代码如下:

```
private void btnBuy_Click(object sender, EventArgs e)
{
    double payment, receiving, balance, price;
    int tickets;
    tickets =int.Parse (txtTotalTicket.Text);
    payment =double.Parse(txtPayment.Text);
    price =double.Parse(txtPrice.Text);
    receiving =tickets * price;
    txtReceiving.Text =string.Format("{0:f2}", receiving);
    balance =payment -receiving;
    txtBalance.Text =string.Format("{0:f2}", balance);
}
```

④ 双击“退出”按钮,并添加代码如下:

```
private void btnExit_Click(object sender, EventArgs e)
{
    Application.Exit();
}
```

⑤ 双击 cboTicketType 组合框,添加 cboTicketType 的 SelectedValueChange 事件代码如下:

```
private void cboTicketType_SelectedIndexChanged(object sender, EventArgs e)
{
    //开启购票数量和购票款输入功能
    txtTotalTicket.ReadOnly = false;
    txtPayment.ReadOnly = false;
    //清空"应收款""找零"两个文本框中显示的内容
    txtReceiving.Text = "";
    txtBalance.Text = "";
    txtTotalTicket.Text = "";
    txtPayment.Text = "";
    //不用折扣设置
    groupBox1.Enabled = false;
    //判断当前是哪种购票类型
    switch (cmbTicketType.SelectedIndex)
    {
        case 0:                    //成人票
            txtPrice.Text = string.Format("{0:f2}", commonPrice);
            break;
        case 1:                    //儿童票
            txtPrice.Text = string.Format("{0:f2}", commonPrice * 50 / 100);
            break;
        case 2:
            groupBox1.Enabled = true;
            radioButton1.Checked = true;
            txtPrice.Text = string.Format("{0:f2}", commonPrice * 90 / 100);
            break;
    }
}
```

(4) 执行程序

按 F5 键或单击工具栏上的"启动调试"按钮，程序开始运行。

小　　结

本单元讲解了 C# 的基本数据类型，介绍了变量与常量的定义，各种运算符与表达式和它们的优先级别，以及各种数据类型之间的转换。另外本单元详细介绍了实现分支结构的 if 语句和 switch 语句。实现循环结构 for 语句、while 语句和 do-while 语句，实现跳转的 continue 语句、break 语句和 return 语句。为了完成任务，本单元简要介绍了 RadioButton 控件、GroupBox 控件和 ComboBox 控件。

同步实训和拓展实训

1. 实训目的

(1) 掌握数据类型的应用。编写窗体应用程序,实现简易的计算功能。能够定义一个字符串变量,接受用户的输入。

(2) 掌握 if 语句和 switch 语句的使用。掌握 while 语句、do-while 语句、for 语句的使用,掌握循环结构的嵌套使用。

2. 实训内容

同步实训 1:编写一个应用程序,实现简单的 KFC 点餐结账功能,如图 2.23 所示。

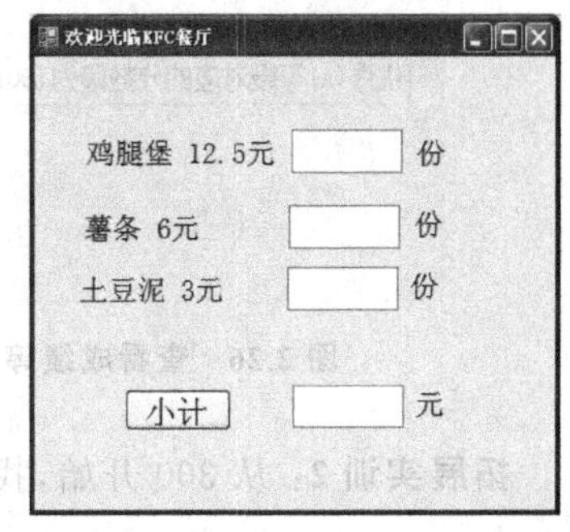

图 2.23 简单的 KFC 点餐结账功能

同步实训 2:在文本框中输入用户的年龄。单击“确定”按钮后,根据年龄是否满 18 岁,在另一个文本框中输出“你是成年人”或“你是未成年人”。第 2 个文本框是只读的。程序运行界面如图 2.24 所示。

同步实训 3:某航空公司规定:根据淡旺季和订票张数决定机票价格的汇率,在旅游旺季 7—9 月,如果票数超过 10 张,票价优惠 15%;10 张以下,票价优惠 10%;在旅游淡季 1—5 月及 10 月,如果票数超过 10 张,票价优惠 40%;10 张以下,票价优惠 20%。其他情况一律优惠 5%。根据以上情况设计程序,程序运行界面如图 2.25 所示。

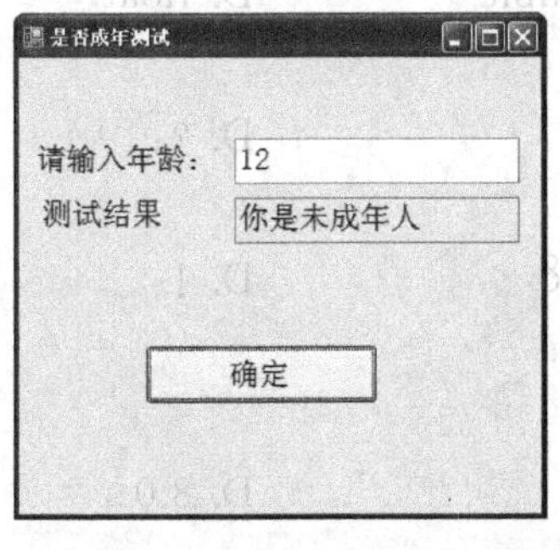

图 2.24 测试是否为成年人

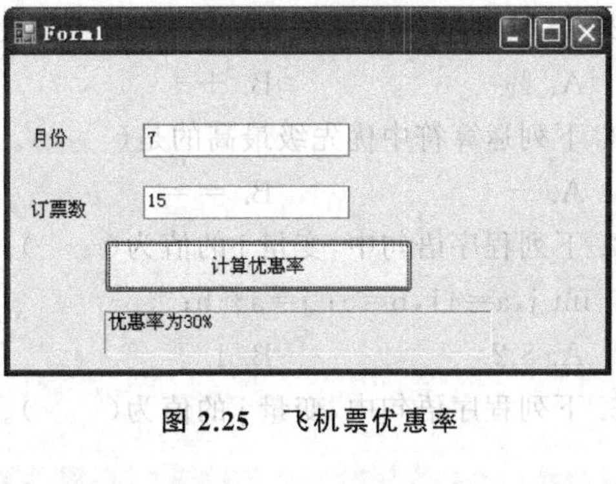

图 2.25 飞机票优惠率

同步实训 4:使用 switch 语句完成图 2.26 所示的功能。

实训中用到了 ComboBox 类型的控件,该类控件有一个 SelectedIndex 属性,通过该属性可以判断用户选择第几项。该属性的值发生变化,会触发 SelectedIndexChanged 事件。优秀对应分数为[90,100],良好对应分数为[80,90),中对应分数为[70,80),及格对应分数为[60,70),不及格对应分数为[0,60)。程序运行效果如图 2.26 所示。

同步实训 5：求 100～500 的所有奇数的和。

同步实训 6：百钱买百鸡问题。公鸡一个五块钱，母鸡一个三块钱，小鸡三个一块钱，现在要用一百块钱买一百只鸡，问公鸡、母鸡、小鸡各多少只？

拓展实训 1：用 if 和 switch 两种方法，编写一个模拟计算器的程序，实现加、减、乘、除运算。程序运行效果如图 2.27 所示。

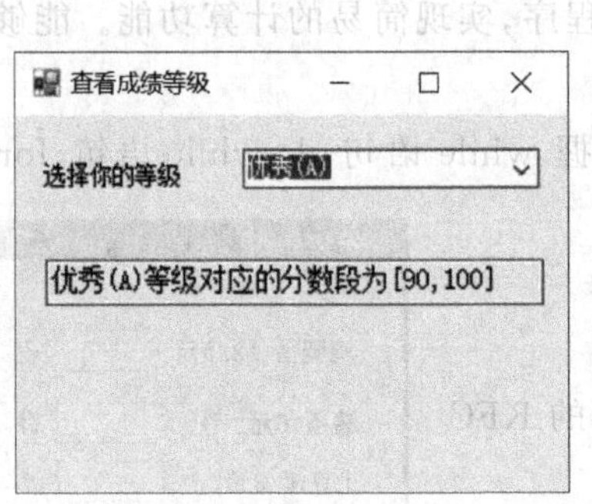

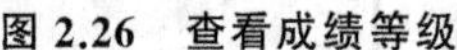

图 2.26　查看成绩等级

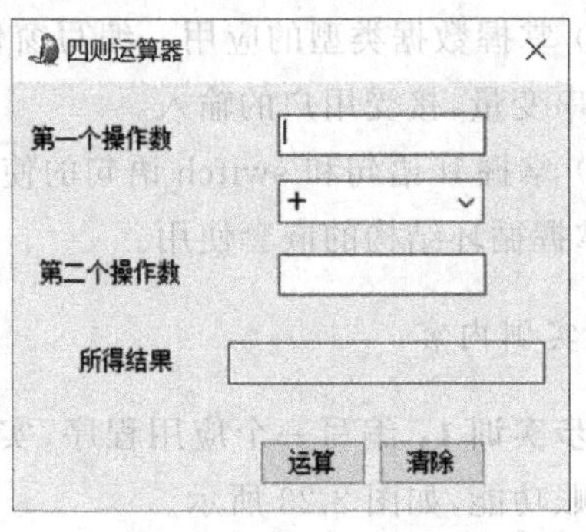

图 2.27　进行四则运算

拓展实训 2：从 300 开始，找出连续 100 个既能被 3 整除又能被 5 整除的数。

习　题　2

一、选择题

1. 下列数据类型中不是数值类型的是(　　)。

A. int　　B. char　　C. double　　D. float

2. C#中的三元运算符是(　　)。

A. %　　B. ++　　C. ||　　D. ?:

3. 下列运算符中优先级最高的是(　　)。

A. -　　B. ==　　C. &&　　D. !

4. 下列程序语句中，变量 j 的值为(　　)。

int j,a=41,b=5; j=a%b;

A. 8.2　　B. 1　　C. 8　　D. 8.0

5. 下列程序语句中，变量 j 的值为(　　)。

```
int j,a=10;j=++a;
```

A. 11　　B. 12　　C. 9　　D. 10

6. 已知 a、b、c 均为整型变量，下列表达式的值等于(　　)。

b=a=(b=20)+100;

A. 120　　B. 100　　C. 20　　D. true

7. 下面有关变量和常量的说法，正确的是(　　)。
   A. 在程序运行过程中，变量的值是不能改变的，而常量是可以改变的
   B. 定义常量必须使用关键字 const
   C. 在给符号常量赋值的表达式中不能出现变量
   D. 常量在内存中的存储单元是固定的，变量则是变动的
8. 表达式“100”+“88”的值为(　　)。
   A. 88100　　B. 188　　C. 100 88　　D. 10088
9. 先判断条件的循环语句是(　　)。
   A. do-while　　B. while　　C. while-do　　D. do-loop
10. 执行 C♯语句“int i; for(i=0;i++<4;);”后，变量的值是(　　)。
    A. 5　　B. 4　　C. 1　　D. 0
11. 若有如下程序，则语句“a=a+1;”执行的次数(　　)。

```
static void Main(string[] args)
{
    int x =1, a =1;
    do
    {
        a=a+1;
    }while(x!=0)
}
```

    A. 0　　B. 1　　C. 无限次　　D. 有限次
12. 有如下程序，该程序的输出结果是(　　)。

```
static void Main(string[] args)
{
    int n =9;
    while (n >6)
    {
        n--;
        Console.WriteLine(n);
    }

}
```

    A. 987　　B. 876　　C. 8765　　D. 9876

二、填空题

1. 当程序中执行到________语句时，将结束循环语句中循环体的一次执行。
2. 在 switch 语句中，每个语句标号所含关键字 case 后面的表达式必须是________。
3. 在 while 语句中，一定要有修改循环条件的语句，否则可能造成________。
4. 在 C♯语言中，实现循环的主要语句有 while、do-while、for 和________语句。

项目2

打 字 游 戏

项目描述

用户想迅速熟悉键盘,在玩游戏的过程中提高打字速度。在游戏界面上方随机落下 A～Z 的 26 个字母,游戏者只需快速地输入界面中显示的字母,每打落一个字母(消失),会同时显示一个新字母,得 10 分。可以设置游戏的级别,级别越高,字母下落的速度越快。项目可以根据得分自动升级。

任务分解

本项目分解为 4 个任务:字母下落并倒计时,界面上的字母随机产生,键盘击打字母得分,多字母处理。

单元3

常用控件

Unit 3

工作任务

本单元完成字母下落并倒计时的任务。

学习目标

- 熟练掌握 Timer 组件的常用属性、方法和事件
- 熟练掌握 CheckBox 控件的常用属性、方法和事件
- 熟练掌握 ListBox 控件的常用属性、方法和事件
- 熟练掌握图片类控件的常用属性、方法和事件

知识要点

- Timer 组件
- CheckBox 控件
- ListBox 控件
- 图片类控件

典型案例

- 移动的小虫子
- 新年倒计时
- 我的爱好
- 购物篮
- 图片浏览器

知识点 1　Timer 组件

Timer 组件又称计时器组件，通过定期引发其事件，可以有规律地隔一段时间执行一次代码。时间间隔的长度由其 Interval 属性定义，其值以毫秒为单位。如果启动了计时器组件，则每个时间间隔引发一次 Tick 事件。

1. 常用属性

(1) Enabled：当该属性为 true 时，定时器开始工作；为 false 时停止工作。默认为 false。

(2) Interval：用来设置定时器发生事件的时间间隔，以毫秒为单位。默认为 100 毫秒(1 秒=1000 毫秒)。

2. 常用方法

(1) Start()：启动定时器，等价于 Enabled 设为 true。
(2) Stop()：停止定时器，等价于 Enabled 设为 false。

3. 常用事件

Tick：在 Enabled 为 true 的情况下，定时器每隔一个 Interval 属性时间段，就会自动触发一次该事件并执行事件中的代码。

【案例 3.1】 制作一个小虫子图片移动的程序，程序运行效果如图 3.1 所示。

图 3.1 移动小虫子程序的运行效果

案例设计步骤如下。

(1) 程序界面和属性设置。

创建一个 Windows 应用程序，在 Form1 窗体中拖入 2 个 Button 控件、1 个 Label 控件、1 个 Timer 组件，属性设置如表 3.1 所示。修改属性后界面如图 3.2 所示。

表 3.1 案例 3.1 中的属性设置

控件名	属　性	属性值
form1	Text	移动的小虫子
button1	Text	开始
	Name	btnStart
button2	Text	停止
	Name	btnStop
label1	Text	
	AutoSize	false
	Image	选定图片文件
timer1	Interval	100

图 3.2 案例 3.1 中修改属性后的窗体界面

(2) 代码设计

代码如下：

```
//"开始"按钮
private void btnStart_Click(object sender, EventArgs e)
{
    timer1.Enabled =true;
}
//"停止"按钮
private void btnStop_Click(object sender, EventArgs e)
{
    timer1.Enabled =false;
}
//定时器的 Tick 事件
private void timer1_Tick(object sender, EventArgs e)
{
    label1.Left =label1.Left -4;
    if (label1.Left <-label1.Width)
    {
        label1.Left =this.Width;
    }
}
```

(3) 执行程序

按 F5 键或单击工具栏上的"启动调试"按钮，程序开始运行。单击"开始"按钮，小虫子向左移动；单击"停止"按钮，小虫子停止移动。

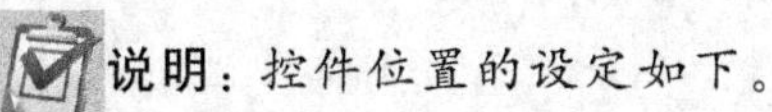

说明：控件位置的设定如下。

label1.Left 表示控件 label1 左侧离窗体左侧的距离；label1.Top 表示控件 label1 顶

部离窗体顶部的距离。

【**案例 3.2**】 制作除夕最后 10 秒倒计时程序，程序运行效果如图 3.3 所示。单击“开始”按钮，倒计时开始；当倒计时结束时，显示“新年到!”。

案例设计步骤如下。

(1) 程序界面和属性设置

创建一个 Windows 应用程序，在 Form1 窗体中拖入 2 个 Button 控件、1 个 Label 控件、1 个 Timer 组件，属性设置如表 3.2 所示。修改属性后界面如图 3.4 所示。

表 3.2 案例 3.2 的属性设置

控件名	属性	属性值
form1	Text	新年倒计时
button1	Text	开始
	Name	btnStart
label1	Text	10
timer1	Interval	1000

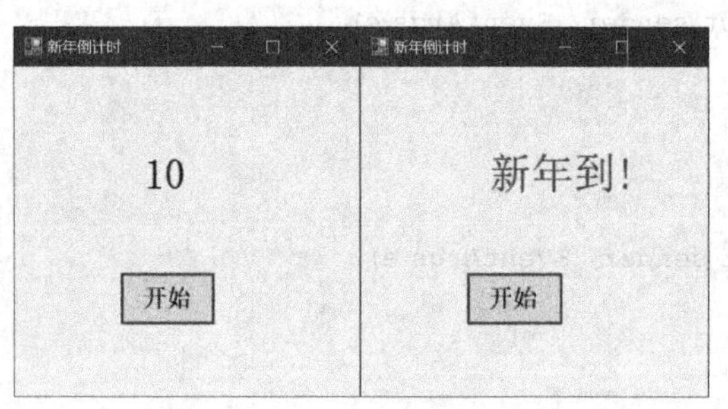

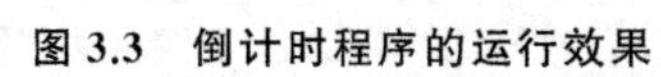

图 3.3 倒计时程序的运行效果

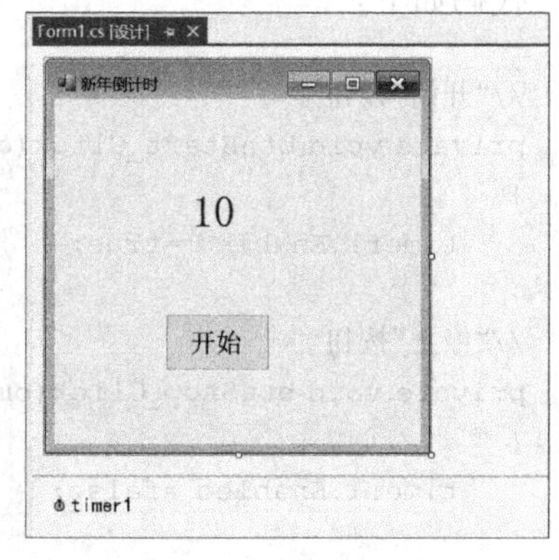

图 3.4 案例 3.2 中修改属性后的窗体界面

(2) 代码设计

代码如下：

```
//"开始"按钮
private void btnStart_Click(object sender, EventArgs e)
{
    timer1.Enabled =true;                //定时器开始工作
}
//定时器的 Tick 事件
private void timer1_Tick(object sender, EventArgs e)
{
    int i =int.Parse(label1.Text);
    i--;
    if (i ==0)
```

```
    {
        timer1.Enabled = false;
        label1.ForeColor = Color.Red;
        label1.Text = "新年到!";
    }
    else
    {
        label1.Text = i.ToString();
    }
}
```

(3) 执行程序

按 F5 键或单击工具栏上的“启动调试”按钮,程序开始运行。单击“开始”按钮,倒计时开始;当倒计时结束时,显示“新年到!”。

知识点 2 CheckBox 控件

CheckBox 控件(复选框)列出了可供用户选择的选项,用户根据需要可以从中选择一项或多项。当某一项被选中后,左边的小方框会加上对勾标志。

1. 常用属性

(1) Text:获取或设置复选框控件旁边的标题。

(2) TextAlign:用来获取或设置控件中文字的对齐方式。

(3) ThreeState:用来获取或设置复选框是否能表示 3 种状态。如果属性值为 true,可以表示 3 种状态,即选中(CheckState.Checked)、未选中(CheckState. Unchecked)和中间状态(CheckState.Indeterminate);属性值为 false 时,只能表示两种状态,即选中和未选中。

(4) Checked:用来获取或设置复选框是否被选中。值为 true 时,表示复选框被选中;值为 false 时,表示复选框未被选中。当 ThreeState 属性值为 true 时,中间状态也表示选中。

(5) CheckState:用来获取或设置复选框的状态。在 ThreeState 属性值为 false 时,取值有 CheckState.Checked 或 CheckState.Unchecked;在 ThreeState 属性值被设置为 true 时,CheckState 还可以取值为 CheckState.Indeterminate。

2. 常用事件

CheckedChanged:当 Checked 属性值发生改变时,将触发该事件。

【案例 3.3】 创建一个 Windows 应用程序,单击“确定”按钮,能根据用户的选择显示出相应结果。程序运行效果如图 3.5 所示。

案例设计步骤如下。

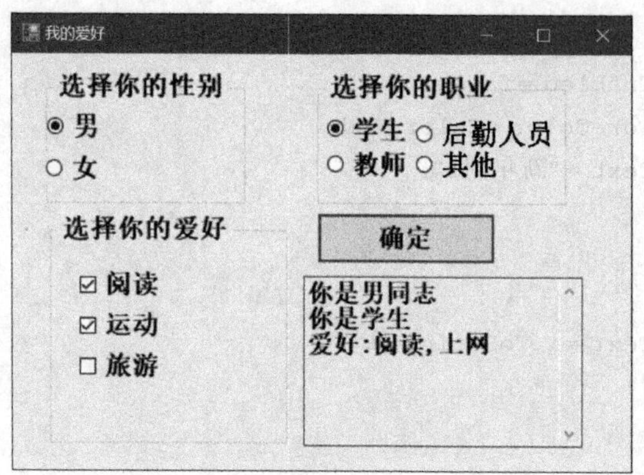

图 3.5 “我的爱好”程序的运行效果

(1) 程序界面及属性设计

创建一个 Windows 应用程序,在默认窗体中加入 1 个 Button 控件、6 个 RadioButton 控件、3 个 GroupBox 控件、3 个 CheckBox 控件、1 个 TextBox 控件。窗体及控件的 Text 属性设置如图 3.6 所示。将“选择你的职业”组合框中的 4 个 RadioButton 控件的 Name 属性分别设置为 job1～job4。设置 radioButton1 的 Checked 属性值为 true,job1 的 Checked 属性值为 true,textBox1 的 ReadOnly 属性值为 true,Multiline 属性值为 true。

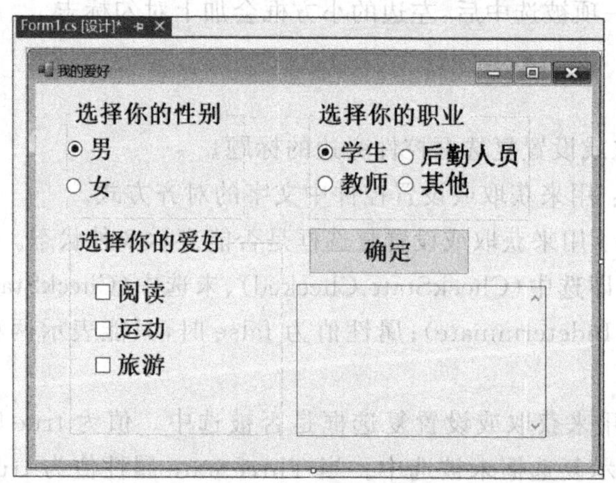

图 3.6 修改属性后的窗体界面

(2) 代码设计

代码如下:

```
//"确定"按钮的单击事件
private void button1_Click(object sender, EventArgs e)
{
//定义三个字符串变量,sex 和 job 分别用来存放性别及职业,like 用来存放爱好
    string sex="",job="",like="";
    //下面判定性别
```

```
        if (radioButton1.Checked ==true)
        {
            sex="你是男同志";
        }
        else
        {
            sex="你是女同志";
        }
        //下面判定职业
        if (job1.Checked ==true)
        {
            job="你是学生";
        }
        else if (job2.Checked ==true)
        {
            job="你是教师";
        }
        else if (job3.Checked ==true)
        {
            job="你是后勤人员";
        }
        else if (job4.Checked ==true)
        {
            job="其他";
    }
        //下面判定爱好,了解 if 语句
        if (checkBox1 .Checked ==true)
        {
            like="阅读,";
        }
        if (checkBox2 .Checked ==true)
        {
            like=like+"运动,";
        }
        if (checkBox3 .Checked ==true)
        {
            like=like+"旅游,";
        }
        if (like=="")
        {
            like="无";
        }
```

```
    else
    {
        like=like.Substring(0,like.Length -1);
    }
    this.textBox1.Text =sex+"\r\n"+job+"\r\n爱好:"+like;
}
```

(3) 执行程序

按 F5 键或单击工具栏上的“启动调试”按钮，程序开始运行，单击“确定”按钮显示运行结果。

知识点 3 ListBox 控件

列表选择控件列出所有供用户选择的选项，用户可从列表中选择一个或多个选项。如果选项总数超出可以显示的项数，则控件会自动添加滚动条。

1. 常用属性

(1) Items：用于存放列表框中的列表项，这是一个集合。通过该属性，可以添加列表项、移除列表项。

(2) SelectedIndex：获取或设置当前所选择项的索引号，第一个条目索引号为 0。如果一个也没选，该值为−1。

(3) SelectedIndices：获取当前所有选定项的索引号集合。

(4) SelectedItem：获取或设置 ListBox 控件中的当前选定项。如果一个也没选，该值为 null。

(5) SelectedItems：获取 ListBox 控件中选定项的集合。

(6) SelectionMode：用来获取或设置在 ListBox 控件中选择列表项的方法。当 SelectionMode 属性设置为 MultiExtended 时，按下 Shift 键的同时单击，或者同时按 Shift 键和箭头键之一(↑、↓、←或→)，会将选定内容从前一选定项扩展到当前项。按 Ctrl 键的同时单击，将选择或撤销选择列表中的某项；当该属性设置为 MultiSimple 时，表示单击或按空格键将选择或撤销选择列表中的某项；该属性的默认值为 One，表示只能选择一项。

(7) Sorted：表示条目是否以字母顺序排序。默认值为 false，即不以字母顺序排序。

2. 常用方法

在程序设计中经常需要动态地添加或删除项目，这需要使用以下方法。

(1) Items.Add ("AAA")：添加新项。注意，任何类型的数据都可以直接添加到列表框中。

(2) Items.Insert (2,"haha")：在指定的位置插入项。注意，列表框中项目的索引号是从零开始的。

(3) Items.Remove (listBox1.SelectedItem) ：移除选中的项。

(4) Items.Clear()：清除所有项。

(5) GetSelected()：参数是索引号，如该索引号被选中，返回值为 true。

3. 常用事件

SelectedIndexChanged：当索引号(即选项)被改变时发生的事件。

【案例 3.4】 购物篮。单击“放入篮中”按钮可以将文本框中商品放入列表框中。单击“删除”按钮可以删除列表框中的选中的商品，没有选中商品时将给出提示。单击“全部删除”按钮可以清空列表框。程序运行效果如图 3.7 所示。

案例设计步骤如下。

(1) 程序界面及属性设计

创建一个 Windows 应用程序，在默认窗体中拖入 2 个 Label 控件、1 个 ListBox 控件、1 个 TextBox 控件、3 个 Button 控件。窗体及控件的 Text 属性设置如图 3.8 所示，设置 ListBox 控件的 Name 属性值为 lstGoods。

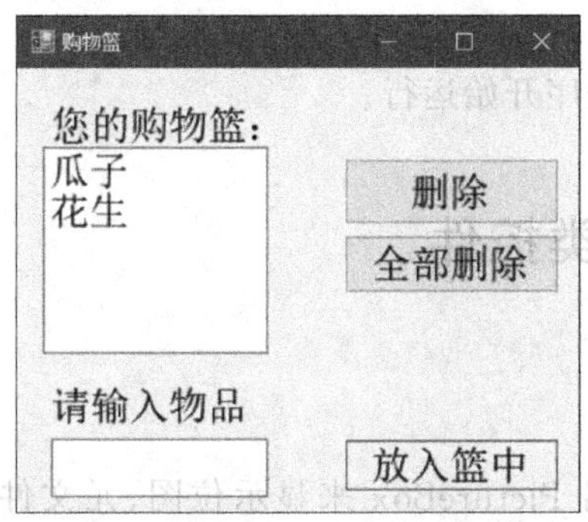

图 3.7 购物篮运行效果

图 3.8 修改属性后的窗体界面

(2) 代码设计

代码如下：

```
//"放入篮中"按钮的单击事件
private void btnAddOne_Click(object sender, EventArgs e)
{
    if (txtGoodsName.Text == "")
    {
        MessageBox.Show("请输入要购买的物品"); return;
    }
    else
    {
        lstGoods.Items.Add(txtGoodsName.Text);
    }
    txtGoodsName.Text = "";
```

```
}
//"删除"按钮的单击事件
private void btnDelOne_Click(object sender, EventArgs e)
{
    if (lstGoods.SelectedIndex ==-1)
        MessageBox.Show("请选择要删除的物品");
    else
    {
        lstGoods.Items.Remove(lstGoods.SelectedItem);
    }
}
//"全部删除"按钮的单击事件
private void btnDelAll_Click(object sender, EventArgs e)
{
    lstGoods.Items.Clear();
}
```

(3) 执行程序

按 F5 键或单击工具栏上的"启动调试"按钮,程序开始运行。

知识点 4 图片类控件

1. PictureBox 控件

PictureBox 控件又称"图片框"控件。通常使用 PictureBox 来显示位图、元文件、图标、JPEG、GIF 或 PNG 文件中的图形。

1) 常用属性

(1) Image: 在 PictureBox 中显示的图像。

(2) BorderStyle: 设置其边框样式。值为 None 表示没有边框;值为 FixedSingle 表示单线边框;值为 Fixed3D 表示立体边框。

(3) SizeMode: 图片在控件中的显示方式。该属性有 5 种枚举值,当值为 Normal 时,图像定位在 PictureBox 控件的左上角,如果图像比包含它的 PictureBox 控件大,超出的部分都将被裁剪掉,该值为默认值;当值为 StretchImage 时,图像将拉伸或缩小以适合 PictureBox 控件;当值为 AutoSize 时,调整 PictureBox 控件的大小以便始终适合图像;当值为 CenterImage 时,图像将在 PictureBox 控件里居中;当值为 Zoom 时,图像将拉伸或收缩以适合 PictureBox 控件,但是仍保持原始纵横比。

2) 运行时加载图像的两种方法

方法一 产生一个 Bitmap 类的实例并赋值给 Image 属性。形式如下:

```
pictureBox对象名.Image=new Bitmap(图像文件名);
```

例如：

```
pictureBox1.Image =new Bitmap(@"e:\mybook\ tp\001.gif");
```

方法二 通过 Image.FromFile 方法直接从文件中加载。形式如下：

```
pictureBox 对象名.Image= Image.FromFile(图像文件名);
```

例如：

```
pictureBox1.Image = Image .FromFile (@"e:\mybook\ tp\001.gif ");
```

以上访问文件的方式用的都是绝对路径。如果将相应的文件放到该项目的\bin\debug\下，可以用相对路径直接访问（和.exe 文件在相同的文件夹下）。

例如：

```
pictureBox1.Image = Image .FromFile ("001.gif");
```

2. ImageList 组件

图片列表框组件 ImageList 本身并不显示在窗体上，它只是一个图片容器，保存一些图片文件，运行时不可见。这些图片将随后由其他控件（Label、Button 等）显示。

1）常用属性

（1）Images：所有图片组成的集合。

（2）ImageSize：ImageList 组件中所有图像都将以同样的大小显示，大小由 ImageSize 属性设置，默认为 16 像素×16 像素。取值范围为 1～256，较大的图像将缩小至适当的尺寸。

（3）ColorDepth：表示图片每个像素占用几个二进制位，位数越多则图片质量越好。

2）使用 ImageList 组件中的单个图像的方法

设计时，如果 Button、Label 等控件中用到 ImageList 组件中单个图像时，可以选中 Button、Label 等控件，在属性面板中找到 ImageList 属性，单击下拉按钮，选择图片列表框的名称。再修改这些控件的 ImageIndex 属性，选择相对应的索引号。

运行时，如果 Label 等控件中有 ImageList 和 ImageIndex 属性，并且控件已经与 ImageList 组件关联，则加载组件中的第一幅图像的代码为：

```
控件名.ImageIndex=0;
```

运行时如果 Form 等控件中无 ImageList 和 ImageIndex 属性，则加载组件中的第一幅图像的代码为：

```
控件名.BackgroundImage =ImageList1.Images[0];
```

【案例 3.5】 创建一个图片浏览器，利用 PictureBox 控件和 ImageList 组件显示，运行效果如图 3.9 所示。

案例设计步骤如下。

(1) 程序界面设计和属性设置

创建一个 Windows 窗体应用程序,在 Form1 窗体上拖入 1 个 PictureBox 控件、2 个 Button 控件和 1 个 ImageList 组件。窗体中的控件属性如表 3.3 所示,设计效果如图 3.10 所示。

表 3.3 案例 3.5 中控件的属性设置

控件名	属性	属性值
form1	Text	简易图片浏览器
button1	Text	上一张
	Name	btnPre
button2	Text	下一张
	Name	btnNext
pictureBox1	Size	200,250
imageList1	Images	选定图片文件

图 3.9 图片浏览器运行效果

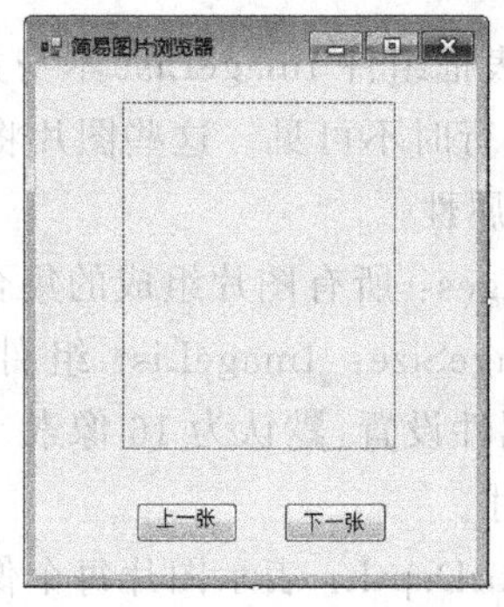

图 3.10 修改属性后的简易图片浏览器的窗体界面

(2) 代码设计

本程序主要对 2 个 Button 按钮的 Click 事件编写代码。

```
//"上一张"按钮的单击事件
private void btnPre_Click(object sender, EventArgs e)
{
    if(btnNext.Enabled==false)                //若"下一张"按钮为不可用状态
        btnNext.Enabled =true;                //则设为可用
//将 Imagelist 控件中的图片显示到 PictureBox 控件中
    pictureBox1.Image =imageList1.Images[--i];
    if(i==0)                         //若已浏览到第一张图片,令"上一张"按钮不可用
```

```
        btnPre.Enabled =false;
    }
    //"下一张"按钮的单击事件
    private void btnNext_Click(object sender, EventArgs e)
    {
        if (btnPre.Enabled ==false)             //若"上一张"按钮为不可用状态
            btnPre.Enabled =true;               //则设为可用
        pictureBox1.Image =imageList1.Images[++i];
    //若已浏览到最后一张图片,令"下一张"按钮不可用
        if (i ==imageList1.Images.Count -1)
            btnNext.Enabled =false;
    }
```

(3) 执行程序

按 F5 键或单击工具栏上的“启动调试”按钮,程序开始运行。单击“上一张”或“下一张”按钮,可以实现切换图片框中的图片。当浏览到第一张图片时,“上一张”按钮不可用;同理,浏览到最后一张图片时,“下一张”按钮不可用。

提示:ImageList 组件和 PictureBox 控件的区别。使用 ImageList 组件,是预先将图片存入到组件中。但是如果存入的是 GIF 格式的动画,则动画效果无法实现。使用 PictureBox 控件则需要使用文件路径进行加载,一个完整的应用程序需要把 PictureBox 控件用到的图片复制到相应的文件夹中,才可以实现动画效果。

任务　字母下落并倒计时

1. 任务要求

程序运行效果如图 3.11 所示。

(1) 界面要求:①列表框显示级别分为菜鸟、入门、高手和达人四个级别。②定时器控制字母下落和倒计时。

(2) 功能要求:①单击“开始”按钮,字母开始下落,时间倒计时。②当到了设定的时间,能给予提示。③当字母超出窗体时能重新产生。④可以手动显示游戏级别。

2. 任务实施

(1) 程序界面设计

新建一个项目,在窗体 Form1 中拖入 2 个 Button 控件、4 个 Label 控件、1 个 ListBox 控件、2 个 Timer 控件,如图 3.12 所示。

(2) 窗体及控件属性设置

各控件属性的设置如表 3.4 所示。

图 3.11 字母下落并倒计时程序的运行效果

图 3.12 字母下落并倒计时程序的设计界面

表 3.4 字母下落并倒计时程序的属性设置

控件类型	属 性	属 性 值
form1	Text	打字游戏
	KeyPreview	true
	BackgroundeImage	相应图片
	BackgroundeImageLayout	stretch

续表

控件类型	属 性	属 性 值
label1	Text	
	Name	lblScore
label2	Text	
	Name	lblTime
label3	Text	级别
label4	Text	A
	Name	lblLetter1
	Font	宋体，25pt
	ForeColor	red
listBox1	Items	菜鸟、入门、高手、达人
timer1	Name	tmrTime
	Interval	1000
timer2	Name	tmrLetter
button1	Text	开始
	Name	btnStart
button2	Text	退出
	Name	btnExit

(3) 设计代码

① 声明全局变量。

```
int remTime;                //存放剩余时间
int score;                  //存放得分
```

② 双击窗体,添加加载事件的代码。

```
private void Form1_Load(object sender, EventArgs e)
{
    listBox1.SelectedIndex =0;              //默认游戏级别为菜鸟
    tmrLetter.Interval =500;                //菜鸟的速度
    lblTime.Text ="剩余时间: 30 秒";
    lblScore.Text ="得分: 0 分";
}
```

③ 双击"开始"按钮,添加单击事件的代码。

```
private void btnStart_Click(object sender, EventArgs e)
{
    tmrLetter.Enabled =true;
    tmrTime.Enabled =true;
```

```
    remTime =30;
    lblTime.Text =string.Format("剩余时间: {0}秒", remTime);
    lblLetter1.Top =40;
    score =0;
    lblScore.Text =string.Format("得分: {0}分", score);
}
```

④ 双击“退出”按钮,添加单击事件,代码如下。

```
private void btnExit_Click(object sender, EventArgs e)
{
    Application.Exit();
}
```

⑤ 分别双击两个定时器控件,进入默认事件,添加代码如下。

```
private void tmrLetter_Tick(object sender, EventArgs e)
{
    lblLetter1.Top =lblLetter1.Top +10;
    if (lblLetter1.Top >this.Height)              //如果字母越界则重新产生
    {
        lblLetter1.Top =40;
    }
}
private void tmrTime_Tick(object sender, EventArgs e)
{
    remTime--;
    if (remTime >=0)
    {
        lblTime.Text =string.Format("剩余时间: {0}秒", remTime);
    }
    else
    {
        tmrLetter.Enabled =false;
        tmrTime.Enabled =false;
        if (score >100)
            MessageBox.Show("你真棒");
        else
            MessageBox.Show("继续努力!");
    }
}
```

⑥ 双击列表框,添加 SelectedValueChange 事件,代码如下。

```
private void listBox1_SelectedIndexChanged(object sender, EventArgs e)
```

```
{
    if (listBox1.SelectedIndex ==0)
    {
        tmrLetter.Interval =500;
    }
    else if (listBox1.SelectedIndex ==1)
    {
        tmrLetter.Interval =300;
    }
    else if (listBox1.SelectedIndex ==2)
    {
        tmrLetter.Interval =200;
    }
    else if (listBox1.SelectedIndex ==3)
    {
        tmrLetter.Interval =100;
    }
}
```

(4) 执行程序

按 F5 键或单击工具栏上的“启动调试”按钮,程序开始运行。

小　　结

本单元主要介绍了 Timer 组件、CheckBox 控件、ListBox 控件、PictureBox 控件和 ImageList 组件的用法,并通过5个典型实例进行了讲解。

同步实训和拓展实训

1. 实训目的

熟练掌握 Timer 组件、CheckBox 控件、ListBox 控件、PictureBox 控件和 ImageList 组件的属性和事件,能运用这些控件熟练地编写应用程序。

2. 实训内容

同步实训 1: 完成如下程序,该程序用到了单选按钮(RadioButton)、复选框(CheckBox)、组合框(GroupBox)、图像列表(ImageList)等一些控件和组件。程序运行界面如图 3.13 所示。

同步实训 2: 利用 Timer 组件和 ImageList 组件制作小动画。单击“开始”按钮,自动播放图片,单击“结束”按钮停止播放。程序运行效果如图 3.14 所示。

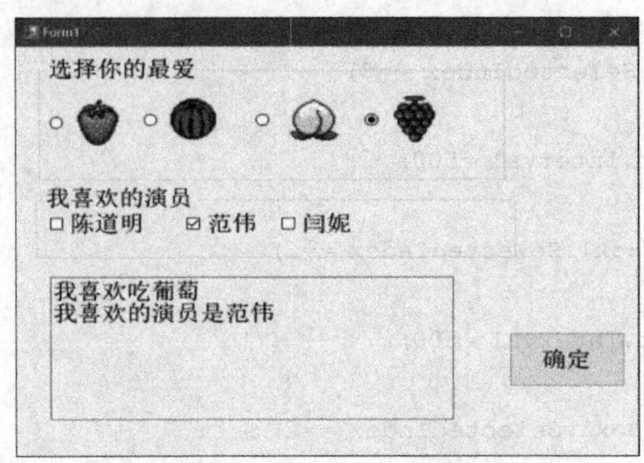

图 3.13　同步实训 1 的运行效果

拓展实训：简易计算器的设计与实现，该实训实现的界面如图 3.15 所示。

图 3.14　同步实训 2 的运行效果

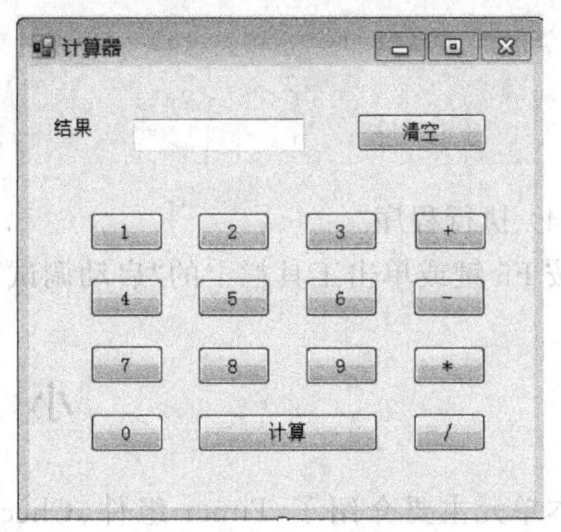

图 3.15　简易计算器

习　题　3

一、选择题

1. 在设计窗口，可以通过(　　)属性向 ListBox 控件的列表中添加项。

   A. Items　　B. Items.Count　　C. Text　　D. SelectedIndex

2. 引用 ListBox(列表框)控件当前被选中的数据项应使用(　　)语句。

   A. ListBox1.Items[ListBox1.Items.Count]

   B. ListBox1.Items[ListBox1.SelectedIndex]

   C. ListBox1.Items[ListBox1.Items.Count－1]

   D. ListBox1.Items[ListBox1.SelectedIndex－1]

3. 在 WinForms 程序中，如果复选框控件的 Checked 属性值设置为 true，表示(　　)。

A. 该复选框被选中　　　　　　　　B. 该复选框不被选中
C. 不显示该复选框的文本信息　　　D. 显示该复选框的文本信息

二、填空题

1. 计时器控件的________属性表示计时器控件的时间间隔。要使时钟控件每隔0.05秒触发一次Tick事件,应将其设置为________。

2. ________属性用于获取ListBox控件中项的数目。

单元 4

常用类和键盘事件

工作任务

本单元完成两个任务：界面上的字母随机产生，敲击键盘字母得分。

学习目标

- 熟练掌握 Random 类的用法
- 熟练掌握 String 类的用法
- 熟练掌握 DateTime 类的用法
- 熟练掌握 Math 类的用法
- 掌握键盘事件的用法

知识要点

- Random 类
- String 类
- DateTime 类
- Math 类
- 键盘事件

典型案例

- 猜数字
- 查找与替换
- 根据身份证获取个人信息
- 计算某日在一年中的第几天
- 要求身份证只能输入数字或者大写 X

知识点 1 Random 类

Random 类用于产生随机数。它的构造函数有两个：一个是 New Random()，另一个是 New Random(Int32)。前者是根据触发那一刻的系统时间作为种子，用来产生一个随机数字；后者可以自己设定触发的种子。

Random 随机类的使用方法是首先声明一个 Random 对象,例如:

```
Random rn =new Random();
```

再使用 Next()方法来产生某个范围内的随机数,常用的方法有以下几种。

(1) Next():返回一个整数的随机数。

(2) Next(int maxvalue):返回小于指定最大值的正随机数。

(3) Next(int minvalue,int maxvalue):返回一个大于或等于 minvalue 且小于 maxvalue 的整数随机数。

(4) NextDouble():返回一个 0.0～1.0 的 double 精度的浮点随机数。

例如:

```
int i=rn.Next(1,100) ;          //产生 1～99 的随机数
```

【案例 4.1】 猜数字。先由计算机随机产生一个 0～100 的数(不包含 100),请人猜。如果猜对了,则结束游戏,并在屏幕上输出猜了多少次才猜对此数,以此来反映猜数者猜数的水平;否则计算机给出提示,说明所猜的数是大了还是小了,直到猜对为止。程序运行效果如图 4.1 所示。

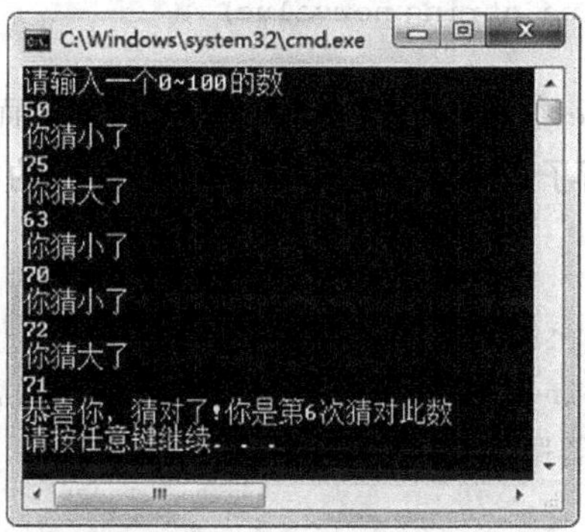

图 4.1 案例 4.1 的运行效果

参考代码如下:

```
static void Main(string[] args)
{
    Console.WriteLine("请输入一个 0～100 的数");
    Random rm =new Random();
    int x, y,count=0;
    x =rm.Next(0, 100)
    while (true)
    {
        y =int.Parse ( Console.ReadLine());          //类型转换
        count++;
        if(x==y) break;
        else
```

```
        if (y >x) Console.WriteLine("你猜大了");
        else Console.WriteLine("你猜小了");
    }
    Console.WriteLine("恭喜你,猜对了!你是第{0}次猜对此数",count);
}
```

知识点 2 String 类

String 类可以用来对字符串进行处理，它有一个 Length 属性，可以获得字符串对象中的字符数。String 类的常用方法如下。

1. Replace()方法

如果想要替换掉一个字符串中的某些特定字符或者某个子串，可以使用该方法来完成。语法格式如下：

```
Replace(char oldchar,char newchar)
Replace(string oldvalue,string newvalue)
```

oldchar 参数和 oldvalue 参数为待替换的字符和子串，而 newchar 参数和 newvalue 参数为替换后的新字符和新子串。该方法返回值为替换后的字符串。

例如：

```
string stringold ="Hello,Jack!Welcome,Jack!";
string stringnew =stringold.Replace("Jack", "Rain");
Console.WriteLine("{0}", stringnew);
```

则输出结果为“Hello，Rain！ Welcome，Rain！”。

【案例 4.2】 设计一个类似 Word 中的查找与替换功能的程序，运行效果如图 4.2 所示。

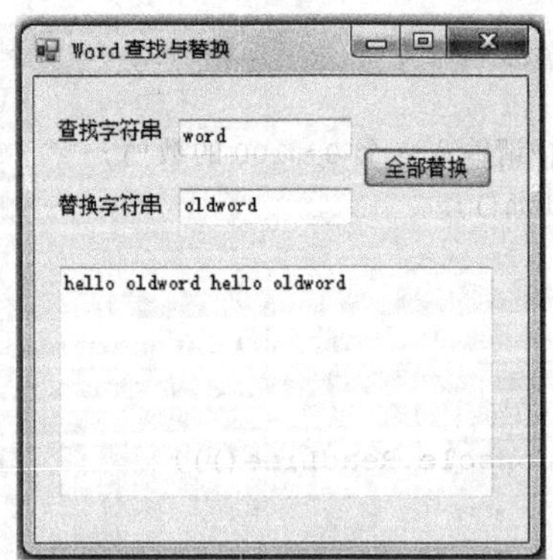

图 4.2 查找与替换运行效果

参考代码如下：

```
private void button1_Click(object sender, EventArgs e)
{
    string oldstring =textBox3.Text;        //替换前的字符串
    string newsplace =textBox2.Text;        //替换后的字符串
    string findstring=textBox1.Text;        //查找的字符串
    string newstring =oldstring.Replace(findstring, newsplace);
    textBox3.Text =newstring;               //替换后的结果放在第3个文本框中显示
}
```

2. Contains()方法

Contains()方法用来判断一个字符串中是否包含某个子串。语法格式如下：

```
Contains(string value)
```

value参数为待判断的子串。如果字符串中包含子串，方法返回值为true，否则返回false。

例如：

```
string oldstring ="hello";
bool s =oldstring.Contains("el");
Console.WriteLine("{0}", s);                // 输出结果为 true
```

3. IndexOf()方法

IndexOf()方法可以查找指定字符串首次出现的位置（返回值为整数）。查找字符串时区分大小写，并从字符串的首字符开始以0计数。如果找不到，则返回－1。语法格式如下：

```
IndexOf(string value)
```

value参数表示要查找的字符串。

例如：

```
string s ="elder";
int n=s.IndexOf("d");
Console.WriteLine("{0}", d);              //输出结果为2
```

4. Substring()方法

Substring()方法用来从字符串的指定位置取出指定个数的字符。语法格式如下：

```
Substring(int StartIndex,int length)
```

StartIndex 参数为截取的起始位置，length 参数为截取的长度。length 参数可以省略，表示从开始位置截取到字符串的末尾。

例如：

```
string s ="hello";
string str=s.Substring(2, 2);
Console.WriteLine("{0}", str);              //输出结果为"ll"
```

5. Insert()方法

Insert()方法可以在一个字符串的指定位置插入指定的字符串，语法格式如下：

```
Insert(int StartIndex,string value)
```

例如：

```
string s ="hello";
string str =s.Insert(5, " word");
Console.WriteLine("{0}", str);                         //输出结果为"hello word"
```

6. Remove()方法

Remove()方法可以删除字符串中从指定位置到最后位置的所有的字符，或者是从指定位置开始的指定数量的字符。语法格式如下：

```
Remove(int StartIndex, int count)
```

StartIndex 参数为删除的起始位置；count 参数为删除的字符个数，省略则表示删除到结尾。

例如：

```
string s ="hello word";
string str =s.Remove(6, 2);
Console.WriteLine("{0}", str);                     //输出结果为"hello rd"
```

7. ToUpper()方法和 ToLower()方法

ToUpper()方法用来将字符串中所有英文字母转换为大写字母，ToLower()方法用来将字符串中的所有英文字母转换为小写。这两个方法没有参数。

例如：

```
string s ="Hello Word";
string bigStr =s.ToUpper();
Console.WriteLine("{0}", bigStr);                  //输出结果为"HELLO WORD"
string smallStr =s.ToLower();
Console.WriteLine("{0}", smallStr);                //输出结果为"hello word"
```

8. Format()方法

Format()方法用于创建格式化的字符串及连接多个字符串对象。该方法有多个重载形式，最常用的为 Format(string format，params object[] args)，其中，format 参数用于指定返回字符串的格式，args 为一系列变量参数。

例如：

```
string yi ="一";
string er ="二";
string san ="三";
string word =string.Format( "独{0}无{1},{2}心{1}意,垂涎{2}尺,略知{0}{1},举{0}反{2}", yi, er, san);
```

输出结果为

```
独一无二,三心二意,垂涎三尺,略知一二,举一反三
```

{}中的内容包括了占位符。占位符的格式规范为

```
{N[,M: Sn]}
```

其中，N 为 0、1、2…。M 是整数(可选)，表明包含格式化值的宽度，当实际宽度小于 M 时，剩余部分用空格填充。如果 M 的符号为负，则格式化值在区域中左对齐；如果 M 的符号为正，则该值右对齐。S 和 n 可选，分别表示格式字符串和小数位数。表 4.1 中列出了格式化的字符串。

表 4.1　格式化的字符串

字符	说　明	示　例	输　出
C	货币	string.Format("{0:C3}", 2)	$2.000
D	十进制	string.Format("{0:D3}", 2)	002
E	科学计数法	1.20E+001	1.20E+001
G	常规	string.Format("{0:G}", 2)	2
N	用分号隔开的数字	string.Format("{0:N}", 250000)	250,000.00
X	十六进制	string.Format("{0:X000}", 12)	C
d	格式化日期	string.Format("{0:d}", System.DateTime.Now)	2017/2/18

说明：格式化货币时，中文系统会在数字前加上￥符号，英文系统会在数字前加上＄符号。默认格式化时，小数点后面保留两位小数；如果需要保留一位或多位小数，可以指定位数，如 string.Format("{0:C1}",12.15)，结果为￥12.2(截取采取四舍五入方式)。

【案例 4.3】 根据身份证号获取个人信息功能。单击"提取"按钮则根据输入的用户身份证号信息获取用户出生的年、月、日、性别等信息并显示在相应的文本框中。程序运行效果如图 4.3 所示，单击"退出"按钮程序结束。

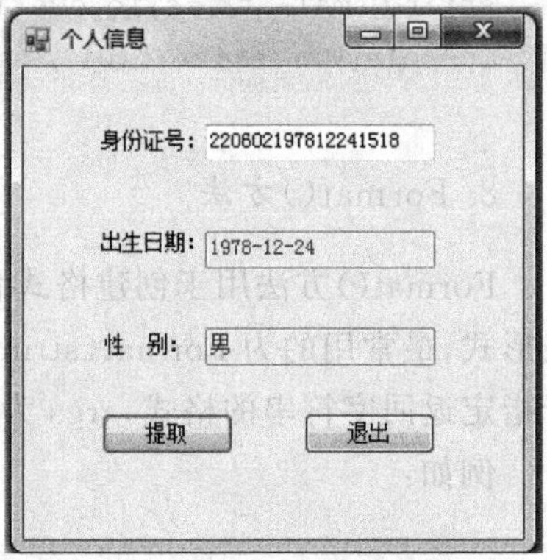

注意：身份证号的倒数第 2 位如果是奇数，则性别为男；如果是偶数，则性别为女。

图 4.3 案例 4.3 的运行效果

案例设计步骤如下。

(1) 程序界面和属性设置

在窗体上添加 3 个标签控件 Label、3 个文本框控件 TextBox，2 个按钮 Button。控件属性的设置如表 4.2 所示(textBox1 用默认属性)。

表 4.2 案例 4.3 中控件属性的设置

对象名	属性	属性值	对象名	属性	属性值
form1	Text	个人信息	textBox2	Enabled	false
label1	Text	身份证号：	textBox3	Enabled	false
label2	Text	出生日期：	button1	Text	提取
label3	Text	性别：	button2	Text	退出

(2) 代码设计

代码如下：

```
//"提取"按钮的单击事件
private void button1_Click(object sender, EventArgs e)
{
    string strCard =textBox1.Text.Trim();           //获取身份证号
    string strYear =strCard.Substring(6, 4);        //截取出生年份
    string strMonth =strCard.Substring(10, 2);      //截取出生月份
    string strDay =strCard.Substring(12,2);         //截取出生日
    textBox2.Text =strYear +"-" +strMonth +"-" +strDay;
                                                    //合成出生日期显示
    string str=strCard.Substring(16,1);             //截取倒数第二个字符
    int a =Convert.ToInt32(str);                    //将其转换成整型
  string strSex;                                    //定义表示性别的变量
  if (a %2 ==0)                                     //判断倒数第二个字符是否为偶数
```

```
        strSex ="女";
    else
        strSex ="男";
    textBox3.Text =strSex;              //显示性别的值
}
//"退出"按钮的单击事件
private void button2_Click(object sender, EventArgs e)
{
    Application.Exit();
}
```

(3) 执行程序

按 F5 键或单击工具栏上的"启动调试"按钮,程序开始运行。

知识点3 DateTime 类

在日期数据处理的过程中,经常需要通过 DateTime 类的属性来获取日期中的某一部分的信息。DateTime 类的常用属性如表 4.3 所示。

表 4.3 DateTime 类的常用属性

名 称	功 能 描 述
Date	获取此实例的日期部分
Today	获取当前日期
Now	获取一个 DateTime 对象,该对象设置为此计算机上的当前日期和时间,表示为本地时间
Year	获取此实例所表示日期的年份部分
Month	获取此实例所表示日期的月份部分
Day	获取此实例所表示的日期为该月中的第几天
Hour	获取此实例所表示日期的小时部分
Minute	获取此实例所表示日期的分钟部分
Second	获取此实例所表示日期的秒部分
DayOfWeek	获取该实例所表示的日期是一周的星期几

例如:

```
string s=DateTime.Now.ToString();                 //获取当前的日期时间
int y=DateTime.Now.Year;                          //得到年
int m=DateTime.Now.Month;                         //得到月
int d=DateTime.Now.Day;                           //得到日期
String s=DateTime.Now.DayOfWeek.ToString();       //英文表示的星期
```

```
int h=DateTime.Now.Hour;          //得到小时
int m=DateTime.Now.Minute;        //得到分
int s=DateTime.Now.Second;        //得到秒
```

在程序开发过程中，经常需要对日期进行处理，比如，比较两个日期是否相等、对日期进行修改等。针对日期的处理，DateTime 类提供了一些常用方法，具体如表 4.4 所示。

表 4.4　DateTime 类的常用方法

名　称	功 能 描 述
Add(timespan value)	在指定的日期实例上添加时间间隔值
AddDays(double value)	在指定的日期实例上添加指定天数
AddHours(double value)	在指定的日期实例上添加指定的小时数
AddMinutes(double value)	在指定的日期实例上添加指定的分钟数
AddSeconds(double value)	在指定的日期实例上添加指定的秒数
AddMonths(int value)	在指定的日期实例上添加指定的月份
AddYears (int value)	在指定的日期实例上添加指定的年份

【案例 4.4】 创建一个控制台应用程序，用户输入一个日期，分别输出该日是星期几以及一年中的第几天。运行效果如图 4.4 所示。

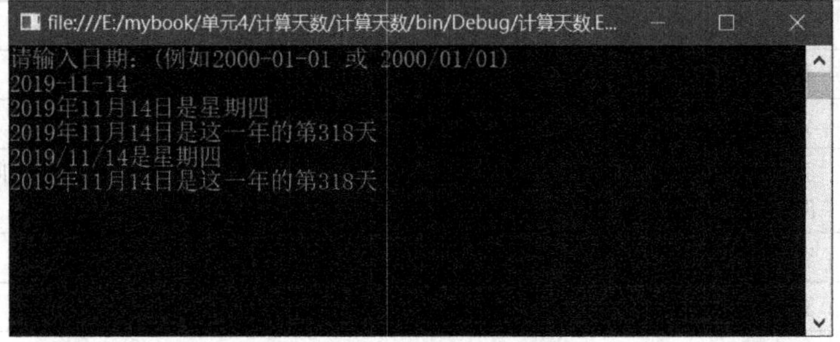

图 4.4　案例 4.4 的运行效果

参考代码如下：

```
static void Main(string[] args)
{
    Console.WriteLine("请输入日期：(例如 2000-01-01 或 2000/01/01)");
    //把输入的字符串日期转换成日期格式类型
    DateTime dt =Convert.ToDateTime(Console.ReadLine());
    //DayOfWeek 返回的是 0、1、2、3、4、5、6，分别对应的是日、一、二、三、四、五、六
    //Substring 是进行检索字符串并返回匹配的指定长度的子字符串
    string str ="日一二三四五六".Substring((int)dt.DayOfWeek, 1);
    Console.WriteLine("{0}年{1}月{2}日是星期{3}", dt.Year, dt.Month, dt.Day,
    str);
```

```
    Console.WriteLine("{0}年{1}月{2}日是这一年的第{3}天", dt.Year, dt.Month,
    dt.Day, dt.DayOfYear);
    Console.WriteLine("{0}是星期{1}", dt.ToShortDateString(), str);
    Console.WriteLine("{0}是这一年的第{1}天", dt.ToLongDateString(), dt.
    DayOfYear);
    Console.Read();//停滞窗口
}
```

知识点 4 Math 数学类

Math 数学类是数学常用库函数类，提供了两个公共字段和一些常用方法。公共字段 Math.PI 表示圆周率，Math.E 表示自然对数的底。常用方法如表 4.5 所示。

表 4.5 Math 数学类

名　称	说　明
Math.abs(decimal x)	求 x 的绝对值
Math.acos(decimal x)	返回余弦值为 x 的角度，其中 $-1\leqslant x\leqslant 1$
Math.asin(decimal x)	返回正弦值为 x 的角度，其中 $-1\leqslant x\leqslant 1$
Math.atan (decimal x)	计算反正切值，返回正切值为 x 的角度
Math.ceil(decimal x)	将数字向上舍入为最接近的整数
Math.cos(decimal x)	计算余弦值，x 为以弧度为单位的角
Math.exp(decimal x)	计算指数值，返回 e 的 x 次幂
Math.floor (decimal x)	将数字向下舍入为最接近的整数
Math.log(decimal x,decimal y)	计算 x 以 y 为底数的对数
Math.max(decimal x,decimal y)	返回两个整数中较大的一个
Math.min(decimal x,decimal y)	返回两个整数中较小的一个
Math.pow(decimal x,decimal y)	计算 x 的 y 次幂
Math.random()	返回一个 0.0～1.0 的伪随机数
Math.round(decimal x)	四舍五入为最接近的整数
Math.sin(decimal x)	计算 x 的正弦值，x 为以弧度为单位的角
Math.sqrt(decimal x)	计算 x 的平方根
Math.tan(decimal x)	计算 x 的正切值，x 为以弧度为单位的角

例如：

```
tax=Math.Round(2.543,2);              //保留两位小数，结果为 2.54
```

【案例 4.5】 分别使用 Max 方法和 Min 方法输出其中的最大值和最小值。

```
Console.WriteLine("请输入第一个数: ");
double num1 =Double.Parse(Console.ReadLine());
```

```
Console.WriteLine("请输入第二个数：");
double num2 =Double.Parse(Console.ReadLine());
Console.WriteLine("两个数中较大的数为{0}", Math.Max(num1, num2));
Console.WriteLine("两个数中较小的数为{0}", Math.Min(num1, num2));
```

知识点 5 键 盘 事 件

C♯键盘事件主要包括 3 种，当用户按下又放开某个有 ASCII 码的键时发生 KeyPress 事件；当用户按下键盘上任意一个键时发生 KeyDown 事件；当用户松开键盘上任意一个键时发生 KeyUp 事件。

只有获得焦点的对象才能够接受键盘事件；只有当窗体为活动窗体且其上所有控件均获得焦点时，窗体才能获得焦点。如果让窗体优先获取焦点，需将窗体 KeyPreview 属性设为 true。

1. KeyPress 事件

并不是键盘上的所有键都会产生该事件，只有产生 ASCII 码的键会引发该事件（例如，Alt、Ctrl、F1～F12 等键不会引发该事件）。

KeyPress 事件的 KeyPressEventArgs 类型的参数 e 主要有两个属性。

(1) e.KeyChar 用于获取按键对应的 ASCII 字符。

例如：

```
private void Form1_KeyPress(object sender, KeyPressEventArgs e)
{
    if (e.KeyChar =='D')
        MessageBox.Show("你按下了 D 键");
}
```

(2) e.Handled 用于保持或取消本次按键操作，true 表示取消本次操作。

【案例 4.6】 修改案例 4.3，要求在身份证文本框中只能输入数字和大写 X。

增加 textBox1 的 KeyPress 事件，代码如下：

```
private void textBox1_KeyPress(object sender, KeyPressEventArgs e)
{
    if (e.KeyChar <'0' || e.KeyChar >'9'&&e.KeyChar!=='x'&&e.KeyChar!=='X')
    {
        e.Handled =true;
    }
}
```

2. KeyDown 事件和 KeyUp 事件

当用户按键盘上的任意键时，会引发当前拥有焦点对象的 KeyDown 事件。用户释放键盘上的任意键时，会引发 KeyUp 事件。这两个事件会通过相应事件参数中的 e.KeyCode 来获取 KeyDown 或 KeyUp 事件的键盘代码，该代码为 Keys 枚举成员的值。

```
private void Form1_KeyDown(object sender, KeyEventArgs e)
{
    if (e.KeyCode ==Keys.D)
    { MessageBox.Show("你按下了 D 键盘"); }
}
```

任务　界面上的字母随机产生

1. 任务要求

本任务的运行效果如图 4.5 所示。

图 4.5　任务运行效果

功能要求：①界面上的字母从 A～Z 中随机产生。②当窗体加载、字母越界、敲击字母得分、任务开始时，字母都要随机产生。

2. 任务实施

修改代码如下。

(1) 增加一个全局变量。

```
Random rn =new Random();                //产生随机数对象
```

(2) 修改 Load 事件,增加代码如下:

```
private void Form1_Load(object sender, EventArgs e)
{
    …
    lblLetter1.Text =((char)(rn.Next(65, 91))).ToString();
}
```

(3) 修改"开始"按钮的 Click 事件:

```
private void btnStart_ Click (object sender, EventArgs e)
{
    …
    int n =rn.Next(65, 91);
    lblLetter1.Text =((char)(rn.Next(65, 91))).ToString();
    lblLetter1.Top =40;
}
```

(4) 修改 tmrLetter 的默认事件 Tick,代码如下:

```
lblLetter1.Top =lblLetter1.Top +10;
if (lblLetter1.Top >this.Height)
{
    lblLetter1.Top =40;
    int n =rn.Next(65, 91);
    lblLetter1.Text =((char)n).ToString();
}
```

任务　敲击键盘字母得分

1. 任务要求

任务运行效果如图 4.5 所示。

功能要求:①每敲对一个字母得 10 分,并且重新产生新字母,字母从初始位置下落。②根据得分能够自动调整级别:0～100 分为菜鸟,100～200 分为入门,200～300 分为高手,300 分以上为达人。

2. 任务实施

增加窗体的 KeyPress 事件,代码如下。

```
private void Form1_KeyPress(object sender, KeyPressEventArgs e)
{
    if (e.KeyChar == char.Parse(lblLetter1.Text) || e.KeyChar == char.Parse
    (lblLetter1.Text.ToLower()))
    {
        score += 10;
        if (score >= 100 && score < 200)
        {
            listBox1.SelectedIndex = 1;
            tmrLetter.Interval = 300;
        }
        else if (score >= 200 && score < 300)
        {
            listBox1.SelectedIndex = 2;
            tmrLetter.Interval = 200;
        }
        else if (score >= 300)
        {
            listBox1.SelectedIndex = 3;
            tmrLetter.Interval = 100;
        }
        lblScore.Text = string.Format("得分: {0}分", score);
        lblLetter1.Top = 40;
        int n = rn.Next(65, 91);
        lblLetter1.Text = ((char)n).ToString();
    }
}
```

小　结

本单元讲解了如何用 Random 类来生成随机数，并对 String 类最常用的方法逐一进行了介绍，然后讲解了 DateTime 类和 Math 类常用的属性和方法，最后介绍了键盘事件。

通过本单元的学习，应该掌握字符串、日期、随机数等常用类的使用方法，并掌握键盘事件的用法。

同步实训和拓展实训

1. 实训目的

熟练掌握 Random 类、String 类、DateTime 类和 Math 类的使用方法。

2. 实训内容

同步实训 1：设计一个用于 1 位数的加法计算器。窗体启动时“确定”按钮不可用，两个加数文本框是只读的。单击“出题”按钮，“确定”按钮变为可用，“出题”按钮变为不可用，两个加数文本框出现两个随机数字。在结果文本框中输入答案，单击“确定”按钮，如正确，则提示“×××你真棒，答对了！”，否则提示“你错了，正确答案是××”；同时“确定”按钮变为不可用，“出题”按钮变为可用。程序运行效果如图 4.6 所示。

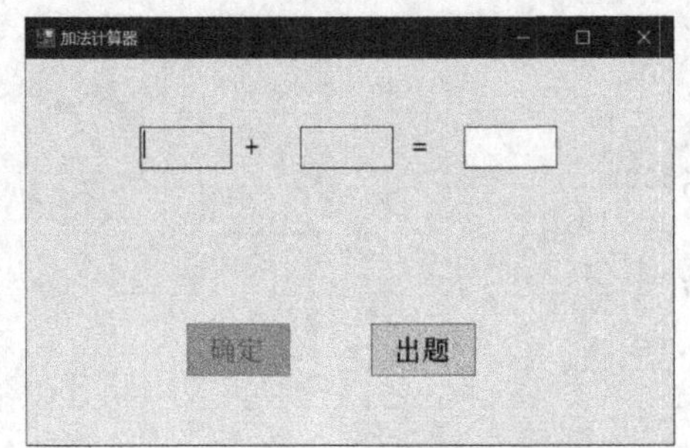

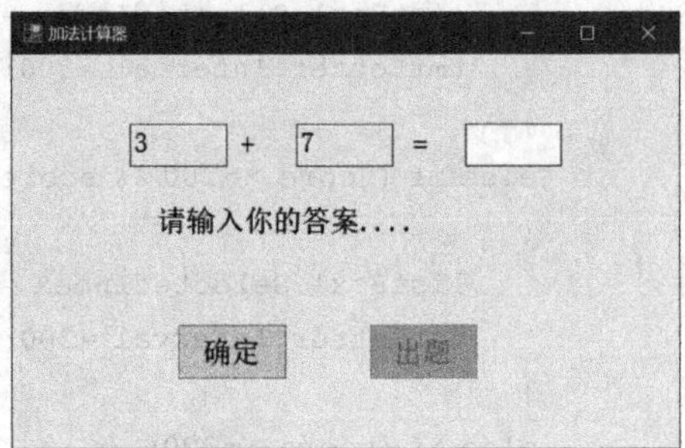

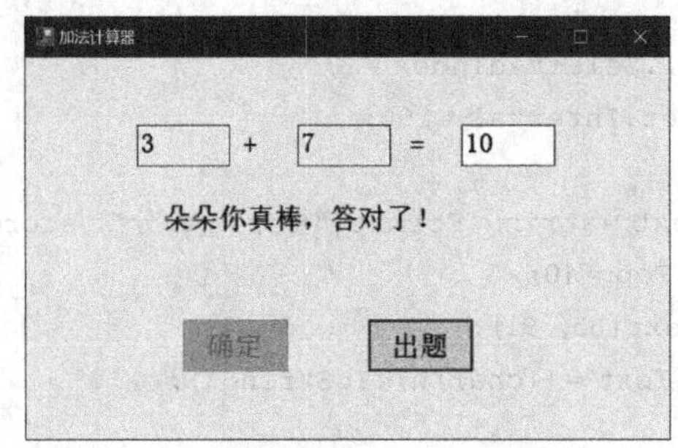

图 4.6　同步实训 1 运行效果

同步实训 2：在文本框中输入一个整数，判断它和随机产生的 1～10 的整数是否相等。如果两个值相等，则输入“你今天的运气好极了！”，否则输出“很抱歉，你今天的运气比较一般！”。程序运行效果如图 4.7 所示。

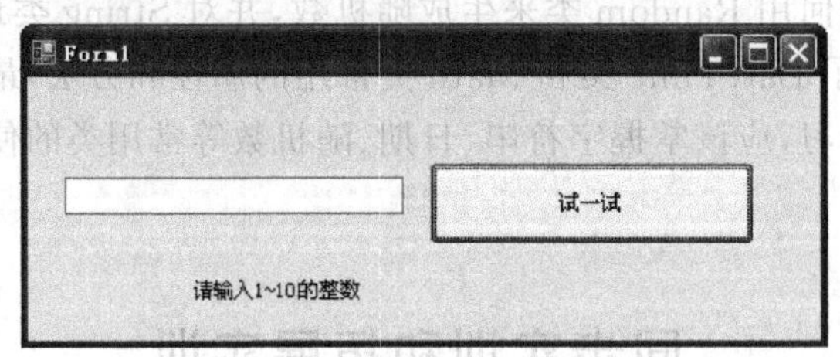

图 4.7　同步实训 2 的运行效果

同步实训 3：编写一个程序，实现对字符串进行大小写转换的功能。程序运行效果如图 4.8 所示。

同步实训 4：判断一个字符串是否是合法的 E-mail 地址。一个 E-mail 地址的特征

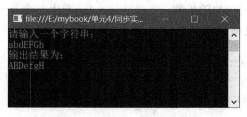

图 4.8 同步实训 3 的运行效果

就是以一个字符序列开始,后边跟着@符号;后边又是一个字符序列,跟着符号.;最后是字符序列。

拓展实训:设计一个猜拳游戏"石头剪刀布",游戏会出现三种结果:玩家赢、平局、玩家输。

习 题 4

一、选择题

1. String 类的 split()方法的返回类型是(　　)。

A. int[]　　B. string　　C. string[]　　D. Int

2. Sting 类中的 IndexOf()方法的返回类型是(　　)。

A. int　　B. string　　C. int[]　　D. string[]

3. 在 C# 中,将路径名"C:\Documents\"存入字符串变量 path 中的正确语句是(　　)。

A. path='C:\\Documents\\';　　B. path="C://Documents//";

C. path="C:\Documents\";　　D. path="C:\/Documents\/";

4. 执行下列两条语句后,结果 s2 的值为(　　)。

```
string s="abcdefgh";
string s2=s.Substring(2,3);
```

A. "bc"　　B. "cd"　　C. "bcd"　　D. "cde"

5. 在 C# 中,表达式 Math.Pow(2,−3)的值是(　　)。

A. 6　　B. 0.125　　C. 8　　D. −6

6. 下面的代码:

```
Random rn =new Random();
int i=rn.Next(100) ;
```

可以(　　)。

A. 产生一个 1~99 的随机数　　B. 产生一个 1~100 的随机数

C. 产生一个 0～99 的随机数　　　　D. 产生一个 0～100 的随机数

7. 下面代码的输出结果是(　　)。

```
string s ="Chinese";
int n=s.IndexOf("e");
Console.WriteLine("{0}", n);
```

A. 5　　B. 7　　C. 4　　D. 1

8. 运行代码"tax=Math.Floor(2.54);",则 tax 的结果是(　　)。

A. 2　　B. 3　　C. 2.5　　D. 2.6

9. 若当前时间是 2019 年 2 月 12 日、星期二,则运行下面的代码后,d 的值是(　　)。

```
int d=DateTime.Now.Day;
```

A. 星期二　　B. 12　　C. 42　　D. Tuesday

10. Math.Sqrt(9)的结果是(　　)。

A. 9　　B. 3　　C. 09　　D. 03

11. 把字符串变量 stra 中的字符 f 全部替换成字符 F,正确的语句为(　　)。

A. string.replace('f','F');　　B. stra.replace('f','F');

C. stra.Replace('f','F');　　D. stra.Replace('F','f');

二、填空题

1. ________方法用来产生随机数。

2. 专门产生伪随机数的类是________类。

3. String 类的________方法实现的功能是比较两个字符串的值。

4. C#中的字符串有两类,规则字符串和逐字字符串。定义逐字字符串时,应在其前面加上________号。

5. 有一个字符串的定义为"string s = "hello world!";"。在此字符串中,字符 w 的索引是________。

6. 运行"string s="abcdefgh";string s2=s.Substring(2);"后,s2 的值是________。

7.当用户松开键盘上任意一个键时会发生________事件。

单元 5

数　组

Unit 5

工作任务

本单元完成多字母处理的任务。

学习目标

- 了解数组的基本概念
- 掌握一维数组和二维数组的使用
- 掌握 Array 类的使用
- 掌握数组的各种操作

知识要点

- 数组概述
- 一维数组
- foreach 语句
- 二维数组
- 数组属性和方法
- 声明控件数组

典型案例任务

- 统计学生的平均成绩
- 计算二维数组各元素的和
- 数组排序
- 控件数组

在实际编程中，经常会碰到要处理相同类型的一批数据的情况。例如要存储 7 个学生的成绩，用简单数据类型，就要定义 7 个数值型变量，这样编写程序是一件困难的事情。C＃提供了一个更有效的数据类型，将数据类型相同的数据组合起来作为一个整体，用一个统一的名字来表示，这些有序数据的全体称为一个数组。

知识点 1 数组概述

1. 数组与数组元素

数组是一些具有相同类型的数据组成的有序集合。构成数组的这些数据称为数组元素。数组元素在内存中是连续存放的。数组元素由数组名与下标(也称为索引)结合起来表示。C# 中数组元素的下标从 0 开始,如图 5.1 所示。

2. 数组的维数

数组下标的个数称为数组的维数。数组分为一维数组和多维数组。

(1) 一维数组:此时数组中的所有元素都能按顺序排成一行,只需要用一个下标便能标识其所在的位置,如图 5.2 所示。

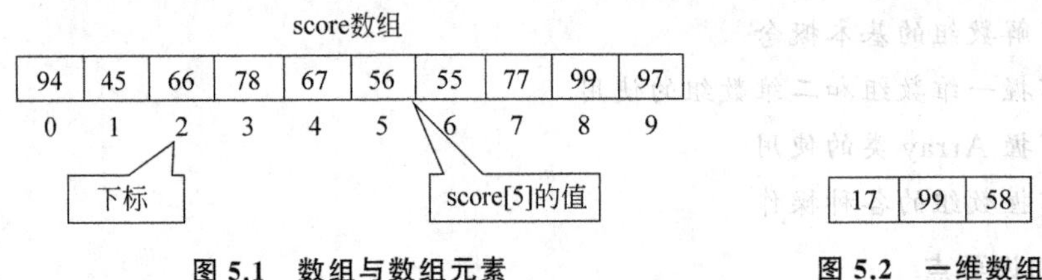

图 5.1 数组与数组元素　　图 5.2 一维数组

(2) 多维数组:需要 2 个或 2 个以上下标来标识位置。如果数组中的所有元素能按行、列顺序排成一个矩阵,那就必须用 2 个下标来标识这些元素的位置,这样的数组则称为二维数组,如图 5.3 所示。

3. 数组的类型

数组类型是从抽象基类 System.Array 派生出来的引用类型。所谓数组的类型是数组元素的数据类型。数组元素可以是任意数据类型,可以是基本数据类型(如 int 等),也可以是类类型(如 label 等)。数组本身属于引用类型。例如,定为数组“int[] a={90,32,24};”则数组的存储方式如图 5.4 所示。

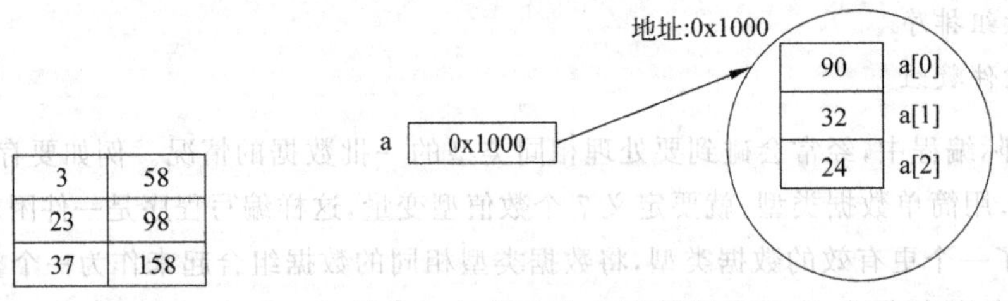

图 5.3 二维数组　　图 5.4 数组的存储方式

知识点2 一维数组

1. 一维数组的声明

声明数组时，主要声明数组的名称和所包含的元素类型，格式如下：

```
数组类型[] 数组名;
```

数组类型可以使用C#中任意有效的数据类型，包括类；数组名可以是C#中任意有效的标识符。例如：

```
int[ ] num;
float[ ] score;
string[ ] name;
Label[ ] lblArray;
```

声明数组时，数组的数据类型放在[ ]前面，变量名放在[ ]后面。

2. 一维数组的创建

创建数组就是给数组对象分配内存。因为数组本身也是类，所以和类一样，声明数组时，并没有真正创建数组，使用前要用 new 操作符来创建数组对象。有以下两种创建方法。

(1) 先声明，后创建。

其格式如下：

```
数据类型[ ] 数组名;
数组名 =new 数据类型[元素个数];
```

例如：

```
int [] num;
num =new int[10];         //声明并创建了一个具有 10 个整型元素的数组 num
string[ ] name;
name=new string[3];       //声明并创建了一个具有 3 个字符串数据类型的数组 name
float [] score;
score=new float [5];      //声明并创建了一个具有 5 个 float 型数据元素的数组 score
```

(2) 声明的同时创建数组。其格式如下：

```
数据类型[ ] 数组名 =new 数据类型[元素个数];
```

例如：

```
int[] num =new int[10];
double[] t =new double[4];
```

数组一旦被实例化，就给数组元素分配了所需的内存空间。如果在创建数组对象时没有对数组进行初始化，C＃会自动地为数组元素进行初始化赋值，默认状态下的赋值为类型默认值。数值型默认值为 0，字符类型默认值为'\0'，布尔型默认值为 false，对象默认值为 null。

3. 一维数组的初始化

数组在定义的同时给定元素的值，即为数组的初始化。初始化方法有以下 3 种。

第一种：限定数组的大小。

```
数据类型[] 数组名=new 数据类型[元素个数]{初始值列表};
```

例如：

```
int[] num =new int[4]{1,3,5,7};
string[ ] str =new string[3]{"Hello","World","!"};
float[ ] f =new float[5]{1.35f,2,1.5f,10.34f,1.31f};
```

第二种：省略数组的大小。

```
数据类型[] 数组名=new 数据类型[]{初始值列表};
```

例如：

```
int[] num =new int[]{1,3,5,7};
string[ ] str =new string[]{"Hello","World","!"};
float[ ] f =new float[]{1.35f,2,1.5f,10.34f,1.31f};
```

第三种：进一步省略 new 和数据类型[]。

```
数据类型[] 数组名={初始值列表};
```

例如：

```
int[] num ={1,3,5,7};
string[ ] str ={"Hello","World","!"};
float[ ] f ={1.35f,2,1.5f,10.34f,1.31f};
```

注意：一旦要为数组指定初始化值，就必须为数组的所有元素指定初始化值。

```
int[ ] array =new int[5] { 0, 1 ,2};   //代码错误,数组有 5 个元素,只为 3 个元素初始化
```

4. 一维数组的访问

数组的每个元素都可以使用数组名与下标(索引)表示,数组的索引从 0 开始。例如:

```
int [ ] array=new int[3]{1,2,3};
int x=array [0];
array [1]=5;
```

注意:

(1) 数组下标从零开始,最大下标为数组长度减 1。

(2) 在访问数组元素时,要注意不要使下标越界。在上例中,array[3]=15 越界了。

【案例 5.1】 建立窗体应用程序,显示 10 位同学的成绩,并统计平均成绩。窗体启动时显示成绩,单击“计算”按钮显示平均成绩。程序运行效果如图 5.5 所示。

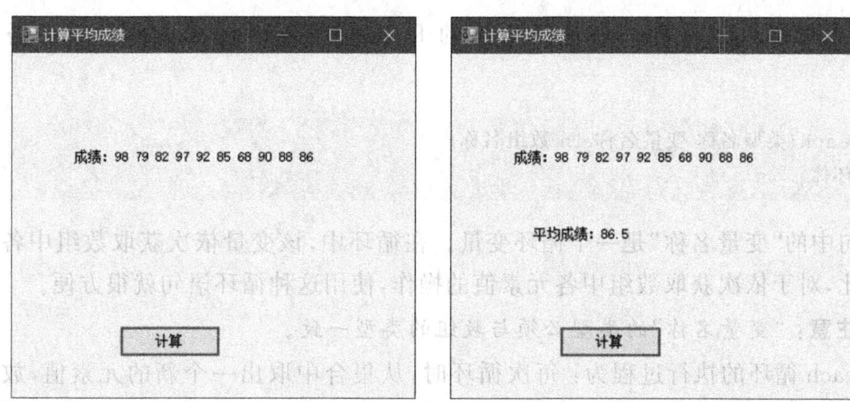

图 5.5 案例 5.1 的运行效果

参考代码如下:

```
//声明全局变量
int[] score ={ 98, 79, 82, 97, 92, 85, 68, 90, 88, 86 };
//窗口启动时输出数组
private void Form1_Load(object sender, EventArgs e)
{
    string str ="";
    for (int i =0; i <score.Length; i++)          //score.Length 可获取数组的长度
    {
        str +=score[i] +" ";
    }
    label1.Text ="成绩: " +str;
}
//单击“计算”按钮可以算出平均成绩
```

```
private void button1_Click(object sender, EventArgs e)
{
    int sum =0;
    double average;
    for (int i =0; i <score.Length; i++)          //score.Length 可获取数组的长度
    {
        sum +=score[i];
    }
    average =sum * 1.0 / score.Length;
    label2.Text ="平均成绩: " +average;
}
```

知识点 3 foreach 语 句

C＃专门提供了一种用于遍历数组的 foreach 循环语句。foreach 循环语句的格式为：

```
foreach(类型名称 变量名称 in 数组名称)
{循环体}
```

语句中的“变量名称”是一个循环变量。在循环中，该变量依次获取数组中各元素的值。因此，对于依次获取数组中各元素值的操作，使用这种循环语句就很方便。

注意：“变量名称”的类型必须与数组的类型一致。

foreach 循环的执行过程为：每次循环时，从集合中取出一个新的元素值，放到只读变量中去，然后执行循环体；若集合中的元素均已被访问，就转到 foreach 循环后面的第一条可执行的语句。

例如：

```
int[] numbers ={9,3,7,2};
int sum=0;
foreach (int x in numbers)
{sum=sum+x;}
```

注意：

(1) 变量名前面的类型应当与数组中元素的类型一致。

(2) 使用 foreach 语句读出 x 是只读的，故该语句的功能有一定的限制。如果需要修改数组元素，那么必须使用 for 语句。

【案例 5.2】 修改案例 5.1，使用 foreach 循环语句计算成绩数组的平均值。

参考代码如下：

```
int[] score ={ 98, 79, 82, 97, 92, 85, 68, 90, 88, 86 };
private void Form1_Load(object sender, EventArgs e)
{
    string str ="";
    foreach(int a in score)                //修改的代码
    {
        str +=a +" ";
    }
    label1.Text ="成绩: " +str;
}
private void button1_Click(object sender, EventArgs e)
{
    int sum =0;
    double average;
    foreach (int a in score)               //修改的代码
    {
        sum +=a;
    }
    average =sum * 1.0 / score.Length;
    label2.Text ="平均成绩: " +average;
}
```

知识点 4　二 维 数 组

二维数组就是维数为 2 的数组，它把相关的数据存储在一起。例如，存储矩阵。

1. 二维数组的声明

格式：

```
类型[,] 数组名
```

C#数组的维数是计算逗号的个数再加 1 来确定的，即有一个逗号就是二维数组，有两个逗号就是三维数组。其余类推。

例如：

```
int[,] array1;                //声明一个二维数组 array1
int[,,] array2;               //声明一个三维数组 array2
```

2. 二维数组的创建

(1) 声明时创建。

```
类型[,] 数组名=new 类型[表达式 1,表达式 2]
```

例如：

```
int[,] array1=new int[2,3];
```

(2) 先声明,后创建。

```
类型[,]数组名;
数组名=new 类型 [表达式 1,表达式 2]
```

例如：

```
int[,] array1;
array1=new int[5,6];
```

3. 二维数组初始化

二维数组的初始化与一维数组类似,可用下列任意一种形式进行初始化。

(1) 声明时创建数组对象,同时进行初始化。格式如下：

```
类型[,]数组名=new 类型 [表达式 1,表达式 2]{初值表};
```

例如：

```
int[,] array=new int [3,4]{{34,33,3,56},{23,1,41,67},{112,22,37,97}};
```

(2) 先声明二维数组,然后在创建对象时进行初始化。格式如下：

```
类型[,]数组名;
数组名=new 类型 [表达式 1,表达式 2]{初值表};
```

例如：

```
int[,] array;
array=new int [3,4] {{34,33,3,56},{23,1,41,67},{112,22,37,97}};
```

4. 二维数组的访问

格式：

```
数组名[下标 1,下标 2];
```

【案例 5.3】 定义了一个二维数组,窗体启动时显示二维数组,单击“计算”按钮显示总和。程序运行结果如图 5.6 所示。

参考代码如下：

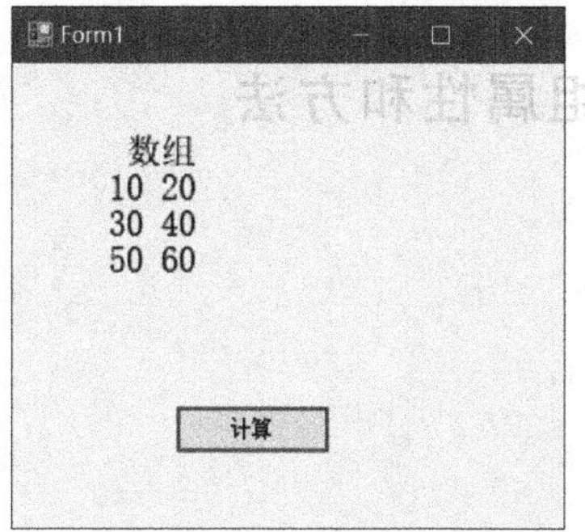

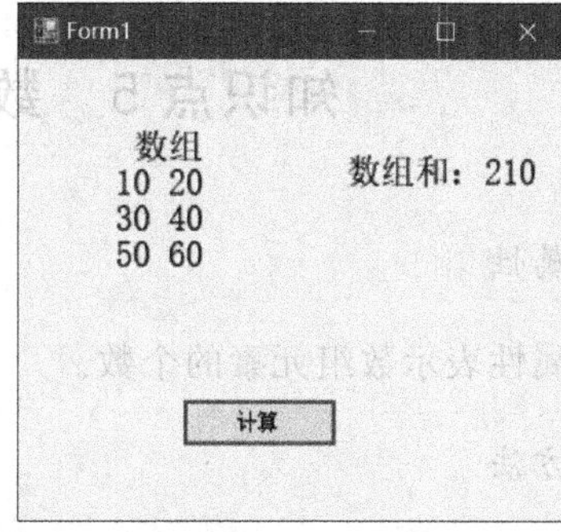

图 5.6 案例 5.3 的运行效果

```
int[,] myArray =new int[3, 2] { { 10, 20 }, { 30, 40 }, { 50, 60 } };
private void Form1_Load(object sender, EventArgs e)
{
    string str ="";
    // GetLength(0)可获取数组行的个数,GetLength(1)可获取数组列的个数
    for (int i =0; i <myArray.GetLength(0); i++)
    {
        for (int j =0; j <myArray.GetLength(1); j++)
        {
            str +=myArray[i,j] +" ";
        }
        str +="\n";
    }
    label1.Text =" 数组\n" +str;
}
private void button1_Click(object sender, EventArgs e)
{
    int sum =0;
    for (int i =0; i <myArray.GetLength(0); i++)
    {
        for (int j =0; j <myArray.GetLength(1); j++)
        {
            sum +=myArray[i,j];
        }
    }
    label2.Text =" 数组和: " +sum;
}
```

知识点5　数组属性和方法

1. 数组属性

Length属性表示数组元素的个数。

2. 数组方法

(1) Clone()与CopyTo()方法

Clone()与CopyTo()方法的功能均为数组复制操作。Clone()方法的使用格式如下：

```
目标数组名称=(数组类型名称)源数组名称.Clone();
```

CopyTo()方法的使用格式如下：

```
源数组名称.CopyTo(目标数组名称,起始位置);
```

使用CopyTo()方法与使用Clone()方法有两点区别：一是CopyTo()方法在往目标数组复制之前,目标数组必须实例化(可以不初始化元素值),否则将产生错误;而使用Clone()方法时,目标数组不必进行实例化;二是CopyTo()方法需要指定从目标数组的什么位置开始进行复制,而Clone()方法不需要。

(2) Sort()方法

Sort()方法可以将数组中的元素按升序排列。数组都具有Sort()方法,但使用的格式不同。数组的Sort()方法使用的格式为：

```
Array.Sort(数组名称);
```

(3) Reverse()方法

Reverse()方法可以实现数组的反转,将该方法与Sort()方法结合,可以实现降序排序。数组反转方法的使用格式为：

```
Array.Reverse(数组名称,起始位置,反转范围);
```

【案例5.4】 对数组进行排序,利用Random类生成10个0～100(不包括100)的随机数,然后对这10个随机数进行升序。程序运行效果如图5.7所示。单击“随机生成数组”按钮,能随机生成一个数组;单击“排序”按钮,能对随机生成的数组排序。

案例设计步骤如下。

(1) 程序界面和属性设置

创建一个Windows应用程序,在Form1窗体中添加2个Button控件、2个TextBox控件。窗体和各控件的属性设置如表5.1所示。

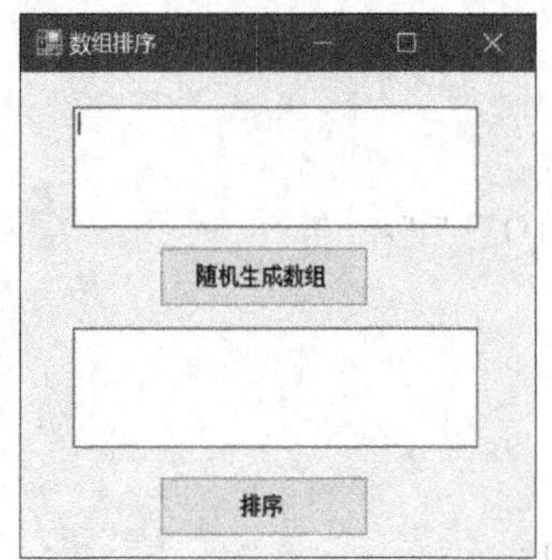

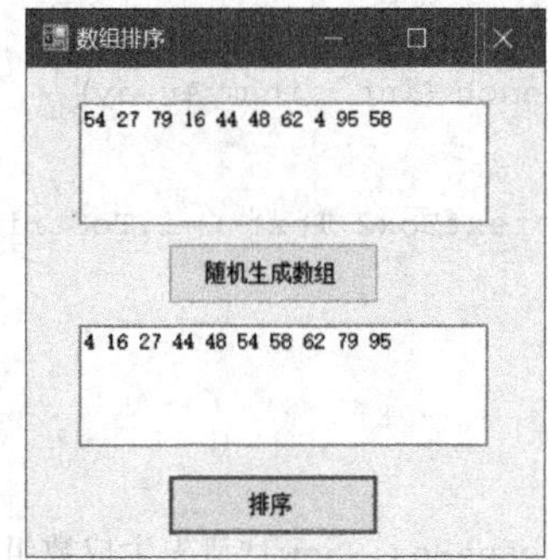

图 5.7 案例 5.4 的运行效果

表 5.1 属性设置

控件名称	属 性	属 性 值
form1	Text	数组排序
button1	Text	随机生成数组
button2	Text	排序
textBox1	Multline	true
textBox2	Multline	true

(2) 代码设计

① 声明全局变量。

```
int[] myArray =new int[10];
```

②“随机生成数组”按钮的单击事件代码如下：

```
private void button1_Click(object sender, EventArgs e)
{
    Random rn =new Random();
    for (int i =0; i <10; i++)
    {
        int s =rn.Next(0, 100);
        myArray[i] =s;
        textBox1.Text +=s.ToString() +" ";
    }
}
```

③“排序”按钮的单击事件代码如下：

```
private void button2_Click(object sender, EventArgs e)
{
    if (textBox1.Text.Trim () !="")
    {
```

```
            Array.Sort(myArray);
            foreach (int i in myArray)
            {
                textBox2.Text +=i.ToString() +" ";
            }
        }
        else
        {
            MessageBox.Show("请先生成数组");
        }
    }
```

(3) 执行程序

单击工具栏上的“启动调试”按钮,程序开始运行。

知识点 6　声明控件数组

以前用到的数组元素都是基本的数据类型,本知识点要介绍的数组元素是控件。

【案例 5.5】 单击“计算”按钮,可以计算出窗体中的 4 个文本框的值,程序运行效果如图 5.8 所示。

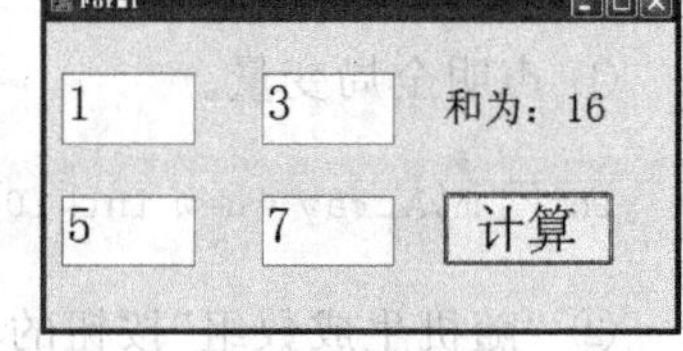

图 5.8　案例 5.5 的运行效果

(1) 在窗体中添加控件。创建一个 Windows 应用程序项目,在窗体上添加 4 个文本框。

(2) 设计代码。在 Form1 类定义中声明文本框数组字段的代码为“TextBox [ ]textB;”。

对该数组实例化。窗体的 Load 事件代码为:

```
private void Form1_Load (object sender, System.EventArgs e)
{   // 实例化并指定各元素值
     textB=new TextBox[ ]{textBox1,textBox2,textBox3,textBox4};
}
```

“计算”按钮 Click 事件的代码为:

```
private void button1_Click(object sender, EventArgs e)
{   int sum =0;
    for (int i =0; i <txtB.Length; i+ + )
    {   sum +=int.Parse(txtB[i].Text);   }
    label1.Text ="和: "+sum;
}
```

任务　多字母处理

1. 任务要求

任务的运行效果如图 5.9 所示。

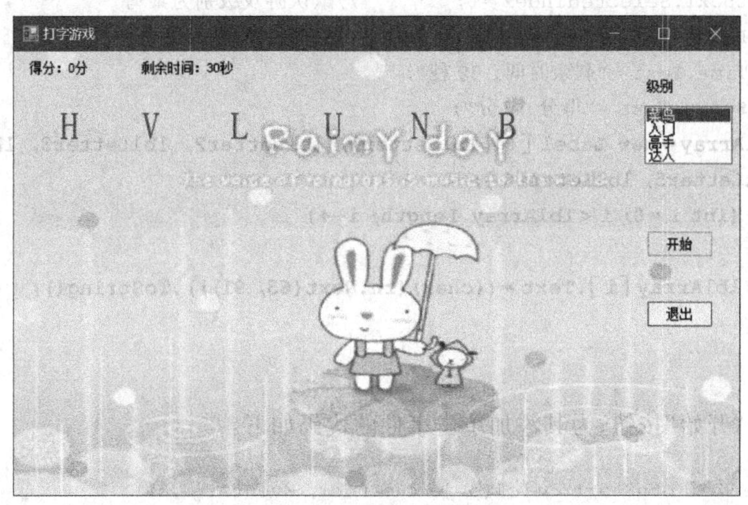

图 5.9　多字母处理任务的运行效果

功能要求：对界面上的字母利用循环统一处理。

2. 任务实施

(1) 程序界面和属性设计

打开打字游戏项目，在窗体 Form1 中拖入 6 个 Label 控件，它们的 Name 属性分别设为 lblLetter1～lblLetter6，其他属性设置如表 5.2 所示。

表 5.2　多字母处理任务中控件的属性设置

控件名称	属　性	属 性 值
lblLetter1～lblLetter6	Text	A
	Font	宋体，25pt
	ForeColor	red

(2) 完整的项目代码(加粗的为增加或修改的部分)

① 声明全局变量。

```
int remTime;                        //存放剩余时间
Random rn =new Random();            //创建产生随机数的对象
```

```
int score;                          //存放得分
Label[]lblArray;                    //标签控件数组
```

② 双击窗体，编写 Load 事件，代码如下：

```
private void Form1_Load(object sender, EventArgs e)
{
    listBox1.SelectedIndex =0;          //默认游戏级别为菜鸟
    tmrLetter.Interval =500;            //菜鸟的速度
    lblTime.Text ="剩余时间: 30 秒";
    lblScore.Text ="得分: 0 分";
    lblArray= new Label[6]{lblLetter1, lblLetter2, lblLetter3, lblLetter4,
    lblLetter5, lblLetter6 };
    for (int i =0; i <lblArray.Length; i++)
    {
        lblArray[i].Text =((char)(rn.Next(65, 91))).ToString();
    }
}
```

③ 双击"开始"按钮，为其添加单击事件的代码如下：

```
private void btnStart_Click(object sender, EventArgs e)
{
    tmrLetter.Enabled =true;
    tmrTime.Enabled =true;
    remTime =30;
    lblTime.Text =string.Format("剩余时间: {0}秒", remTime);
    for (int i =0; i <lblArray.Length; i++)
    {
        int n =rn.Next(65, 91);
        lblArray[i].Text =((char)(rn.Next(65, 91))).ToString();
        lblArray[i].Top =40;
    }
    score =0;
    lblScore.Text =string.Format("得分: {0}分", score);
}
```

④ 双击"退出"按钮，为其添加单击事件的代码如下：

```
private void btnExit_Click(object sender, EventArgs e)
{
    Application.Exit();
}
```

⑤ 分别双击两个定时器控件，进入默认事件 Tick，代码如下：

```
private void tmrLetter_Tick(object sender, EventArgs e)
{
    for (int i =0; i <lblArray.Length; i++)
    {
        lblArray[i].Top =lblArray[i].Top +10;
        if (lblArray[i].Top >this.Height)          //如果字母越界则重新产生
        {
            lblArray[i].Top =40;
            int n =rn.Next(65, 91);
            lblArray[i].Text =((char)n).ToString();
        }
    }
}
private void tmrTime_Tick(object sender, EventArgs e)
{
    remTime--;
    if (remTime >=0)
    {
        lblTime.Text =string.Format("剩余时间: {0}秒", remTime);
    }
    else
    {
        tmrLetter.Enabled =false;
        tmrTime.Enabled =false;
        if (score >100)
            MessageBox.Show("你真棒");
        else
            MessageBox.Show("继续努力!");
    }
}
```

⑥ 双击列表框，添加 SelectedValueChange 事件的代码如下：

```
private void listBox1_SelectedIndexChanged(object sender, EventArgs e)
{
    if (listBox1.SelectedIndex ==0)
    {
        tmrLetter.Interval =500;
    }
    else if (listBox1.SelectedIndex ==1)
    {
        tmrLetter.Interval =300;
    }
    else if (listBox1.SelectedIndex ==2)
```

```
    {
        tmrLetter.Interval =200;
    }
    else if (listBox1.SelectedIndex ==3)
    {
        tmrLetter.Interval =100;
    }
}
```

⑦ 修改窗体的 KeyPress 事件,代码如下:

```
private void Form1_KeyPress(object sender, KeyPressEventArgs e)
{
    for (int i =0; i <lblArray.Length; i++)
    {
        if (e.KeyChar ==char.Parse(lblArray[i].Text) ||
            e.KeyChar ==char.Parse(lblArray[i].Text.ToLower()))
        {
            score +=10;
            if (score >=100&&score <200)
            {
                listBox1.SelectedIndex =1;
                tmrLetter.Interval =300;
            }
            else if (score >=200 &&score <300)
            {
                listBox1.SelectedIndex =2;
                tmrLetter.Interval =200;
            }
            else if (score >=300)
            {
                listBox1.SelectedIndex =2;
                tmrLetter.Interval =100;
            }
            lblScore.Text =string.Format("得分: {0}分", score);
            lblArray[i].Top =40;
            int n =rn.Next(65, 91);
            lblArray[i].Text =((char)n).ToString();
        }
    }
}
```

(3) 执行程序。

按 F5 键或单击工具栏上的“启动调试”按钮,程序开始运行。

小　　结

本单元主要介绍了数组的概念，分别介绍了一维数组、二维数组的声明与使用，介绍了遍历数组的 foreach 语句和数组的常用属性和方法，还介绍了控件数组的使用。

同步实训和拓展实训

1. 实训目的

熟练掌握一维数组的定义与使用；掌握二维数组的定义与使用；熟练掌握数组的常用属性和方法；灵活运用所学知识解决实际问题。

2. 实训内容

同步实训 1：创建一个应用程序，已知数列{1,2,2,4,8,32,256,…}，求前 10 项之和，并且输出前 10 项的值，程序运行结果如图 5.10 所示。

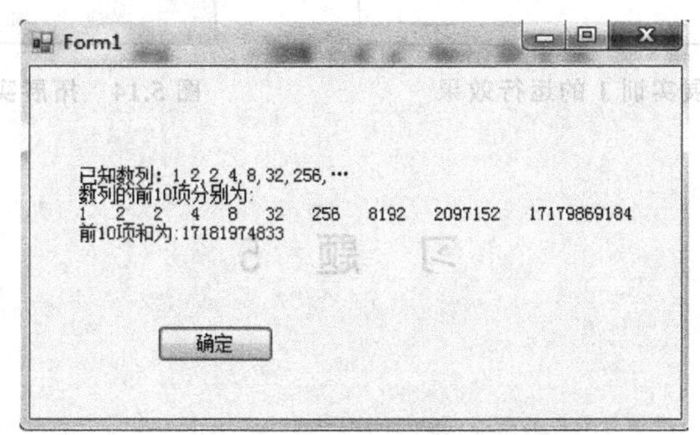

图 5.10　同步实训 1 的运行效果

同步实训 2：创建一个应用程序，对数组{10,8,3,15,26,11,30}中的元素按照从大到小排序，程序运行结果如图 5.11 所示。

同步实训 3：创建一个应用程序，已知数组{10,8,3,15,26,11,30}，求该数组的最大值、最小值和平均值，程序运行结果如图 5.12 所示。

拓展实训 1：随机验证码的产生，程序运行界面如图 5.13 所示。

思路：

(1) 建立验证码中所能出现字符的数组。

(2) 循环产生随机数，作为字符数组的下标。

(3) 将读出的字符连成字符串，形成验证码字符串。

拓展实训 2：编写一个 Windows 应用程序，能按照用户的需求产生相应种类和注数的彩票。程序运行界面如图 5.14 所示。

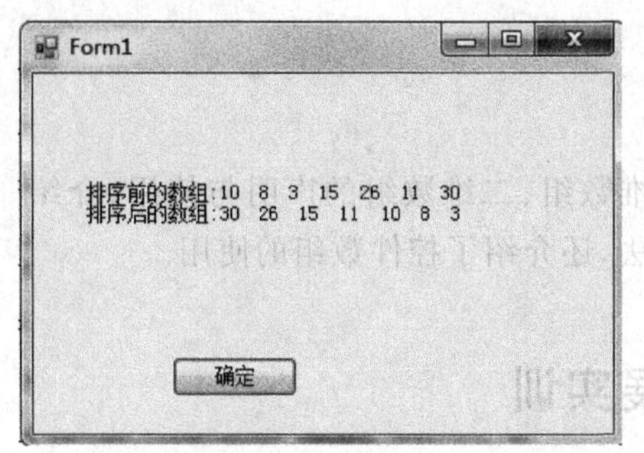

图 5.11 同步实训 2 的运行效果

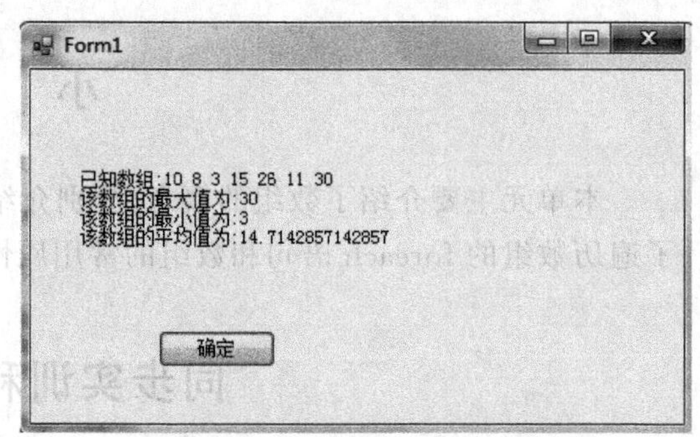

图 5.12 同步实训 3 的运行效果

图 5.13 拓展实训 1 的运行效果

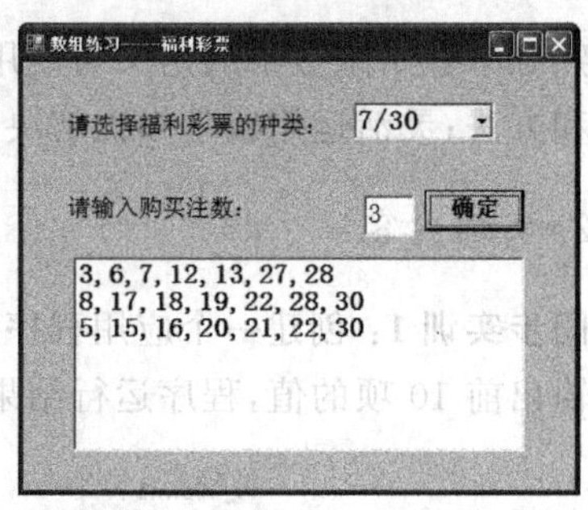

图 5.14 拓展实训 2 的运行效果

习 题 5

一、选择题

1. 在 Array 类中,可以对一维数组中的元素进行排序的方法是(　　)。

A. Sort()　　B. Clear()　　C. Copy()　　D. Reverse()

2. 假定一个 10 行 20 列的二维整型数组,下列的定义语句正确的是(　　)。

A. int[] arr=new int[10,20];　　B. int[] arr=int new[10,20];

C. int[,] arr=new int[10,20];　　D. int[,]arr=new int[20,10];

3. 下列语句创建的 string 对象的数量为(　　)。

```
String[,] strArray=new string[3,4];
```

A. 0　　B. 3　　C. 4　　D. 12

4. 数组 pins 的定义如下:

```
int [] pins=new int[4]{9,2,3,1};
```

则 pins[1]=(　　)。

A. 1　　B. 2　　C. 3　　D. 9

5. 数组 pins 的定义如下：

```
string[] pins=new string[4]{"a","b","c","d"};
```

执行下列语句后，数组 pins 的值为(　　)。

```
String[] myArr=pins;
myArr[3]="e";
```

A. "a","b","c","d"　　B. "a","b","c","e"
C. "a","b","c","d"　　D. "e","e","e","d"

6. 下面所列选项中，能够正确定义具有 10 个数据元素一维整型数组 a 的是(　　)。

A. int[] a =new int[10];　　B. int a[10];
C. int[]a =int[10];　　D. int[] a = int(10);

7. 设有 C#数组定义语句“int [] a = new int[5];”，对数组 a 元素的引用正确的是(　　)。

A. a[5]　　B. a[100－100]　　C. a(0)　　D. a＋1

8. 设有 C#数组定义语句“float[,]a=new float[5,5];”对数组 a 元素的引用正确的是(　　)。

A. a[3][2]　　B. a[4,5]　　C. a[5,0]　　D. a[0,0]

9. 在 C#语言中，表示数组长度属性的关键字是(　　)。

A. Len　　B. Size　　C. Long　　D. Length

二、填空题

1. ________是所有数组的基类。
2. 在 C#语言中，可以用来遍历数组元素的循环语句是________。
3. 数组是一种________类型。

项目3

我的记事本

项目描述

记事本是日常生活中不可缺少的一个工具，在 Windows 操作系统中附带了一个记事本程序。本项目模仿记事本，使用 Visual C# 开发平台开发一个记事本应用程序，运行效果如下图所示。

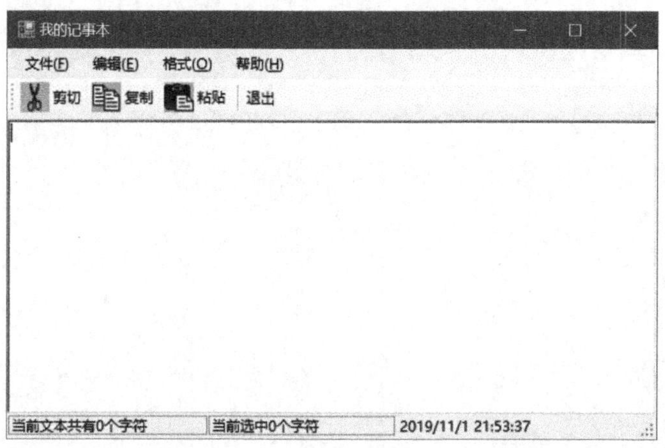

任务分解

本项目共分解为三个任务：菜单设计、工具栏和状态栏设计、对话框设计。

单元 6

高级控件

Unit 6

工作任务

本单元完成项目 3 的所有任务。

学习目标

- 掌握菜单栏、工具栏和状态栏的使用方法
- 掌握对话框的基本用法
- 掌握 RichTextBox 控件的用法
- 掌握单文档和多文档的用法

知识要点

- 菜单
- RichTextBox 控件
- 工具栏
- 状态栏
- 对话框
- MDI 多文档

案例任务

- 窗体修饰控件的使用
- 对话框的使用

知识点 1 菜　单

在计算机中，菜单的作用是将程序中的相关功能直接显示出来，并且按照功能进行了分组，就像饭店的菜单一样。

C＃窗体应用程序中两种菜单形式：主菜单(MainMenu)和快捷菜单(ContextMenu)。主菜单出现在窗体上方边缘；快捷菜单为用户在窗体中右击时出现的菜单。快捷菜单又称为弹出式菜单、上下文菜单、右键快捷菜单。

1. 主菜单

C# 中 MenuStrip 控件主要用于生成所在窗体的主菜单。在设计窗体中添加 MenuStrip 控件后，会在窗体上显示一个菜单栏，可以直接在此菜单栏上编辑各主菜单项及对应的子菜单项，也可以在右键快捷菜单选择对应的命令。当菜单的结构建立好，再为每个菜单项编写事件代码，即可完成窗体的菜单设计。主菜单中相关部分的名称如图 6.1 所示。

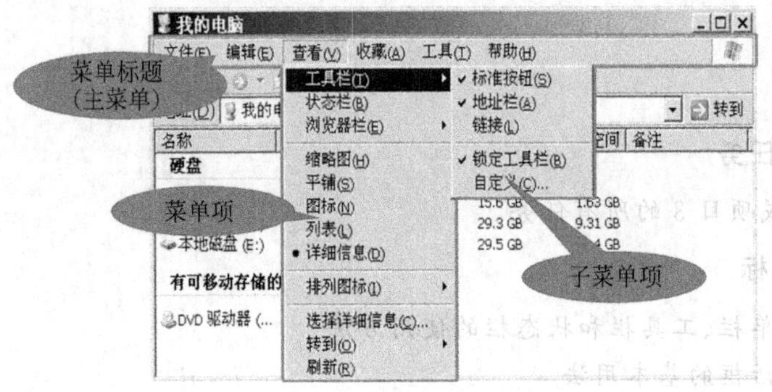

图 6.1　主菜单中相关部分的名称

MenuStrip 控件常用属性如表 6.1 所示。

表 6.1　MenuStrip 控件常用属性

属　性	说　　明
Name	获取或设置菜单控件的名称
Items	用于编辑菜单栏上显示的各菜单项

在 MenuStrip 控件的白色区域(要再次输入)内输入菜单项的显示文本，则其右侧和下侧会出现两个白色区域

菜单项常用的属性和事件如表 6.2 所示。

表 6.2　MenuStrip 菜单项常用的属性和事件

属性和事件	说　　明
Text 属性	菜单项中显示的文本
Enabled 属性	激活或禁用菜单。设置该菜单项的 Enabled 属性为 false，则菜单初始时为灰色，表示不可用
Visible 属性	确定菜单项运行时是否可见
DisplayStyle 属性	指示菜单项上显示的内容。有 4 个属性值为 None、Text、Image、ImageAndText，分别表示不显示任何内容、仅显示文本、仅显示图标、同时显示文本和图标。默认值为 ImageAndText
Checked 属性	指示菜单项是否被选中。默认值为 false

续表

属性和事件	说 明
CheckOnClick 属性	决定单击菜单项时是否使其选中状态发生改变。默认值为 false,即单击菜单项不会影响其 Checked 属性;当更改该属性值为 true 时,则每次单击菜单项都会影响其 Checked 属性,使其值在 false 和 true 之间切换
CheckState 属性	指示菜单项的状态。与复选框 CheckBox 控件的 ThreeState 属性相同,有 3 个属性值为 Checked、Unchecked、Indeterminate,分别表示选中、未选中、不确定三种状态
Image 属性	指定在该菜单项上显示的图标
ShortcutKeys 属性	为菜单项指定快捷键,设置时可以选择 Ctrl、Shift 和 Alt 三个功能键的任意组合(注意 Shift 键不能单独使用)作为修饰符;在"键"下拉框中选择快捷键,其中包括键盘可输入的任何字符。完成设置后即可使用该快捷键调用菜单项的功能。该属性的默认值为 None
Click 属性	单击菜单项时触发该事件

注意:可用 & 助记符设置菜单项的热键,如输入"文件(&F)",显示为"文件(F)",使用时可以组合键打开"文件"Alt+F 组合键打开"文件"菜单项。

ShortcutKeys 属性所设置的快捷键与使用 & 设置的热键,虽然都是通过设定的键盘操作完成相同的功能,但是在本质上二者是不同的。& 设置的热键只有在菜单项可见的情况下才可使用,所以不能被称为快捷键;而 ShortcutKeys 属性所设置的快捷键无论菜单项是否可见都可以使用。

有时根据需要通过添加分隔条将菜单项进行分组,添加方法是在菜单项中输入"-"。

【案例 6.1】 创建一个窗体,添加菜单栏,其中包括"窗体大小"和"背景颜色"两个主菜单。各主菜单包含的菜单项和子菜单项如图 6.2 所示。要求执行菜单命令可以实现菜单文本所标示的功能。要求为"背景颜色"主菜单中的菜单项指定如图中所示的快捷键。

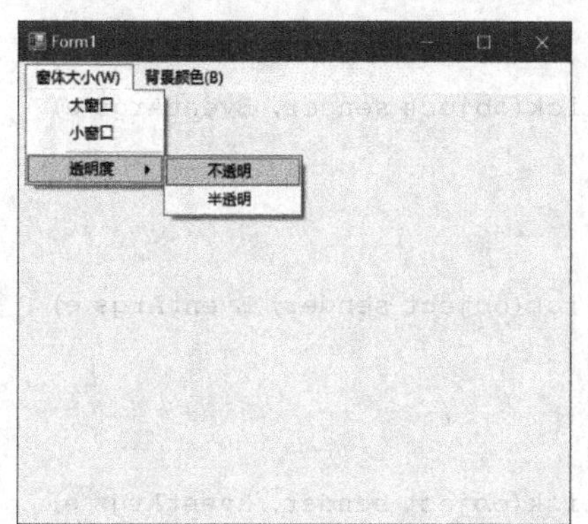

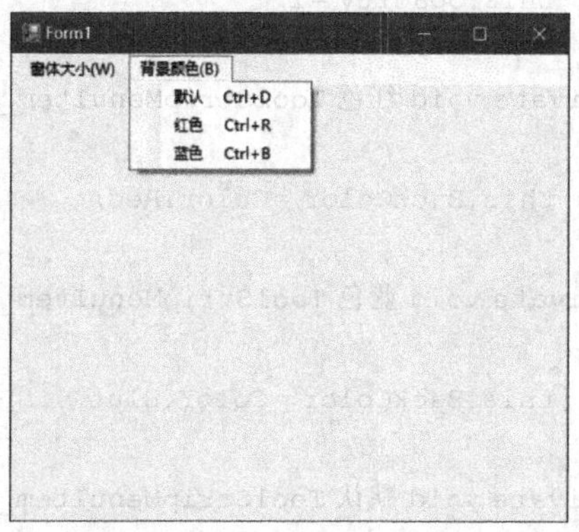

图 6.2 案例 6.1 的运行效果

案例设计步骤如下。

(1) 程序界面和属性设置

创建一个 Windows 应用程序,向窗体添加 MenuStrip 控件,单击"请在此处输入"的区域，输入相应的主菜单、菜单项和子菜单项及分隔线，见图 6.2。菜单项的快捷键是通过 ShortcutKeys 属性设置的。“窗体大小”和“背景颜色”主菜单的热键通过输入 &W 和 &B 设置。

(2) 代码设计

代码如下：

```
Color bgColor;                                    //声明 Color 类型全局变量
private void Form1_Load(object sender, EventArgs e)
{
    bgColor = this.BackColor;                     //保存默认颜色
}
private void 大窗口 ToolStripMenuItem_Click(object sender, EventArgs e)
{
    this.Width = 800;
    this.Height = 600;
}
private void 小窗口 ToolStripMenuItem_Click(object sender, EventArgs e)
{
    this.Width = 400;
    this.Height = 300;
}
private void 半透明 ToolStripMenuItem_Click(object sender, EventArgs e)
{
    this.Opacity = 0.5;
}
private void 不透明 ToolStripMenuItem_Click(object sender, EventArgs e)
{
    this.Opacity = 1;
}
private void 红色 ToolStripMenuItem_Click(object sender, EventArgs e)
{
    this.BackColor = Color.Red;
}
private void 蓝色 ToolStripMenuItem_Click(object sender, EventArgs e)
{
    this.BackColor = Color.Blue ;
}
private void 默认 ToolStripMenuItem_Click(object sender, EventArgs e)
{
    this.BackColor = bgColor;
}
```

(3) 程序运行

按 F5 键运行该应用程序，选择“窗体大小”主菜单下的“大窗口”和“小窗口”菜单项，观察窗体大小的变化;选择"透明度"菜单项中的"不透明"和"半透明"子菜单项,对比窗体的显示效果。选择"背景颜色"主菜单下的"默认""红色""蓝色"菜单项,观察窗体背景颜色。单击各个快捷组合键,观察命令的执行情况。分别按 Alt + W 和 Alt + B 组合键,看能否打开对应的下拉菜单。

2. 快捷菜单(ContextMenu)

快捷菜单也称为弹出式菜单或上下文菜单,通常是由用户右击界面对象后弹出,所以也称右键快捷菜单。快捷菜单和主菜单的属性、事件和方法基本一致,只是快捷菜单没有顶级菜单项。

【案例 6.2】 为案例 6.1 中创建的应用程序添加快捷菜单,程序运行后的结果如图 6.3 所示。用户在窗体上右击,弹出快捷菜单,选择其中的选项,可以改变背景的颜色,并在所选菜单项上打上"◆"标记。

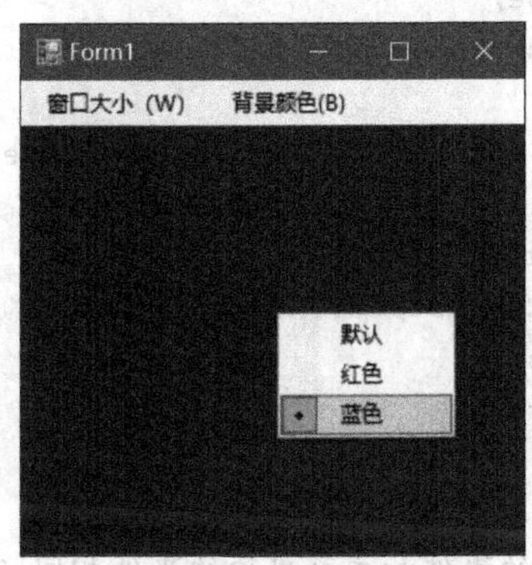

图 6.3 案例 6.2 的运行效果

案例设计步骤如下。

(1) 程序界面和属性设置

从工具箱中选取 ContextMenuStrip 控件并添加到窗体上。单击窗体设计器中的 ContextMenuStrip 控件,会显示提示文本"请在此处输入"。单击此文本,然后输入所需菜单项的名称。属性设置如表 6.3 所示。

表 6.3 案例 6.2 中菜单项属性的设置

Name 属性	Text 属性	CheckState 属性	CheckOnClick 属性
menuD	默认	Indeterminate	true
menuR	红色	Unchecked	true
menuB	蓝色	Unchecked	true

(2) 设计快捷菜单与窗体的关联

在设计视图中选中窗体,在窗体属性面板中选中 ContextMenuStrip 属性,将其属性值设为相应快捷菜单的名称。

(3) 代码设计

代码如下：

```
private void menuD_Click(object sender, EventArgs e)
{
    默认 ToolStripMenuItem_Click(sender, e);
    menuD.CheckState =CheckState.Indeterminate;
    menuR.Checked =false;
    menuB.Checked =false;
}
private void menuR_Click(object sender, EventArgs e)
{
    红色 ToolStripMenuItem_Click(sender, e);
    menuR.CheckState =CheckState.Indeterminate;
    menuD.Checked =false;
    menuB.Checked =false;
}
private void menuB_Click(object sender, EventArgs e)
{
    蓝色 ToolStripMenuItem_Click(sender, e);
    menuB.CheckState =CheckState.Indeterminate;
    menuR.Checked =false;
    menuD.Checked =false;
}
```

注意：如果快捷菜单项的事件和主菜单项的事件相同，可以直接调用主菜单项的事件。

(4) 程序运行

按 F5 键运行该应用程序，在窗体中右击，弹出快捷菜单，选择其中的菜单项，能够达到与主菜单中菜单项一样的效果。

知识点 2 RichTextBox 控件

RichTextBox 控件可以用来输入和编辑文本，该控件和 TextBox 控件有许多相同的属性、事件和方法，但比 TextBox 控件的功能多，除了 TextBox 控件的功能外，还可以设定文字的颜色、字体和段落格式，支持字符串查找功能，支持 rtf 格式等。

RichTextBox 控件常用的属性、事件和方法如表 6.4～表 6.6 所示。

表 6.4 RichTextBox 控件常用的属性

属 性	说 明
Dock	设定控件在窗体中的位置，可以是枚举类型 DockStyle 的成员 None、Left、Right、Top、Bottom 或 Fill，分别表示在窗体的任意位置、左侧、右侧、顶部、底部或充满客户区。在属性面板中，属性 Dock 的值用周边 5 个矩形、中间一个矩形的图形来表示
Anchor	与窗体一起动态调整控件的大小

续表

属 性	说 明
SelectedText	获取或设置 RichTextBox 控件内的选定文本
SelectionLength	获取或设置 RichTextBox 控件中选定文本的字符数
SelectionStart	获取或设置 RichTextBox 控件中选定的文本起始点
SelectionFont	如果已选定文本,获取或设置选定文本字体;如果未选定文本,获取当前输入字符采用字体或设置以后输入字符采用字体
SelectionColor	如果已选定文本,获取或设置选定文本的颜色;如果未选定文本,获取当前输入字符采用的颜色或设置以后输入字符采用的颜色
Modified	指示用户是否已修改控件的内容,为 true 时表示已修改

表 6.5 RichTextBox 控件常用的事件

事 件	说 明
SelectionChange	RichTextBox 控件内的选定文本更改时发生的事件
TextChanged	RichTextBox 控件内的文本内容改变时发生的事件

表 6.6 RichTextBox 控件常用的方法

方 法	说 明
Clear()	清除 RichTextBox 控件中用户输入的所有内容
Copy()	对 RichTextBox 控件进行复制
Cut()	对 RichTextBox 控件进行剪切
Paste()	对 RichTextBox 控件进行粘贴
SelectAll()	选择 RichTextBox 控件内的所有文本
Find()	实现查找功能。从第二个参数指定的位置查找第一个参数指定的字符串,并返回找到的第一个匹配字符串的位置;返回负值,表示未找到匹配字符串。第三个参数指定查找的一些附加条件,可以是枚举类型 RichTextBoxFinds 的成员：MatchCase(区分大小写)、Reverse(反向查找)等。允许有 1～3 个参数
SaveFile()	保存文件,有 2 个参数,第一个参数为保存文件的全路径和文件名;第二个参数是文件类型,可以是纯文本(RichTextBoxStreamType.PlainText),Rtf 格式流(RichTextBoxStreamType.RichText),采用 Unicode 编码的文本流(RichTextBoxStreamType.UnicodePlainText)
LoadFile()	读文件,参数同 SaveFile()方法。注意存取文件的类型必须一致。
Undo()	撤销 RichTextBox 控件的上一个编辑操作
Redo()	重新应用 RichTextBox 控件上次撤销的操作

知识点3 工 具 栏

在许多应用程序中,主菜单的下方有一组按钮,单击这些按钮可以激活最常用的菜单功能,这组按钮被称为“工具栏按钮”,它们所在的区域称为“工具栏”。工具栏中可以包含按钮、标签、下拉按钮、文本框、组合框等工具，可以以文字、图片或文字加图片方式显示这些工具。C# 中实现工具栏的控件是 ToolStrip。

1. 基本属性

ToolStrip 控件常用的属性如表 6.7 所示。

表 6.7　ToolStrip 控件常用的属性

属　性	说　明
Items	在工具栏上显示的工具的集合
ImageSaclingSize	工具栏中的工具显示的图像大小

在 Items 属性面板中可以增加、删除项，也可以调整各项的排列顺序，还可以设置其中每一项的属性。在设计器中选中工具栏中的工具，可以直接在属性面板中设置属性。

2. 工具栏中工具的主要属性和事件

工具栏中工具的主要属性和事件如表 6.8 所示。

表 6.8　工具栏中工具的主要属性和事件

属性和事件	说　明
DisplayStyle	设置工具中图像和文本显示的方式
Image	设置工具上显示的图片
ImageScaling	确定是否调整工具上显示图片的大小
Text	工具上显示的文本
TextImageRelation	工具上图像和文字的相对位置
Click	单击某个工具时，触发该事件

【案例 6.3】 为案例 6.2 中创建的菜单窗体添加一个工具栏，包括用于设置窗口透明度和设置窗口大小的 3 个工具按钮。其中，“透明度”工具为下拉菜单形式，“大”“小”工具为按钮形式，在两组工具之间添加一个分隔线。当用户单击工具栏中的某一工具时，可以执行菜单中的相应命令，程序运行结果如图 6.4 所示。

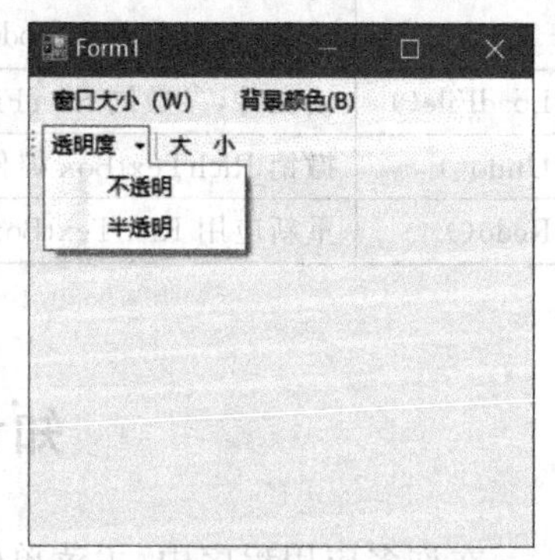

图 6.4　案例 6.3 的运行效果

案例设计步骤如下。

(1) 程序界面和属性设置

向窗体中添加一个工具栏控件 ToolStrip1。打开工具栏中的添加按钮列表，依次选择 1 个 SplitButton(下拉菜单式)工具，1 个 Separator(分隔线)，2 个 Button 工具。按图 6.4 修改 Text 属性，SplitButton(下拉菜单式)工具和 2 个 Button 工具的 DisplayStyle 属性改为 Text。

(2) 代码设计

代码如下：

```
private void 不透明 ToolStripMenuItem1_Click(object sender, EventArgs e)
{
    不透明 ToolStripMenuItem_Click(sender, e);
}
private void 半透明 ToolStripMenuItem1_Click(object sender, EventArgs e)
{
    半透明 ToolStripMenuItem_Click(sender, e);
}
private void toolStripButton1_Click(object sender, EventArgs e)
{
    大窗口 ToolStripMenuItem_Click(sender, e);
}
private void toolStripButton2_Click(object sender, EventArgs e)
{
    小窗口 ToolStripMenuItem_Click(sender, e);
}
```

(3) 程序运行

按 F5 键运行该应用程序，单击相应按钮，实现相应功能。

知识点 4 状 态 栏

状态栏通常放置在窗体底部，用于向用户显示有关应用程序的各种状态信息。例如，Microsoft Word 等字处理程序使用状态栏显示文档是插入状态还是改写状态，以及当前页的页码、行数和字数等信息，如图 6.5 所示。

状态栏控件中可以包含标签、下拉按钮等，在状态栏中经常使用 ToolStripStatusLabel 标签控件显示当前的状态信息，常用的属性如表 6.9 所示。

表 6.9 ToolStripStatusLabel 控件常用的属性

属 性	说 明
Image	获取或设置显示在 ToolStripStatusLabel 上的图像
Name	获取或设置控件的名称
Text	获取或设置要显示在选项上的文本
BorderSides	指定面板边框的显示
BorderStyle	设定面板边框的样式，Flat 表示平面边框，Sunken 表示三维凹陷边框。Text 设定窗格的显示文本
AutoSize	设置是否根据内容自动调整大小
Width	设定窗格的宽度

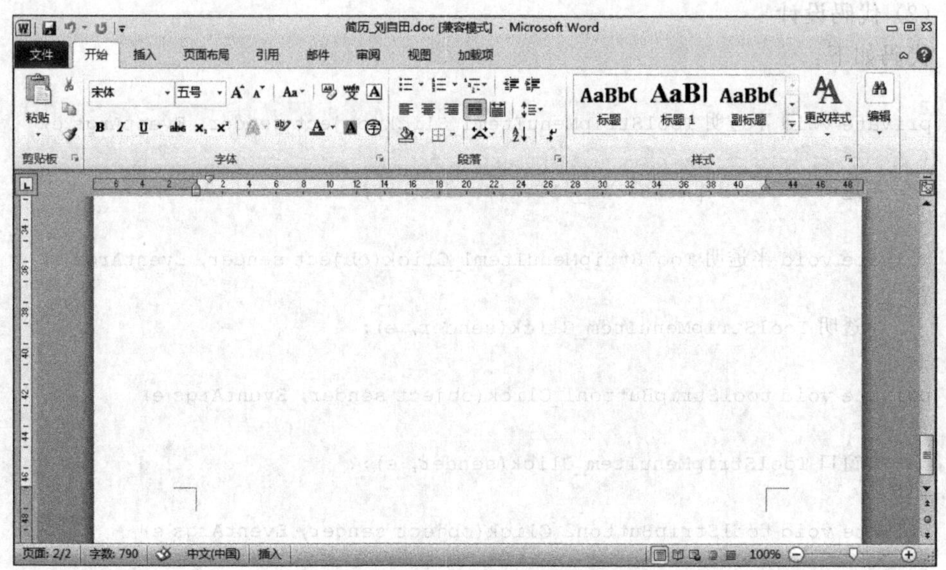

图 6.5　Microsoft Word 中的状态栏(底部)

【案例 6.4】 为案例 6.3 添加一个状态栏,在状态栏中显示当前的系统时间,运行效果如图 6.6 所示。

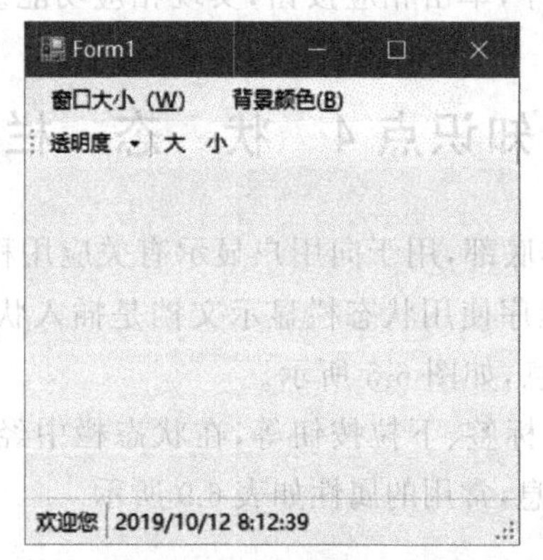

图 6.6　运行效果

案例设计步骤如下。

(1) 程序界面和属性设置

向窗体中添加一个状态栏控件 StatusStrip1,添加 2 个面板 toolStripStatusLabel1 和 toolStripStatusLabel2,将面板 toolStripStatusLabel1 的 Text 属性改为“欢迎您”,BorderSides 属性改为“右”。将面板 toolStripStatusLabel2 的 Name 属性改为 statusTime;在窗体上放上一个 Timer 控件,Enabled 属性设为 true,Interval 属性设为 1000(即 1 秒)。

(2) 代码设计

代码如下：

```
private void Form1_Load(object sender, EventArgs e)
{
    bgColor =this.BackColor;
    statusTime.Text =DateTime.Now.ToString();          //新增代码
}
private void timer1_Tick(object sender, EventArgs e)
{
    statusTime.Text =DateTime.Now.ToString();
}
```

(3) 程序运行

按 F5 键运行该应用程序。

知识点5 对 话 框

Windows 应用程序中有各种类型的对话框。比如 Microsoft Word 中有“打开”“字体”“查找”等对话框。Visual Studio 在工具箱的“对话框”和“打印”选项卡中提供了一组基于 Windows 的标准对话框控件，包括打开(OpenFileDialog)、保存(SaveFileDialog)、颜色(ColorDialog)、字体(FontDialog)等，可方便用户可视化设计。同时 MessageBox 类的消息对话框是一种“轻便”消息对话框，如果交互性要求不是很强，利用它来实现信息提示是非常方便的。

1. 消息框(MessageBox)

消息框用于以窗口方式显示消息，并可接收用户对消息的反应。MessageBox 类提供静态 Show()方法来显示消息对话框。Show()方法是一个重载的方法，一共有 21 个实现版本。下面举例介绍 4 种常见的形式。

(1) 含正文提示的消息框

语法格式：

```
DialogResult MessageBox.Show(string text);
```

text 参数表示要在消息框中显示的文本。

例如，“MessageBox.Show("这里是消息框");”的显示效果如图 6.7 所示

(2) 包含正文、标题的消息框

语法格式：

```
DialogResult MessageBox.Show(string text, string caption);
```

caption 参数表示要在消息框的标题栏中显示的文本。

例如，“MessageBox.Show("你好!","提示信息");”的显示效果如图 6.8 所示。

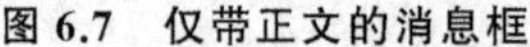
图 6.7　仅带正文的消息框

图 6.8　标题栏中显示文本的消息框

(3) 包含正文、标题和选择按钮的消息框

语法格式：

```
DialogResult MessageBox. Show (string text, string caption, MessageButtons
buttons);
```

buttons 参数用于决定要在对话框中显示哪些按钮，该参数的取值及其作用说明如表 6.10 所示。

表 6.10　MessageBoxButtons 枚举值

成 员 名 称	说　明
OK	消息框包含“确定”按钮
OKCancel	消息框包含“确定”和“取消”按钮
AbortRetryIgnore	消息框包含“终止”“重试”和“忽略”按钮
YesNOCancel	消息框包含“是”“否”和“取消”按钮
YesNO	消息框包含“是”和“否”按钮
RetryCancel	消息框包含“重试”和“取消”按钮

例如，“MessageBox. Show("您确定要删除当前记录吗?","提示信息",MessageBoxButtons. YesNo);”的显示效果如图 6.9 所示。

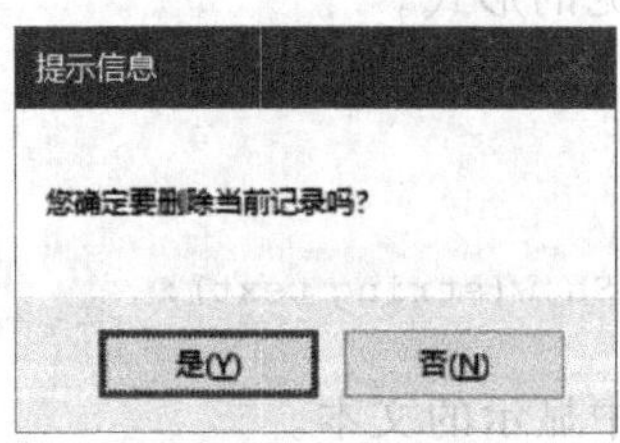

图 6.9　带选择按钮的消息框

(4) 包含正文、标题、选择按钮和提示图标的消息框

语法格式：

```
DialogResult MessageBox. Show (string text, string caption, MessageButtons
buttons,MessageBoxIcon icon);
```

MessageBoxIcon 用于指定消息框上的图标，其可取值及含义如表 6.11 所示。

表 6.11 MessageBoxIcon 的成员

成　员	说　　明
None	消息框未包含符号
Hand	该消息框包含一个符号，该符号是由一个红色背景的圆圈及其中的白色 X 组成的
Question	该消息框包含一个符号，该符号是由一个圆圈和其中的一个问号组成的
Exclamation	该消息框包含一个符号，该符号是由一个黄色背景的三角形及其中的一个感叹号组成的
Asterisk	该消息框包含一个符号，该符号是由一个圆圈及其中的小写字母 i 组成的
Stop	该消息框包含一个符号，该符号是由一个红色背景的圆圈及其中的白色 X 组成的
Error	该消息框包含一个符号，该符号是由一个红色背景的圆圈及其中的白色 X 组成的
Warning	该消息框包含一个符号，该符号是由一个黄色背景的三角形及其中的一个感叹号组成的
Information	该消息框包含一个符号，该符号是由一个圆圈及其中的小写字母 i 组成的

例如，"MessageBox. Show ("您确定要删除当前记录吗?","提示信息", MessageBoxButtons.YesNo，MessageBoxIcon.Question)；"的显示效果如图 6.10 所示。

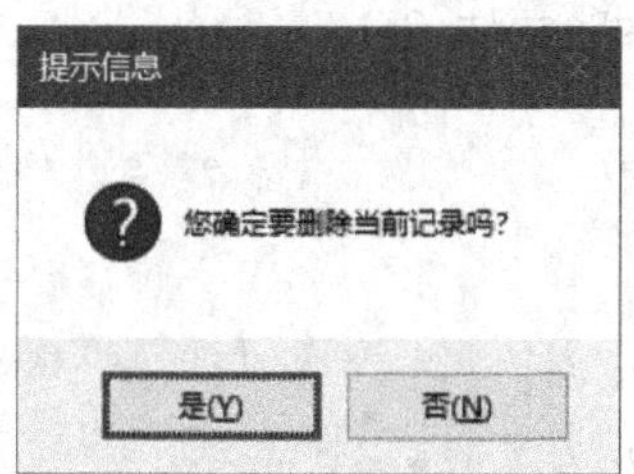

图 6.10 带提示图标的消息框

(5) 消息框的返回值

在消息对话框有按钮时，用户可以通过单击按钮完成相应操作。例如，在退出提示框中单击"是"按钮程序将退出，单击"否"按钮程序将继续运行，这些单击操作可以通过 DialogResult 类型的返回值来判断。DialogResult 类型的成员如表 6.12 所示。

表 6.12 DialogResult 类型的成员

成员名称	说　明
OK	用户单击了"确定"按钮
Cancel	用户单击了"取消"按钮
Abort	用户单击了"终止"按钮
Retry	用户单击了"重试"按钮
Ignore	用户单击了"忽略"按钮
Yes	用户单击了"是"按钮
No	用户单击了"否"按钮

【案例 6.5】 为案例 6.4 的消息框添加功能，当用户关闭窗体时，弹出确认关闭消息框，该消息框包含“确定”和“取消”按钮，并根据用户的选择执行不同的操作。运行效果如图 6.11 所示。

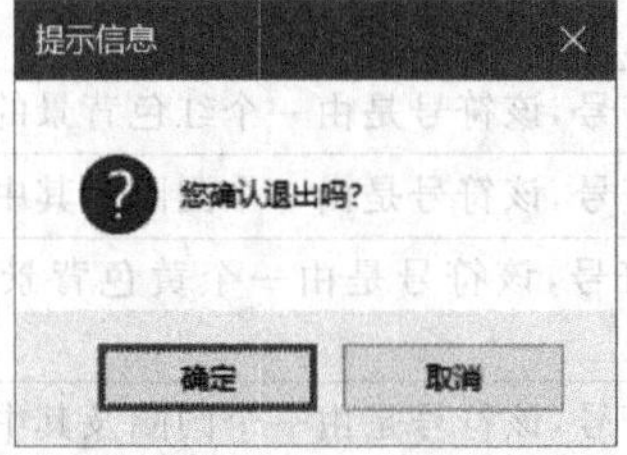

图 6.11 案例 6.5 的运行效果

在窗体的 FormClosing 事件处理程序中添加如下代码：

```
privatevoid Login_FormClosing(object sender, FormClosingEventArgs e)
{
    DialogResult result = MessageBox.Show("您确认退出吗?", "提示信息",
    MessageBoxButtons.OKCancel, MessageBoxIcon.Question);
     if (result ==DialogResult.OK)
     {
         e.Cancel =false;
     }
     else
     {
         e.Cancel =true;
     }
}
```

说明：

(1) 当用户关闭窗体时，将触发窗体的 FormClosing 事件。

(2) 在 FormClosing 事件处理程序中判断消息框的返回值，若返回值为 DialogResult.OK，则窗体关闭，否则窗体不关闭。

(3) 在 FormClosing 事件处理方法中有一个 FormClosingEventArgs 类型的参数 e，可以通过设置 e.Cancel=true 取消事件，阻止窗体关闭。

2. OpenFileDialog 控件

OpenFileDialog 控件用来选择要打开的文件路径及文件名。

(1) 常用属性

① FileName：返回对话框中所选文件的文件名(含路径)。

② InitialDirectory：打开的对话框中首先显示该属性指定的文件夹中的文件。例如：

```
openFileDialog1.InitialDirectory ="D:\\";          //对话框打开的默认目录为 D 盘
```

③ Filter：选择在对话框中显示的文件类型。Filter 属性可以有多项，中间用“|”分开。每两项是一组，每组的第一项将出现在对话框保存类型下拉列表中，供用户选择；第二项表示如第一项被选中，对话框实际列出的文件。例如：

```
Filter="纯文本文件(*.txt)|*.txt|所有文件(*.*)|*.*";
```

表示打开的对话框的“文件类型”下拉列表中有两项：纯文本文件(*.txt)和所有文件(*.*)，供用户选择。如果从文件类型下拉列表中选中“纯文本文件(*.txt)”，表示打开对话框后只列出所有扩展名为.txt 的文件；如果选中“所有文件(*.*)”，表示打开对话框后将列出所有文件。

④ FilterIndex：表示打开的对话框的“文件类型”下拉列表中首先被选中项的索引号。可以在设计阶段在属性面板中修改 FilterIndex 属性和 Filter 属性，也可以在程序中用下列语句修改：

```
openFileDialog1.Filter="纯文本文件(*.txt)|*.txt|所有文件(*.*)|*.*";
openFileDialog1.FilterIndex=1
```

(2) 常用方法

ShowDialog()：打开对话框，并根据方法的返回值确定用户单击了哪个按钮。如果用户单击了“取消”按钮，则返回 DialogResult.Cancel；用户单击了“打开”或“保存”按钮，则返回 DialogResult.OK。

3. SaveFileDialog 控件

SaveFileDialog 控件用来选择要存储文件的路径及文件名。它与 OpenFileDialog 控件的属性和方法基本相同，除此之外还有 OverWritePrompt 属性，该属性表示在对已有的文件进行覆盖时是否给予提示，默认值为 true。

4. FontDialog 控件

FontDialog 控件可以创建“字体”对话框。

(1) 常用属性

① Font：设置或获取“字体”对话框的字体。

② Color：设置或获取“字体”对话框的颜色。

③ ShowColor：可取 true 或 false 两种值，以便决定在选择字体的同时能否选择颜色。

④ ShowApply：可取 true 或 false 两种值，以便决定是否显示“应用”按钮。

(2) 常用方法

ShowDialog()：显示对话框。当用户单击“确定”按钮时，对话框返回的结果为 DialogResult.Ok；当单击“取消”按钮时，返回的结果为 DialogResult.Cancel。

5. ColorDialog 控件

ColorDialog 控件可以设置字体的颜色，使用方法与 FontDialog 控件类似。

常用属性如下。

① AllowFullOpen：是否允许启用“用户自定义颜色”按钮，默认值为 true。

② Color：设置或获取选中的颜色。

【案例 6.6】 选择“打开”菜单项，打开“打开”对话框，该对话框允许一次打开一个文件，并将使用选定文件的默认关联程序打开文件，窗口标题栏中会显示该文件的完整路径及文件名；选择“退出”菜单项，提示“是否关闭应用程序？”，选择“是”关闭应用程序；选择“字体”菜单项，将打开“字体”对话框，单击“确定”按钮，将选中字体应用于窗口显示的文本内容；选择“颜色”菜单项，设置窗口标题栏中字体的颜色。程序运行效果如图 6.12 所示

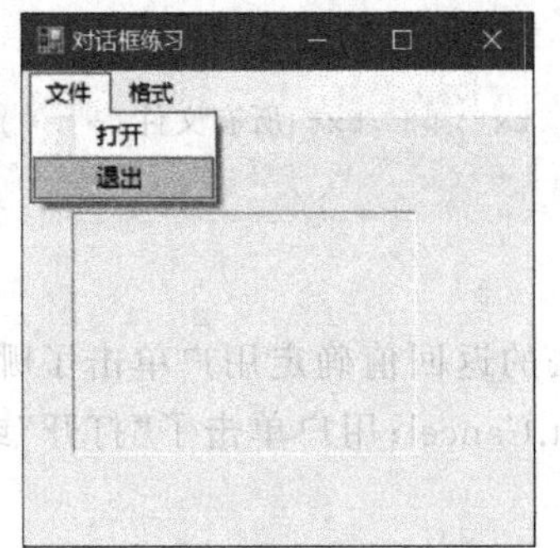

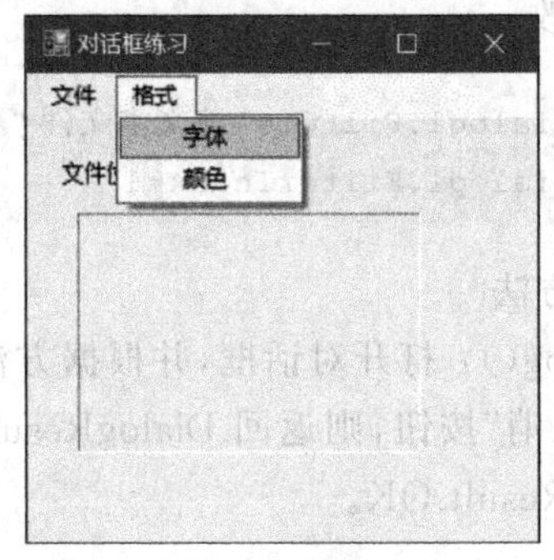

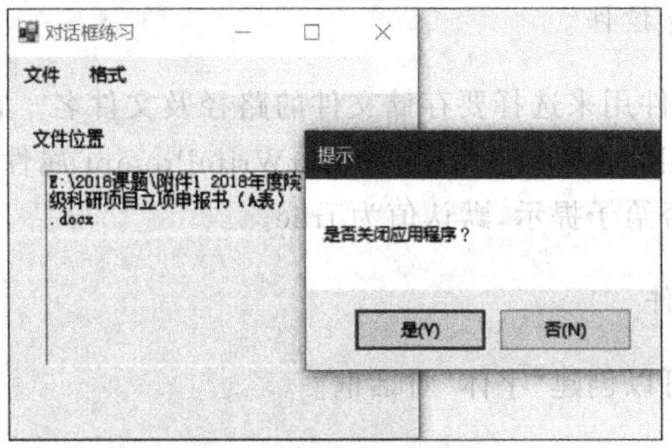

图 6.12 程序的运行效果

案例设计步骤如下。

(1) 程序界面和属性设置

向窗体中添加菜单、“打开”对话框、“字体”对话框、“颜色”对话框和两个标签控件，设计界面如图 6.13 所示，按该图设置一些控件的 Text 属性。第 2 个标签控件 label2 的 AutoSize 属性设为 false，BorderStyle 属性设为 Fixed3D。

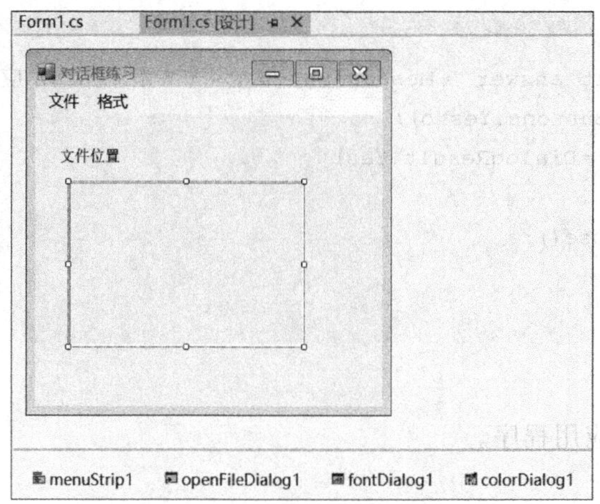

图 6.13　案例 6.6 的设计界面

（2）代码设计

代码如下：

```
private void 打开 ToolStripMenuItem_Click(object sender, EventArgs e)
{
    openFileDialog1.InitialDirectory ="d:\\";
    openFileDialog1.Filter ="word 文件| * .doc; * .docx |所有文件| * . * ";
    if (openFileDialog1.ShowDialog() ==DialogResult.OK)
    {
        label2.Text =openFileDialog1.FileName;
    }
}
private void 字体 ToolStripMenuItem_Click(object sender, EventArgs e)
{
    fontDialog1.Font =label2.Font;
    fontDialog1.Color =label2.ForeColor;
    if (fontDialog1.ShowDialog() ==DialogResult.OK)
    {
        label2.Font =fontDialog1.Font;
        label2.ForeColor =fontDialog1.Color;
    }
}
private void 颜色 ToolStripMenuItem_Click(object sender, EventArgs e)
{
    if (colorDialog1.ShowDialog() ==DialogResult.OK)
    {
        label2.ForeColor =colorDialog1.Color;
    }
}
private void 退出 ToolStripMenuItem_Click(object sender, EventArgs e)
```

```
{
    DialogResult answer = MessageBox.Show("是否关闭应用程序", "提示",
    MessageBoxButtons.YesNo);
    if (answer ==DialogResult.Yes)
    {
        this.Close();
    }
}
```

(3) 程序运行

按 F5 键运行该应用程序。

任务 菜单栏设计

1. 任务要求

程序运行效果如图 6.14 所示。

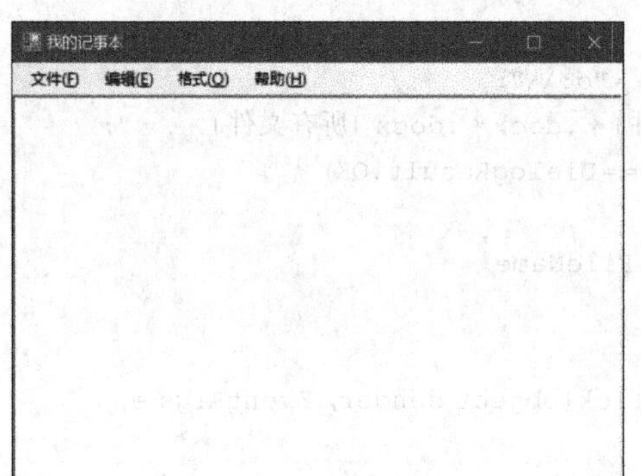

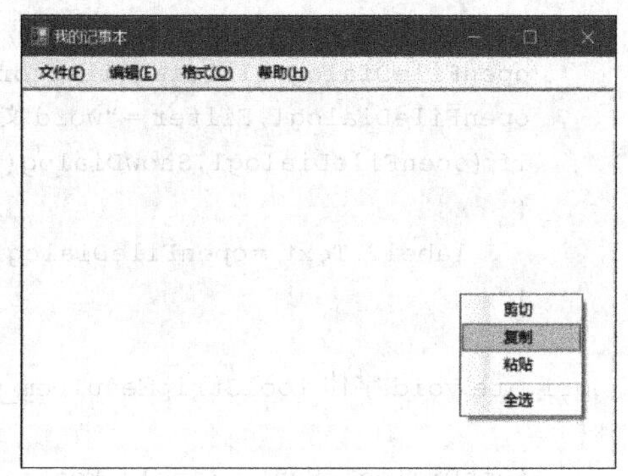

图 6.14 菜单栏设计任务的运行效果

(1) 界面要求:①主菜单界面设计。②快捷菜单界面设计。③RichTextBox 设计。

(2) 功能要求:①实现主菜单项的编辑功能。②实现快捷菜单功能。③实现“文件”菜单下的退出功能。

2. 任务实施

(1) 程序界面和属性设计

创建一个项目,在 Form1 窗体中添加 1 个 MenuStrip 控件、1 个 RichTextBox 控件和 1 个 ContextMenuStrip 控件,设计界面如图 6.15 所示。Form1 窗体的 Text 属性改为“我的记事本”;RichTextBox 控件的 ContextMenuStrip 属性设为 contextMenuStrip1,Anchor 属性设为“Top, Bottom, Left, Right”。

主菜单项的属性设置如表 6.13 所示。

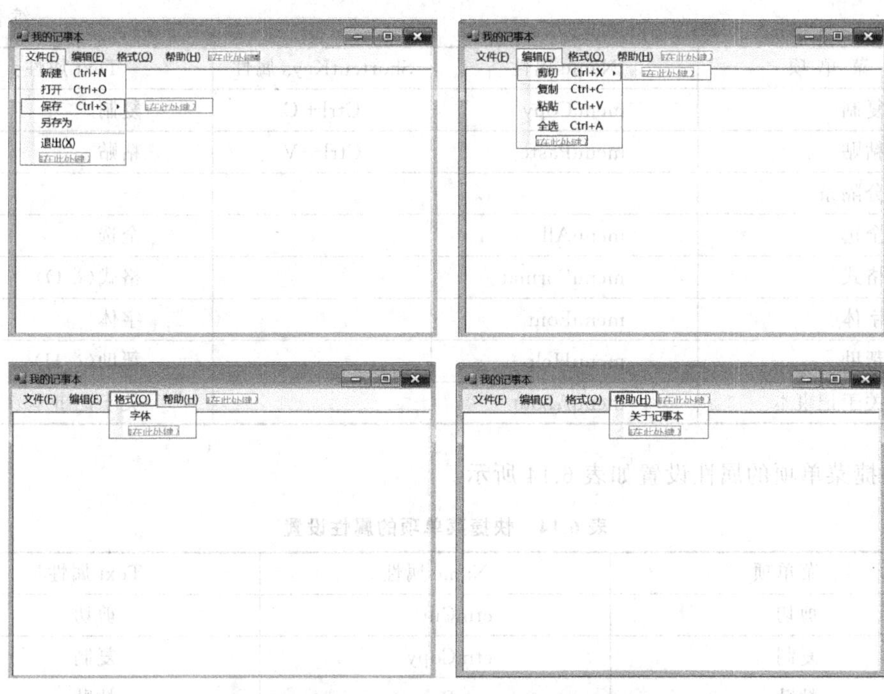

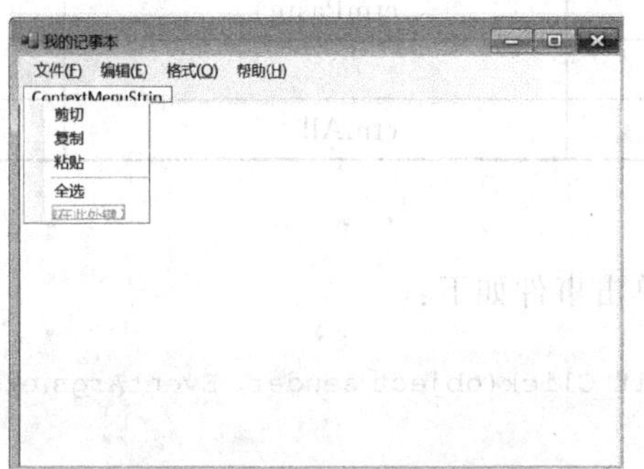

图 6.15　菜单栏设计任务的设计界面

表 6.13　主菜单项的属性设置

菜 单 项	Name 属性	ShortcutKeys 属性	Text 属性
文件	menuFile	Ctrl+N	文件(&F)
新建	menuNew	Ctrl+O	新建
打开	menuOpen	Ctrl+S	打开
保存	menuSave		保存
另存为	menuSaveAs		另存为
分隔条			—
退出	menuExit		退出(&X)
编辑	menuEdit		编辑(&E)
剪切	menuCut	Ctrl+X	剪切

续表

菜 单 项	Name 属性	ShortcutKeys 属性	Text 属性
复制	menuCopy	Ctrl+C	复制
粘贴	menuPaste	Ctrl+V	粘贴
分隔条			—
全选	menuAll		全选
格式	menuFormat		格式(&O)
字体	menuFont		字体
帮助	menuHelp		帮助(&H)
关于记事本	menuAbout		关于记事本

快捷菜单项的属性设置如表 6.14 所示。

表 6.14 快捷菜单项的属性设置

菜单项	Name 属性	Text 属性
剪切	ctmCut	剪切
复制	ctmCopy	复制
粘贴	ctmPaste	粘贴
分隔条		—
全选	ctmAll	全选

(2) 代码设计

① “退出”菜单项的单击事件如下：

```
private void menuExit_Click(object sender, EventArgs e)
{
    Application.Exit();
}
```

② “编辑”菜单项的单击事件如下：

```
private void menuCut_Click(object sender, EventArgs e)
{
    richTextBox1.Cut();
}
private void menuCopy_Click(object sender, EventArgs e)
{
    richTextBox1.Copy();

private void menuPaste_Click(object sender, EventArgs e)
{
    richTextBox1.Paste();
```

```
}
private void menuAll_Click(object sender, EventArgs e)
{
    richTextBox1.SelectAll();
}
```

③ 快捷菜单中的菜单项的单击事件如下：

```
private void cmsCut_Click(object sender, EventArgs e)
{
    menuCut_Click(sender, e);
}
private void cmsCopy_Click(object sender, EventArgs e)
{
    menuCopy_Click(sender, e);
}
private void cmsPaste_Click(object sender, EventArgs e)
{
    menuPaste_Click(sender, e);
}
private void cmsAll_Click(object sender, EventArgs e)
{
    menuAll_Click(sender, e);
}
```

(3) 执行程序

按 F5 键或单击工具栏上的“启动调试”按钮，程序开始运行。

任务 工具栏和状态栏设计

1. 任务要求

程序的运行效果如图 6.16 所示。

(1) 界面要求：①工具栏界面设计。②状态栏界面设计。

(2) 功能要求：①工具栏代码实现。②状态栏代码实现。

2. 任务实施

(1) 程序界面和属性设计

① 打开“我的记事本”程序，在窗体中添加 1 个工具栏控件(ToolStrip)，利用工具栏中的 Items 属性添加所需要的工具，在工具栏中打开下拉列表可选择要添加的类型。依次添加 3 个工具按钮(Button)、1 个分割条(Seperator)、1 个工具按钮(Button)。设置按

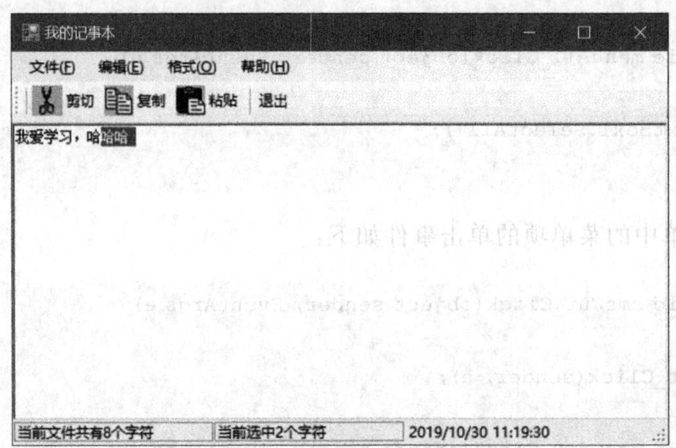

图 6.16 程序的运行效果

钮的 Text 属性值和 Image 属性，如表 6.15 所示。

表 6.15 工具栏菜单项属性的设置

工具栏工具	Name 属性	DisplayStyle 属性	Image 属性	Text 属性
剪切	tsbCut	ImageAndText		剪切
复制	tsbCopy	ImageAndText		复制
粘贴	txtPaste	ImageAndText		粘贴
退出	tsbExit	Text		退出

② 接着添加一个状态栏控件(StatusStrip)。在状态栏中添加 3 个状态标签，设置 Name 属性分别为 lblSCountAll、lblSCountSelection 和 lblSTime。其中，lblSCountAll 状态标签表示当前文本的字符数，Text 属性设置为当前文本共有 0 个字符；lblSCountSelection 状态标签显示当前文本选择的字符数，Text 属性设置为当前选中 0 个字符；lblSTime 状态标签用于程序运行时显示系统时间，Text 属性设置为系统时间。

③ 添加一个计时器组件(Timer)，用于控制显示时间，设置计时器的 Enabled 属性为 true，Interval 属性为 1000 毫秒。

(2) 代码设计

① 工具栏工具的事件调用相应菜单项的单击事件。

```
private void tsbCut_Click(object sender, EventArgs e)
{
    menuCut_Click(sender, e);
}
private void tsbCopy_Click(object sender, EventArgs e)
```

```
{
    menuCopy_Click(sender, e);
}
private void tsbPaste_Click(object sender, EventArgs e)
{
    menuPaste_Click(sender, e);
}
private void tsbExit_Click(object sender, EventArgs e)
{
    menuExit_Click(sender, e);
}
```

② 编写 richTextBox1 相关事件的代码。

```
//文本内容发生改变
private void richTextBox1_TextChanged(object sender, EventArgs e)
{
    int length =richTextBox1.Text.Length;
    lblSCountAll.Text ="当前文件共有" +length +"个字符";
}
//选择的内容发生改变
private void richTextBox1_SelectionChanged(object sender, EventArgs e)
{
    int le =richTextBox1.SelectionLength;
    lblSCountSelection.Text ="当前选中" +le +"个字符";
}
```

③ 显示当前的系统时间。

```
private void Form1_Load(object sender, EventArgs e)
{
    lblSTime.Text =DateTime.Now.ToString();
}
private void timer1_Tick(object sender, EventArgs e)
{
    lblSTime.Text =DateTime.Now.ToString();
}
```

(3) 执行程序

按 F5 键或单击工具栏上的“启动调试”按钮,程序开始运行。

任务　对话框设计

1. 任务要求

本任务的运行效果如图 6.17 所示。

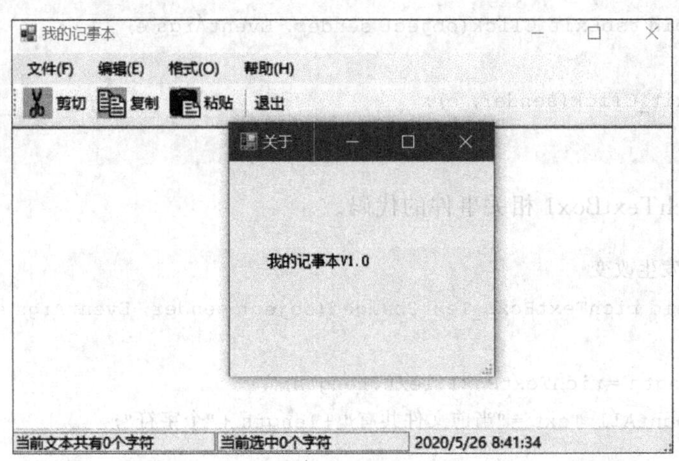

图 6.17　设计的对话框的运行效果

功能要求：①完成“文件”菜单下“新建”“打开”“保存”“另存为”等菜单项。②完成“格式”菜单下“字体”菜单项。③完成“帮助”菜单下“关于记事本”菜单项。④编写窗体的 FormClosing 事件的代码。

2. 任务实施

(1) 程序界面和属性设计

① 在解决方案资源管理器的“我的记事本”项目上右击，从弹出的快捷菜单中，选择“添加”→“Windows 窗体”菜单项，添加一个 About 窗体，并修改窗体的 Text 属性为“关于”。在 About 窗体中添加一个 Label 控件，设置其 Text 属性为“我的记事本 V1.0”，如图 6.18 所示。当单击“帮助”→“关于记事本”菜单项时，将弹出 About 窗体。

图 6.18　About 窗体界面

② 接着在 Form1 窗体中分别拖入 1 个 FontDialog 控件、OpenFileDialog 控件、SaveFileDialog 控件。

(2) 代码设计

① 声明全局变量。

```
string filename="";
```

② 编写"帮助"→"关于记事本"菜单项单击事件的代码。

```
private void menuAbout_Click(object sender, EventArgs e)
{
    About about =new About();
    about.ShowDialog();                          //模式对话框
}
```

③ 当 Form1 窗体关闭时，若文本显示区的内容被编辑过，系统会弹出消息提示框。实现此功能需要为 Form1 窗体的 Closing 事件添加如下代码：

```
private void Form1_FormClosing(object sender, FormClosingEventArgs e)
{
    if (richTextBox1.Modified)              //如果富文本框内容被修改过
    {
        DialogResult result =MessageBox.Show("确定要退出吗?", "我的记事本",
        MessageBoxButtons.OKCancel, MessageBoxIcon.Question);
        if (result ==DialogResult.Cancel)
        {
            e.Cancel =true;
        }
    }
}
```

④ "文件"菜单下的打开菜单项的单击事件的代码如下。

```
private void menuOpen_Click(object sender, EventArgs e)
{
    openFileDialog1.InitialDirectory ="c:\\";
    openFileDialog1.Filter ="txt files(*.txt)|*.txt|all files(*.*)|*.
    *";
    openFileDialog1.FilterIndex =1;
    if (openFileDialog1.ShowDialog() ==DialogResult.OK)
    {
        richTextBox1.LoadFile(openFileDialog1.FileName, RichTextBoxStreamType.
        PlainText);
        filename =openFileDialog1.FileName;
        this.Text =openFileDialog1.FileName +"--我的记事本";
    }
}
```

⑤ 声明一个"保存文件"对话框的方法。

```
private void SaveToFile()
{
    saveFileDialog1.InitialDirectory ="c:\\";
```

```
    saveFileDialog1.Filter ="txt files(*.txt)|*.txt|all files(*.*)|*.*";
    saveFileDialog1.FilterIndex =1;
    if (saveFileDialog1.ShowDialog() ==DialogResult.OK)
    {
        richTextBox1. SaveFile ( saveFileDialog1. FileName,  RichTextBoxStreamType.
        PlainText);
        filename =saveFileDialog1.FileName;
        richTextBox1.Modified =false;
                                   //保存过文件,设置富文本框的Modified属性为未修改
        this.Text =saveFileDialog1.FileName +"--我的记事本";
    }
}
```

⑥ “文件”菜单下的“保存”和“另存为”菜单项的单击事件的代码如下：

```
private void menuSave_Click(object sender, EventArgs e)
{
    if (filename ==null || filename =="")
    { SaveToFile(); }
    else
    {
        richTextBox1.SaveFile(filename, RichTextBoxStreamType.PlainText);
    }
}
private void menuSaveAs_Click(object sender, EventArgs e)
{
    SaveToFile();
}
```

⑦ “文件”菜单下的“新建”菜单项的单击事件的代码如下：

```
private void menuNew_Click(object sender, EventArgs e)
{
    if (richTextBox1.Modified)
    {
        DialogResult result = MessageBox.Show ( "要保存文件吗", "提示",
        MessageBoxButtons.OKCancel, MessageBoxIcon.Question);
        if (result ==DialogResult.OK)
        {
            SaveToFile();
        }
        richTextBox1.Clear();
```

```
            this.Text ="无标题——我的记事本";
        }
    }
```

⑧ “格式”菜单下的“字体”菜单项的单击事件的代码如下：

```
    private void menuFont_Click(object sender, EventArgs e)
    {
        fontDialog1.ShowColor =true;
        fontDialog1.Font =richTextBox1.SelectionFont;
        fontDialog1.Color =richTextBox1.SelectionColor;
        if (fontDialog1.ShowDialog() ==DialogResult.OK)
        {
            richTextBox1.SelectionFont =fontDialog1.Font;
            richTextBox1.SelectionColor =fontDialog1.Color;
        }
    }
```

(3) 执行程序。

按 F5 键或单击工具栏上的“启动调试”按钮，程序开始运行。

拓展知识点 MDI(多文档界面)

(1) 单文档界面(SDI)：在应用程序中一次只能打开一个文件。如已有一个文件，在同一记事本应用程序中不允许创建第二个文本文件，如图 6.19 所示。

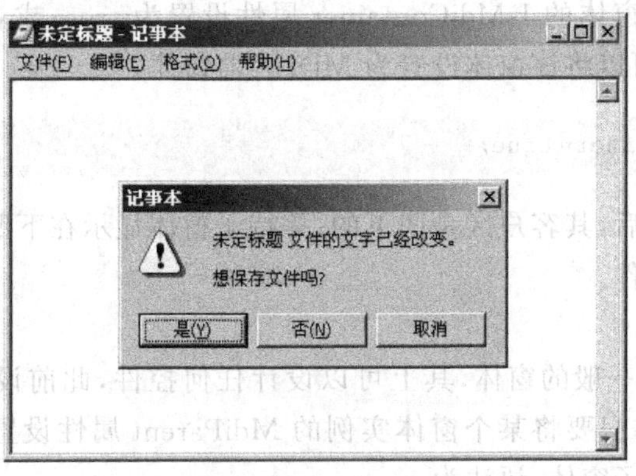

图 6.19 SDI 示例

(2) 多文档界面(MDI)：在应用程序中可以同时打开多个文件。

C#允许在单个容器窗体中创建包含多个子窗体的多文档界面(MDI)。MDI 的典型例子是 Microsoft Office 中的 Word 和 Excel，它们允许用户同时打开多个文档，每个文档占用一个窗体，用户可以在不同的窗体间切换，如图 6.20 所示。

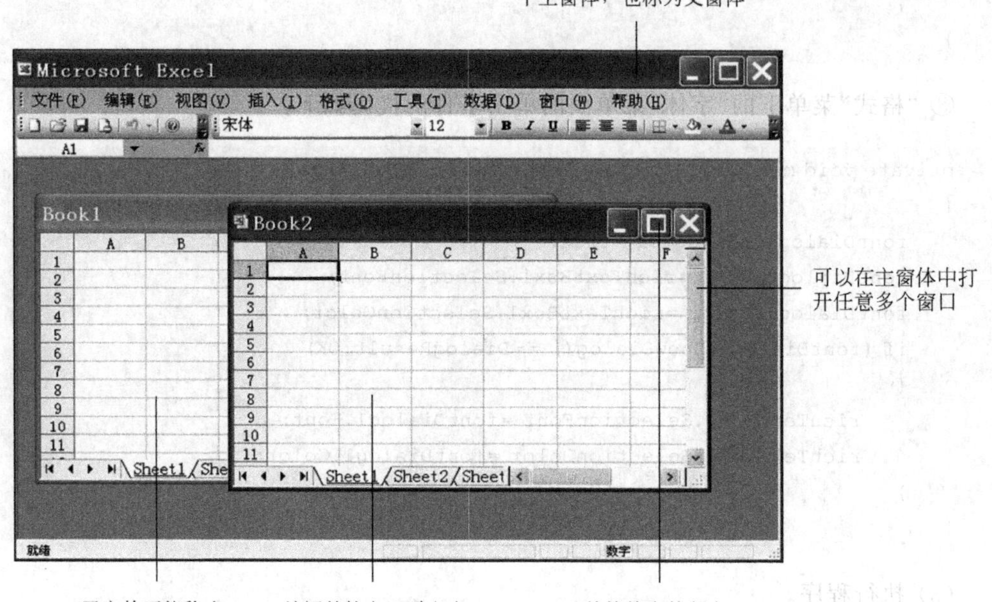
MDI应用程序中首先有一个主窗体，也称为父窗体
Microsoft Excel
文件(F) 编辑(E) 视图(V) 插入(I) 格式(O) 工具(T) 数据(D) 窗口(W) 帮助(H)
Book1
Book2
可以在主窗体中打开任意多个窗口
子窗体不能移出主窗体的范围
关闭其他窗口时主窗体不关闭，关闭主窗体时所有窗口都关闭
其他的窗体都在主窗体中打开

图 6.20 MDI 示例

1. 创建 MDI 的步骤

(1) MDI 容器窗体

在属性面板中将窗体的 IsMdiContainer 属性设置为 true;或者在窗体的 Load 事件中加入以下语句,都可以将该窗体设置为 MDI 容器窗体。

```
this.IsMdiContainer=true;
```

容器窗体在显示后,其客户区是凹下的,等待子窗体显示在下凹区。不要在容器窗体的客户区设计任何控件。

(2) MDI 子窗体

MDI 子窗体就是一般的窗体,其上可以设计任何控件,此前设计过的任何窗体都可以作为 MDI 子窗体。只要将某个窗体实例的 MdiParent 属性设置为一个 MDI 父窗体,它就是那个父窗体的子窗体,语法为:

```
窗体实例名.MdiParent=父窗体对象;
```

例如,下面一段代码是在一个 MDI 父窗体的某个事件处理程序中创建一个子窗体实例 formChild1,并将其显示在 MDI 父窗体的客户区中:

```
FormChild formChild1=new FormChild();
formChild1.MdiParent=this;
formChild1.Show();
```

其中,窗体类 FormChild 是一个一般的普通窗体。

2. 子窗体在 MDI 父窗体中的排列

父窗体的 LayoutMdi 方法可以改变子窗体在 MDI 父窗体中的排列方式,该方法的参数是一个 MdiLayout 类型的枚举值,通过这些枚举值来指定子窗体以何种形式排列在父窗体的工作区之中。MdiLayout 类型的枚举值如表 6.16 所示。

表 6.16 MdiLayout 类型的枚举值

枚举值	含义
ArrangeIcons	所有的子窗体均排列在 MDI 父窗体工作区之中
Cascade	所有的子窗体均层叠在 MDI 父窗体工作区之中
TileHorizontal	所有的子窗体均水平平铺在 MDI 父窗体工作区之中
TileVertical	所有的子窗体均垂直平铺在 MDI 父窗体工作区之中

例如,在 MDI 父窗体中有 this.LayoutMdi(MdiLayout.TileHorizontal)语句,则该窗体中的所有子窗体将被水平平铺在它的工作区中。

小 结

本单元对 Windows 应用程序中使用的菜单控件、工具栏控件、状态栏控件和对话框进行了详细的介绍,并介绍了高级控件 RichTextBox。

同步实训和拓展实训

1. 实训目的

掌握菜单栏、工具栏和状态栏的创建过程,熟练掌握消息框、“字体”对话框、“打开文件”对话框的使用。

2. 实训内容

同步实训:设计一个点餐程序,程序运行效果如图 6.21 所示。

拓展实训:仿照 Windows 自带的记事本,拓展本单元中的“我的记事本”项目。

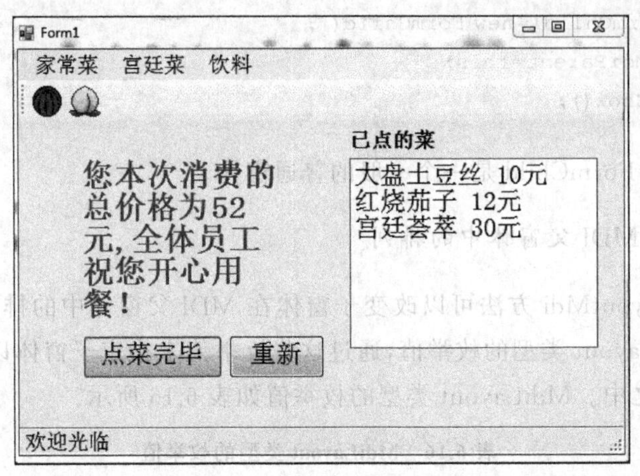

图 6.21 同步实训的运行效果

习 题 6

一、选择题

1. 在 C#.NET 中用来创建主菜单的对象是(　　)。

A. Menu　　B. MenuItem　　C. MenuStrip　　D. Item

2. 下面所列举的应用程序中,不是多文档应用程序的是(　　)

A. Word　　B. Excel　　C. PowerPoint　　D. 记事本

3. 创建菜单热键时,需在菜单标题的字母前添加的符号是(　　)。

A. !　　B. #　　C. $　　D. &

4. MessegeBox.Show(Text,Title,Buttons,Icon,Default)方法中,修改消息框的标题可以设置的参数是(　　)。

A. Text　　B. Title　　C. Buttons　　D. Icon

5. 消息框的按钮显示为"是"和"否",应将 Buttons 设置为(　　)。

A. MessngeBoxButtons.OKCancel　　B. MessageBoxButtons.YesNoCancel

C. MessageBoxButtons.YesNoCancel　　D. MessageBoxButtons.YesNo

二、填空题

1. 在 C#.NET 中,窗体父子关系通过________窗口来创建。

2. ________控件又称为菜单控件,主要用来设计程序的菜单栏。

3. 在 C#程序中,要显示一个信息为"This is a test!"、标题为"Hello"的消息框,代码是________。

项目4

贪吃蛇游戏

项目描述

贪吃蛇游戏是一款经典的游戏。贪吃蛇游戏玩起来非常简单，很容易上手。贪吃蛇会随着吃的食物慢慢变长，当蛇碰到自身或者墙壁时游戏结束。

1. 正常运行

一条蛇在密闭的围墙内朝一定的方向移动，在围墙内随机出现一个食物，通过操作键盘上的4个方向键控制蛇向上、下、左、右4个方向移动。蛇头撞到食物，则食物被吃掉，这时蛇的身体增长一节，同时分数增加，然后场地内又会随机出现一个食物，等待被蛇吃掉。在蛇移动过程中，蛇头撞到场地的墙壁或撞到自己的身体时，游戏结束。

2. 暂停和继续游戏

在程序正常运行过程中，可以通过"暂停"菜单项使游戏暂停，同时菜单项变成"继续"；要想继续运行游戏时，通过"继续"菜单项使游戏继续，同时菜单项又变成了"暂停"。

3. 设置游戏级别

本游戏设置了菜鸟、入门、高手、大神4个级别，级别越高，难度越大，蛇的移动速度也会更快。

任务分解

本项目共分解为5个任务：食物类设计；块类设计；蛇类设计；场地类设计和界面类设计。

单元 7

面向对象编程基础

Unit 7

工作任务

本单元完成食物类设计和块类设计两个任务。

学习目标

- 了解面向对象程序设计的基本概念
- 掌握类与对象的使用
- 掌握字段、属性的声明和使用
- 掌握构造函数的使用和重载
- 掌握方法的声明、使用及重载
- 熟悉方法的参数类型
- 掌握简单的绘图方法

知识要点

- 面向对象的基本概念
- 类的定义和对象的创建
- 类的成员
- 构造函数
- 方法
- 方法参数的传递
- 方法的重载
- 静态成员
- 绘图

典型案例

- 矩形类的声明和调用
- 用方法求圆的面积和周长
- 通过方法重载求两个数的和
- 求图形个数

知识点 1 面向对象的基本概念

C＃是一种安全、稳定的面向对象的语言。面向对象的程序设计方法总体思路是：将数据及处理这些数据的操作都封装(Encapsulation)到一个称为类(Class)的模型中，在程序中使用的是类的实例——对象。

1. 对象

生活中面对的一切事物，比如长城、天安门及街上看到的汽车等都是对象，对象是具体且客观存在的，而不是抽象的。比如，足球运动员马拉多纳、贝利都是具体的人，但只说"足球运动员"就不具体，而是一种抽象的概念。我们在窗体中使用的某个控件也是对象，比如窗体中使用了一个名为 Label1 的标签控件是指一个具体的对象；而 Label 控件本身就不是一个具体的对象，它是抽象的。

2. 类

现实生活中的对象往往可以根据共性对其进行归类，通常把一组具有共同特征和行为的相似对象归为一类。例如，鱼类是一个类，它们的共性为有脊椎，终生生活在水里，用鳃呼吸，用鳍游泳等。一条具体的鱼则是一个对象。在程序设计中，把一组相似对象的共同特征抽象出来并存储在一起，就形成了类。每条鱼都具有鱼类所规定的特性和行为，但是，每条鱼又都拥有自己独有的东西，在程序中表现为各个对象的属性值各不相同。再如，Visual Studio 工具箱中的按钮控件是一个类，窗体中每一个具体的按钮都是按钮控件类的一个对象，它们的共性是都有大小、颜色、字体等属性以及单击事件等行为，但除了共性，每一个具体的按钮各自有不同的大小、颜色和字体。

3. 类和对象的关系

类是抽象的，而对象是具体的。类是对事物的概括性定义，而对象则是事物本身，是类的一个实例；对象具有类所规定的特征，只能执行类所规定的操作。类就相当于一个模板，而对象则是由这个模板生产出来的具体产品，一个模板可以生产很多产品，所以一个类可以产生很多对象。例如，Visual Studio 工具箱中存放了很多控件类，其中有按钮控件类，当在窗体上添加一个按钮时，就是由按钮控件类创建了一个按钮对象；当向窗体添加多个按钮时，就是由按钮控件类创建出多个按钮对象。

4. 面向对象的三个主要特征

(1) 封装性

封装实际是在类的设计过程中完成的，类对外部提供统一的接口方法，类的内部相当于一个黑盒，类的使用者并不需要知道类内部的实现细节，只要知道怎么调用这些接口方法就可以了。封装的好处主要有两个方面：一是提供了安全机制，隐藏了数据和操作的实现细节，并通过设置访问权限拒绝了一切没有定义过的访问形式；二是降低了软件的复杂性，即使类内部的代码被修改，只要对外的接口不变，对类的使用者就不会产生影响。例如，很多人都经历过电视机的更新换代，不同类型电视机内部的实现会有所不同，但是电视机外接口基本没变，即用户操纵电视机的方式没有改变，从而大大地方便了使用者。

(2) 继承性

现实世界中很多事物之间存在一般化与特殊化的关系，这都是由于事物之间存在着继承关系。例如，交通工具与汽车、飞机、轮船、火车之间，电视机与液晶电视机、等离子电视机、背投电视机之间，都存在一种一般化与特殊化的关系。一般化的事物具有特殊化事物的共同特征；特殊化的事物具有一般化事物的所有特征，并发展了自己的特有特征。这种思想反映在程序设计中就是继承，即一个类从另一个类获得了已有的基本特征，并在此基础上增加了自身的一些特殊特征。例如，已有一个交通工具类，想要再定义一个汽车类，因为汽车是交通工具的一种，具备交通工具的所有特征(例如可以载人、载物)，所以可以让汽车类继承交通工具类的所有特征，并在此基础上再添加自己的新特征(例如在公路上行驶)。此时就可以说汽车类继承了交通工具类，交通工具类派生出汽车类。

类的继承与派生使用户可以使用已经存在的代码，在已有代码的基础上进行程序的开发，从而实现代码的重用。而且通过继承机制实现了现实生活中事物间的一般化与特殊化的关系，使编程思想更贴近人们的日常思维。

(3) 多态性

有一种智能洗衣机可以根据放入衣物的材质自动判断采用哪种洗衣程序，例如，如果放入棉布类衣物后按“开始”键，洗衣机会启动棉布类衣物的洗衣程序，并采用较大的洗涤力度和较长的洗涤时间；如果用户放入丝绸衣物后按“开始”键，洗衣机会启动丝绸类衣物的洗衣程序，进行轻柔洗涤并加上除皱功能，洗涤时间也较短。同样是“洗衣”的功能(方法)，却能针对不同的对象(参数)实现不同的洗涤过程(程序内容)，得到不同的洗涤效果(返回值)，这种现象就是多态性。

在面向对象程序设计中，多态性是指用户对一个对象进行一个操作，但具体的动作却取决于这个对象的类型，即对不同的对象执行相同的操作会产生不同的结果。

5. 类数据类型的分类

类是一种比较复杂的数据类型，是程序设计的基本单位。在创建 Windows 应用程序时，系统自动生成 Form1 类和 Program 类。在 C# 中，类分为两种。

(1) 由系统提供的预先定义的类，这些类在.NET 框架类库中。例如：

```
int x=10;
Random y=new Random();
Button aa=new Button();
```

基本数据类型可以声明变量，用类类型也可以声明变量，只不过类类型声明的变量叫类的对象或类的实例。例如，y 就是 Random 类的一个对象(或一个实例)，aa 就是 Button 类的一个对象(或一个实例)。

(2) 用户自己定义的类。用户可以根据程序需要自由创建类。在创建对象之前必须先定义类,然后由类声明对象。

知识点 2　类的定义和对象的创建

1. 类的定义

C♯是面向对象的程序设计语言,典型的 C♯应用程序是由类组成的。在 C♯中,类用关键字 class 进行定义,其定义格式如下:

```
[修饰符] class 类名
{
    类体                        //类的成员
}
```

定义类时,class 关键字和类名不能省略,修饰符是可选的。常用的修饰符是访问修饰符,用于设置类的访问权限。public 表示该类是公开的,可以在其他命名空间内访问该类;internal 表示该类是内部的,只能在它所在的命名空间内访问。

注意:在默认情况下,如果类声明时在类名之前没有指定任何的访问修饰符,则类被声明成 internal 类型。

类体中可以包含字段、属性、方法、构造函数等。例如:

```
class Person
{
    public string name;             //姓名字段
    public string sex;              //性别字段
    public int age;                 //年龄字段
}
```

注意:编写类的代码时需注意以下两点:①与源代码文件放在同一个命名空间(namespace)下;②尽量将每个类存储为一个单独的.cs 类文件。

2. 对象的声明与实例化

C♯中的对象就是把类实例化,表示创建类的一个实例,类的实例和对象表示相同的含义。声明并实例化对象的语法格式如下:

```
类名  对象名;                    //声明对象
对象名=new 类名();               //实例化对象
```

例如,用 Person 类创建一个名为 p1 对象的代码为

```
Person p1;
p1 =new Person();
```

也可以把对象声明与实例化合并为一个语句：

```
Person p1=new Person()
```

3. 访问对象

访问对象实质是访问对象成员，对对象变量成员的访问使用“.”运算符，格式如下：

```
对象名.成员名
```

例如：

```
Person p1 =new Person();
p1.name="张三";
p1.sex="男";
p1.age =22;
label1.Text ="姓名: " +p1.name +"\n" +"性别: " +p1.sex +"\n" +"年龄: " +p1.age;
```

知识点3 类的成员

类是将数据和对数据的操作封装在一起的特殊数据类型，主要包含数据成员和函数成员。数据成员包含字段、常量和事件等，函数成员包括方法、属性、索引器、运算符、构造函数和析构函数等。

1. 字段

字段代表类中的数据，在类中定义一个变量即定义了一个字段，用于封装数据。定义字段的语法格式如下：

```
[访问修饰符] 数据类型 字段名;
```

在类中通过指定字段的访问级别，指定字段的数据类型，再指定字段的名称来定义字段。定义字段名称时，一般遵循 Camel 命名规则，即首字母小写。

下面给出一个定义字段的例子：

```
class Person
{
    public string name;                    //姓名字段
    public string skin="黄";               //皮肤字段
    public int age;                        //年龄字段
}
```

定义字段时可以使用赋值运算符为字段指定一个初始值。例如：

```
private string skin="黄";
```

访问类中的字段有两种方式。

- 在类的内部访问：直接使用字段名进行访问。
- 在类的外部访问：如果把字段声明为 public，那么在类的外部可以通过类创建的对象访问该字段。

一般情况下，字段的访问级别通常设置为 private，不允许在类的外部直接访问字段。外部的类应当通过方法、属性等访问字段，确保字段被正确地处理，避免破坏类的封装性。

2. 成员访问修饰符

面向对象的特征之一是封装，通过封装来隐藏数据与类的操作实现细节，可以避免无意中的错误操作。那么，怎样隐藏数据与操作细节？如何定义类成员的访问形式呢？可以通过访问修饰符设置访问权限，从而拒绝一切没有定义过的访问形式。类成员的访问修饰符及其说明如表 7.1 所示。

表 7.1 类成员的访问修饰符及其说明

修饰符	说明
public	该成员可以被本类及本类以外的所有类访问
private	该成员只能在本类内部被访问
protected	该成员只能被本类及本类的派生类访问
internal	该成员只能在所在的程序集内部被访问
internal protected	该成员可以在所在的程序集内部或本类的派生类中被访问

3. 属性

属性的作用是使外部的其他类能够访问类里的信息并且可以保护这些信息。字段是类中主要的数据成员，虽然字段可以定义为 public 等类型，但为了数据的安全性和封装性，一般将所有字段都定义为 private。如果要访问字段，则使用属性访问。一个属性一般对应一个字段。

(1) 属性的定义

属性的定义格式为：

```
访问修饰符 数据类型 属性名
{
    set
    {
        …              //写入数据
```

```
    }
    get
    {
        …                //读取数据
    }
}
```

get 与 set 是 C# 特有的访问器。get 是读取访问器，用于从对象中读取数据；set 是写入访问器，用于向对象中写入数据。set 访问器中的 value 是一个隐形参数，表示输入的数据。value 的具体值根据赋值的不同而变化。

例如：

```
class Student
{
    private int age;                    //年龄字段
    public int Age
    {
        get { return age; }             //get 读取字段的值，return 用来返回字段的值
        set { age =value; }             //set 设置字段的值。value 自动获取写入字段的值
    }
}
```

属性的 get 和 set 访问器并非都是必需的，可以只有 get 访问器或者 set 访问器。

① 只提供 get 访问器。如果只有 get 访问器，该属性只可以读取，不可以写入。语法格式为：

```
访问修饰符 数据类型 属性名
{
    get {return 字段名}
}
```

例如：

```
class Student
{
    private int age=5;
    public int Age
    {
        get {return age;}
    }
}
```

② 只提供 set 访问器。如果只有 set 访问器，该属性只能写入，不能读取。语法格式为：

```
访问修饰符 数据类型 属性名
{
    set {字段名=value;}
}
```

例如：

```
class Student
{
    private int age;
    public int Age
    {
        set{age=value;}
    }
}
```

(2) 属性的检查功能

属性还可以对用户指定的值(value)进行有效性检查，从而保证只有正确的状态才会得到设置；而字段不能。

```
class Student
{
    private int age;
    public int Age
    {
        get { return age; }
        set
        {
            if (value <0 || value >150)
                MessageBox.Show("年龄设置不正确");
            else
                age =value;
        }
    }
}
//下面是创建对象
Student p1 =new Student();
p1.Age =22;                          //使用 Age 属性的 set 访问器
p1.Age =200;                         //收到错误消息
```

【案例 7.1】 创建一个 Windows 窗体应用程序，声明一个 Rectangle(矩形)类，该类包含长、宽字段和相应属性，包含求面积的属性。在窗体类定义中声明 Rectangle 类对象，通过文本框设置对象的值，通过标签输出对象的值，如图 7.1 所示。

设计步骤如下。

(1) 程序界面和属性设置

创建一个 Windows 应用程序，在 form1 窗体中拖入 1 个 Button 控件、3 个 Label 控件、2 个 TextBox 组件、属性设置如表 7.2。修改属性后界面如图 7.2 所示。

表 7.2　控件属性的设置

对象名	属　性	属 性 值
form1	Text	字段和属性
button	Text	创建矩形对象
label1	Text	长
label2	Text	宽
label3	Text	
	AutoSize	false
	BorderStyle	Fixed3D

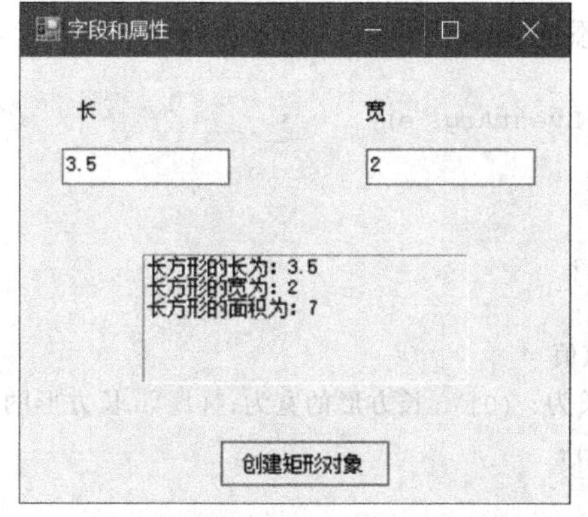

图 7.1　案例 7.1 的运行结果

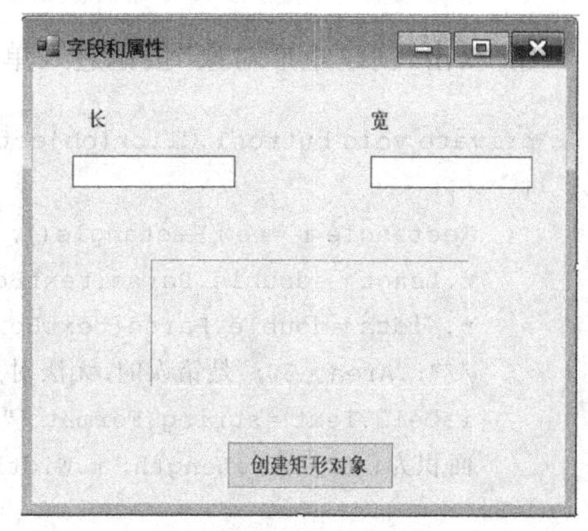

图 7.2　修改属性后的窗体界面

(2) 代码设计

① 新建 Rectangle 类文件。

```
class Rectangle
{
    private double length;
    private double width;
    public double Length
    {
        set
        {
            if (value > 0)
```

```
            length =value;
        }
        get { return length; }
    }
    public double Width
    {
        set
        {
            if (value >0)
            width =value;
        }
        get { return width; }
    }
    public double Area
    {
        get { return width * length; }
    }
}
```

② 双击"创建矩形对象"按钮进入单击事件,添加如下代码:

```
private void button1_Click(object sender, EventArgs e)
{
    Rectangle r =new Rectangle();
    r.Length =double.Parse(textBox1.Text);
    r.Width =double.Parse(textBox2.Text);
    //"r.Area =30;"是错误的,无法对只读属性赋值
    label3.Text =string.Format ("长方形的长为: {0}\n长方形的宽为: {1}\n长方形的
    面积为: {2}", r.Length, r.Width, r.Area);
}
```

(3) 执行程序

按 F5 键或单击工具栏上的"启动调试"按钮,程序开始运行。

知识点 4　构 造 函 数

构造函数是一种特殊的方法,每次创建对象时都会调用构造函数,为类的对象进行初始化。如果定义类时没有声明构造函数,系统会提供一个默认的构造函数。

```
class Person
{
    private string name;
    private int age;
```

```
    //默认的构造函数
    public Person()
    { }
}
People s1=new People();
```

创建对象时，系统会为对象的数据成员开辟相应的内存空间。如果调用的是默认构造函数，则系统会初始化成相应的默认值，如数值型为0，字符类型是空格，字符串为null（空值），bool类型初始化为false。然后，利用赋值语句再进行初始化，这种初始化会非常烦琐。C#允许对象在被创造时初始化自己，这种自动的初始化是通过使用构造函数完成的。

1. 构造函数的定义

构造函数进行定义的一般形式为：

```
class 类名
{
    public 类名([参数列表])
    {
        //语句
    }
}
```

说明：

① 构造函数名称必须和类名相同。
② 构造函数可以带形参，但没有返回类型（也不需要加void）。
③ 构造函数在对象定义时被自动调用。
④ 如果声明了构造函数，系统将不再提供默认的构造函数。
⑤ 构造函数的访问权限一般为public。

例如：

```
class People
{
    private string name;
    private int age;
    public People( int a, string na)
    {
        age=a;
        name=na;
    }
}
//创建对象
People p1=new People(23,"zhanghua");
```

```
public People( ) { }                    //显式声明一个默认构造函数
```

注意：如果希望保留默认构造函数，则必须显式声明一个默认构造函数。

【案例 7.2】 修改案例 7.1，Rectangle 类除了包含长、宽字段及相应属性，以及求面积的属性外，还包含一个构造函数。在使用该类声明对象时，在文本框中输入创建对象的数据，单击"创建矩形对象"按钮，则以文本框中的参数创建 Rectangle 对象，在标签框中显示出对象包含的数据，并计算其面积。程序运行结果如图 7.3 所示。

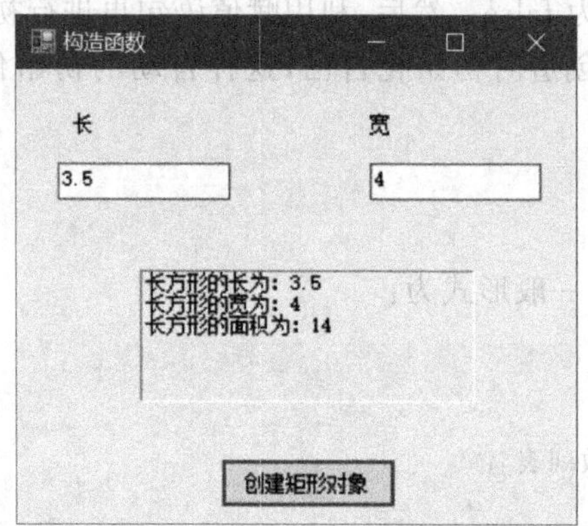

图 7.3 案例 7.2 的运行结果

① 修改 Rectangle 类文件，在 Rectangle 类体中增加如下构造函数：

```
public Rectangle(double l, double w)                //声明构造函数
{
    length =l;
    width =w;
}
```

② 修改"创建矩形对象"按钮的单击事件如下：

```
private void button1_Click(object sender, EventArgs e)
{
    Rectangle r = new Rectangle( double. Parse (textBox1. Text), double. Parse
    (textBox2.Text)); label3.Text =string.Format ("长方形的长为: {0}\n 长方形的
    宽为: {1}\n 长方形的面积为: {2}", r.Length, r.Width, r.Area);
}
```

2. 构造函数重载

构造函数与方法一样可以重载，即构造函数可以有多个，之间的主要区别是参数的类型不同或者参数的个数不同。重载构造函数的目的主要是为了给创建对象提供更大的灵活性，以满足创建对象的不同需要。

例如，在创建长方形的特例正方形时，就不需要两个参数，用一个参数即可。

```
class Rectangle
{
    private double length;
    private double width;
    public Rectangle(double l, double w)
    { length =l;width =w;}
    public Rectangle(double l)
    {length =width =l;}
}
```

【案例 7.3】 创建一个 Windows 应用程序，在程序中声明一个 Rectangle 类，声明矩形构造函数及正方形构造函数的重载。创建对象时，根据给出参数的个数，将对象初始化为矩形或正方形。程序的运行结果如图 7.4 所示。

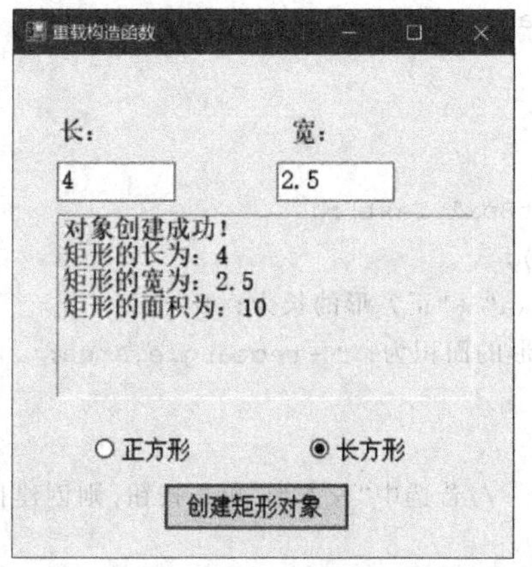

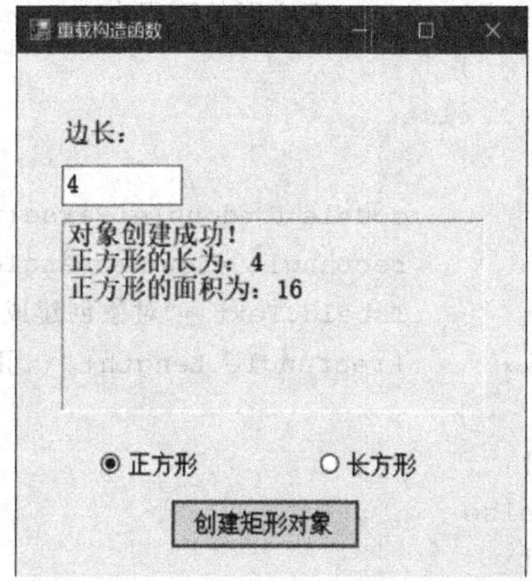

图 7.4　案例 7.3 的运行结果

案例设计步骤如下。

(1) 程序界面和属性设置

修改案例 7.2 界面，增加 2 个 RadioButton 按钮，并将它们的 Text 属性分别设为正方形和长方形。

(2) 设计代码

① 修改 Rectangle 类文件，在 Rectangle 类体中增加如下两个构造函数。

```
public Rectangle(double l)          //声明有 1 个参数的正方形构造函数重载
{
    length =width =l;
}
```

```
//声明一个默认构造函数,默认边长都为 5。该函数调用其他构造函数
public Rectangle() : this(5)
{
}
```

② 修改窗体类如下：

```
private void button1_Click(object sender, EventArgs e)
{
    Rectangle rectangle;                    //声明矩形对象
    if (radioButton1.Checked)               //若选中"正方形"单选按钮
    {
        if (textBox1.Text =="")             //不输入参数时调用默认构造函数
        {
            rectangle =new Rectangle();
            label3.Text ="对象创建成功!\n" +"正方形的长为: 5"
            +"\n 正方形的面积为: " +rectangle.Area;
        }
        else
        {
            double l =double.Parse(textBox1.Text);
            rectangle =new Rectangle(l);
            label3.Text ="对象创建成功!\n" +"正方形的长为: "
            +rectangle.Length+"\n 正方形的面积为: " +rectangle.Area;
        }
    }
    else                                    //若选中"长方形"单选按钮,则创建长方形
    {
        //文本框内不输入参数时调用默认的构造函数
        if (textBox1.Text =="" && textBox2.Text =="")
        {
            rectangle =new Rectangle();
            label3.Text ="对象创建成功!\n" +"正方形的长为: 5"
            +"\n 正方形的面积为: " +rectangle.Area;

        }
        else
        {
            double l =double.Parse(textBox1.Text);
            double w =double.Parse(textBox2.Text);
            rectangle =new Rectangle(l, w);
            label3.Text ="对象创建成功!\n" +"矩形的长为: "
```

```
                +rectangle.Length +"\n 矩形的宽为: "+rectangle.Width
                +"\n 矩形的面积为: " +rectangle.Area;
        }
    }
}
private void radioButton1_CheckedChanged(object sender, EventArgs e)
{
    if (radioButton1.Checked)
    {
        textBox2.Visible =false;
        label2.Visible =false;
        label1.Text ="边长: ";
    }
}
private void radioButton2_CheckedChanged(object sender, EventArgs e)
{
    if (radioButton2.Checked)
    {
        textBox2.Visible =true;
        label2.Visible =true;
        label1.Text ="长";
    }
}
```

(3) 执行程序

按 F5 键或单击工具栏上的“启动调试”按钮,程序开始运行。

知识点5 方　　法

方法的主要功能是操作数据。在面向对象编程语言中,类或对象主要通过方法与外界交互,所以方法是类与外界交互的基本方式。方法通常包含解决某一特定问题的语句块,方法必须放在类定义中,遵循先声明后使用的原则。

前面已经学习了很多.NET 框架类库所提供的方法。例如:

```
MessageBox.Show("哈哈哈哈")
Math.Round(3.142,1)
Random aa=new Random(); aa. Next(1,8);
```

用户自定义方法的使用分为声明方法和调用方法两个环节,下面分别进行介绍。

1. 声明方法

```
[访问修饰符] 返回值类型 方法名([参数列表])
{
```

```
    方法体
}
```

说明：

① 访问修饰符是可选的，默认为 private。通常设定为 public，以保证在类定义外部能够调用该方法。

② 方法的返回类型是指该方法计算结果的类型。如果方法不返回一个值，则它的返回类型为 void。例如：

```
public void ShowMessage()
{
    MessageBox.Show("大家好!");
}
```

③ 参数列表在方法名后的一对圆括号中。参数的声明和变量一样，即用"类型名 参数名"的格式，多个参数之间用逗号分隔。声明时的参数叫形式参数。例如：

```
public int Max(int x,int y)
{
    int z;
    z =x >y ? x : y;
    return z ;
}
```

④ 如果方法有返回值，则方法体中必须包含一个 return 语句；如果方法无返回值，在方法体中可以不包含 return 语句，或包含一个不指定任何返回值的 return 语句。例如：

```
public void ShowMessage()
{
    MessageBox.Show("大家好!");
    [return;]
}
```

2. 调用方法

根据方法被调用的位置不同，可以分为在方法声明的类定义内部调用该方法(类内调用)和在方法声明的类定义外部调用(类外调用)两种。

1) 类内调用方法

方法的声明与调用在同一个类中，语法格式如下：

```
方法名(参数列表)
```

在方法声明的类定义中调用该方法，实际上是由类定义内部的其他方法成员调用该方法。调用方法时,要求方法名、参数个数、参数顺序、参数类型等方面都要一致。

【案例 7.4】 在窗体类中声明一个方法 Area(),该方法可以求解半径为 r 的圆的面积。在窗体中单击"类内调用"按钮时调用该方法,并根据输入半径的值求圆的面积。程序运行结果如图 7.5 所示。

案例设计步骤如下。

(1) 程序界面和属性设置

在窗体中添加 2 个 Label 控件、1 个 TextBox 控件、1 个 Button 控件,修改这些控件的 Text 属性如图 7.6 所示。

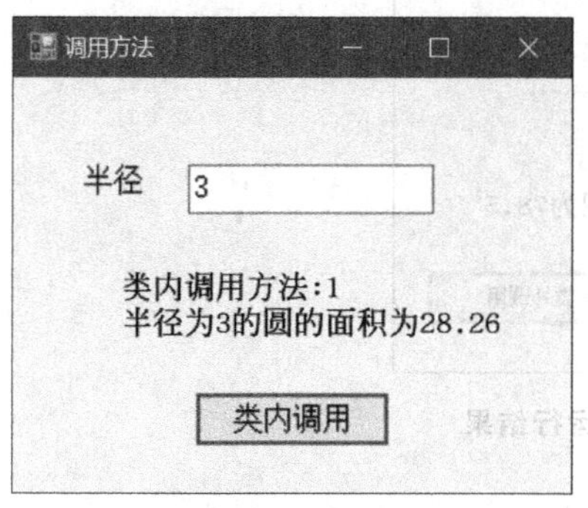

图 7.5 案例 7.4 的运行结果

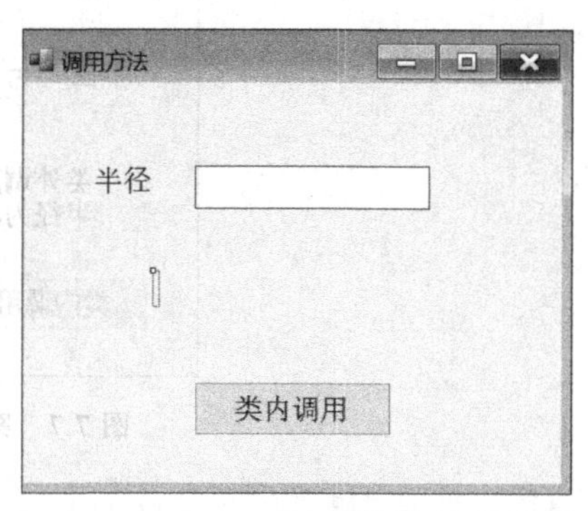

图 7.6 修改控件的 Text 属性

(2) 代码设计

在窗体类中增加如下代码:

```
//计算圆面积的方法
public double Area(double r)
{
    double area;
    area =3.14 * r * r;
    return area;
}
private void button1_Click(object sender, EventArgs e)
{
    double r =double.Parse(textBox1.Text);
    label2.Text =string .Format ("类内调用方法: \n 半径为{0}的圆的面积为{1}",
    r,Area(r));
}
```

(3) 执行程序

按 F5 键或单击工具栏上的"启动调试"按钮,程序开始运行,在文本框中输入半径,单击"类内调用"按钮,在标签中显示面积。

2) 类外调用方法

方法的声明与调用不在同一个类中,和类中的其他成员一样访问,需要先创建对象,

运用对象调用,其格式为:

```
对象名.方法名(参数列表)
```

【案例 7.5】 修改案例 7.4,增加一个 Circle 类,类中包含 r 字段和相应属性;一个求面积的方法 Area(),该方法可以求解半径为 r 的圆的面积。当在窗体中单击"类外调用"按钮时调用该方法,根据输入半径求圆面积。程序运行结果如图 7.7 所示。

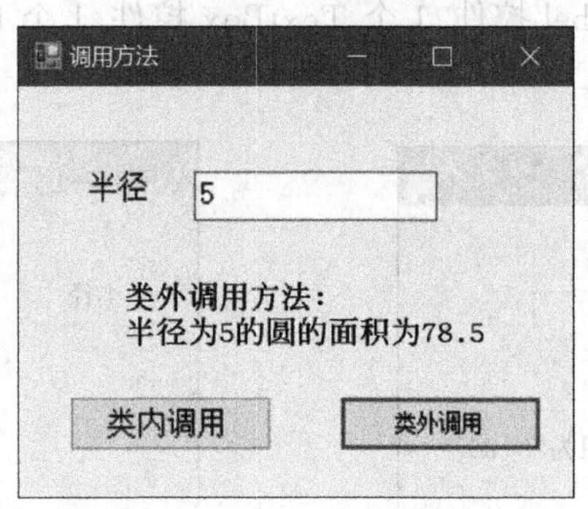

图 7.7 案例 7.5 的运行结果

案例设计步骤如下。

(1) 修改程序界面

在案例 7.4 界面中增加 1 个 Button 控件,Text 属性改为"类外调用"。

(2) 设计代码

① 增加 Circle 类文件。

```
class Circle
{
    private double r;                  //字段
    public double R                    //属性
    {
        get { return r; }
        set { r =value; }
    }
    public Circle(double r)            //构造函数
    {
        this.r =r;
    }
    //求面积的方法
    public double Area()
    {
        return 3.14 * r * r;
    }
}
```

② 双击“类外调用”按钮进入单击事件，代码如下：

```
private void button2_Click(object sender, EventArgs e)
{
    double r =double.Parse(textBox1.Text);
    Circle circle =new Circle(r);
    label2.Text =string.Format("类外调用方法：\n 半径为{0}的圆的面积为{1}",
    circle.R,circle.Area());
}
```

(3) 执行程序

按 F5 键或单击工具栏上的“启动调试”按钮，程序开始运行。在文本框中输入半径，单击“类外调用”按钮，在标签中显示面积。

知识点 6 方法参数传递

在方法的声明和调用中经常涉及参数传递。在方法声明中使用的参数称为形式参数(形参)，在调用方法时使用的参数称为实际参数(实参)。在调用方法时，参数传递就是将实参传递给相应的形参的过程。

参数传递按性质可以分为按值传递和按引用传递两种。方法参数有 4 种：值参数、引用参数 ref、输出参数 out 和数组参数。

1. 按值传递

按值传递是指当把实参传递给形参时，实际是把实参的值复制给形参。实参和形参使用的是两个不同的内存单元，所以这种参数传递方式的特点是形参的值发生改变时不会影响实参的值。基本类型(包括字符串)的参数在传递时默认为按值传递。

例如，有如下程序：

```
public int Add(int x, int y)
{
    x=x+3;
    y=y*10;
    return x+y;
}
private void button1_Click(object sender, EventArgs e)
{
    int a=5,b=9,c;
    c=Add(a, b);
    label1.Text ="a=" +a +"  b=" +b +"  c=" +c;
}
```

程序输出为

```
a=5  b=9  c=98
```

结论：当调用 Add()方法时，把实参 a 和 b 的值传给 Add()的形参 x 和 y。不管 Add()方法内如何使用 x 和 y，都不会影响 button1_Click()方法内的 a 和 b。程序把实参 a、b 的值复制一份给形参 x、y，实参 a、b 和形参 x、y 不会互相影响，形参的变化不会影响到实参。另外，形参只在声明它的方法体中存在，当从方法返回时，将释放形参所占用的内存空间。

注意：实参在传递之前必须有值(初始化)。

2. 按引用传递(ref 参数)

按引用传递是指实参传递给形参时，不是将实参的值复制给形参，而是将实参的引用传递给形参，实参与形参使用的是同一个内存单元。这种参数传递方式的特点是当形参的值发生改变时，实参的值也会发生改变。

基本类型参数按引用传递时，实参与形参前均须使用关键字 ref。

例如，有如下程序：

```
public int Add(ref int x,ref int y)
{
    x=x+3;
    y=y * 10;
    return x+y;
}
private void button1_Click(object sender, EventArgs e)
{
    int a=5,b=9,c;
    c=Add(ref a, ref b);
    label1.Text ="a=" +a +"  b=" +b +"  c="+c;
}
```

程序输出为

```
a=8  b=90  c=98
```

结论：当调用 Add()方法时，把实参 a 和 b 的地址传递给 Add()的形参 x 和 y。x 和 a 指向同一个单元，y 和 b 指向同一个单元。如果在 Add()方法内改变了 x 和 y 的值，则 button1_Click()方法内的 a 和 b 也随之发生变化。

注意：类数据类型的参数总是按引用传递的，所以类对象参数传递不需要使用 ref 关键字。

3. 按引用传递(out 参数)

out 参数传递和 ref 参数传递类似，只是 out 参数不要求实参进行初始化。out 参数传递的主要目的是为了带回某些值。

【案例 7.6】 声明一个方法 MaxMin(),求三个数中的最大值(max)和最小值(min)。在窗体类中调用该方法。

案例设计步骤如下。

(1) 程序界面

窗体中添加 1 个 Button 控件和 1 个 Label 控件,Button 控件的 Text 属性改为“确定”。

(2) 设计代码

① 在窗体类中增加如下方法:

```
public void MaxMin(int a, int b, int c, out int max, out int min)
{
    max =a;
    if (max <b) max =b;
    if (max <c) max =c;
    min =a;
    if (min >b) min =b;
    if (min >c) min =c;
}
```

② 双击“确定”按钮进入单击事件,增加如下代码:

```
private void button1_Click(object sender, EventArgs e)
{
    int num1 =23, num2 =45, num3 =19;
    int max, min;
    //调用方法时,在输出参数前也要加 out 关键字
    MaxMin(num1, num2, num3, out max, out min);
    label1.Text=string.Format("最大值 ={0}, 最小值 ={1}", max, min);
}
```

(3) 执行程序

按 F5 键或单击工具栏上的“启动调试”按钮,程序开始运行,单击“确定”按钮,在标签中显示为:

```
最大值 =45, 最小值 =19
```

4. 数组参数

(1) 整个数组为参数

整个数组作为参数时,实参与形参是相对应的,都是数组。声明方法时,数组作为形参的格式为:

```
[访问修饰符] 返回类型 方法名称(类型名称[ ] 数组名称)
{方法体}
```

调用方法时，数组作为实参进行传递的格式为：

```
方法名称(数组名称)
```

例如：

```
public string OutArray (int[] a)
{
    string str ="";
    for (int i =0; i <a.Length; i++)
        str =str +"  " +a[i];
        return str;
}
//方法调用
int[] myArray={3,95,7,9,21};
OutArray(myArray);
```

在使用数组直接作为形参时，对应的实参只能是数组，而不能是其他数据。

(2) params 关键字

当在数组形参前加 params 关键字时，实参既可以是数组，也可以是一组数据。params 的使用格式为：

```
[访问修饰符] 返回类型 方法名称(params 类型名称[ ] 数组名)
{方法体}
```

例如：

```
public int ArraySum(params int[] args)
{
    int total=0;
    foreach(int i in args)
        {total=total+i;}
    return total;
}
//方法调用
int[] array={1, 2, 3,4,5};
label1.Text="数据和: "+ArraySum(array);
label2.Text="数据和: "+ArraySum(10, 20, 30, 40);
```

说明：第一次调用是简单地把数组 array 作为参数进行传递，第二次调用是把多个数值传递给了 ArraySum()方法。

知识点7 方法的重载

为了能够使同一功能适用于各种类型的数据，C＃提供了方法重载机制。所谓方法重载是指在同一个类中声明两个或两个以上同名的方法。MessageBox类的Show()方法就被重载了21次。如果同一个类中存在两个或两个以上的重载方法，调用时，编译器会根据传入的参数自动判断调用哪个方法，从而实现对不同的数据类型进行相同的处理。

构成重载的方法必须满足如下条件。

(1) 同一个类中的方法。

(2) 方法名相同。

(3) 方法的参数不同，包括参数类型、参数个数或参数顺序不同。

如下的几个方法构成了方法重载：

```
public int Sum(int a,int b)
public double Sum(double a,double b)
public int Sum(int a,int b,int c)
```

需要注意的是，仅仅方法返回值类型不同不能构成方法重载。例如，下面的两个方法不能构成重载：

```
public int Sum(int a,int b)
public double Sum(int a,int b)
```

【案例7.7】 创建Windows应用程序，利用方法重载实现对两个整数求和、字符串的连接及字符求和功能。程序运行效果如图7.8所示。

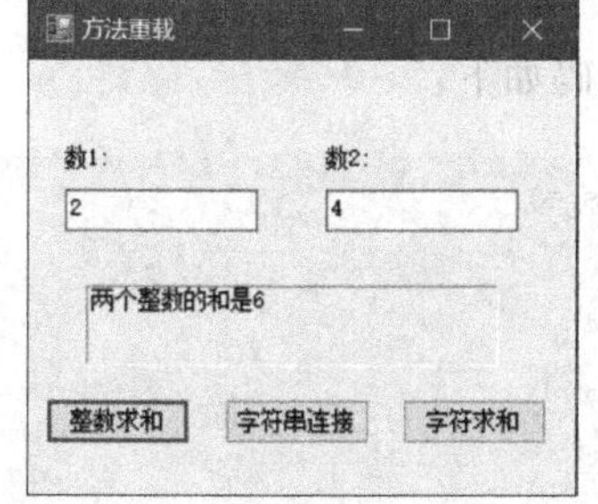

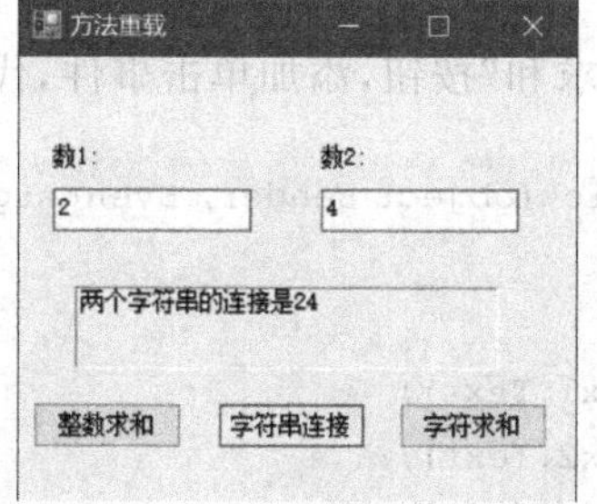

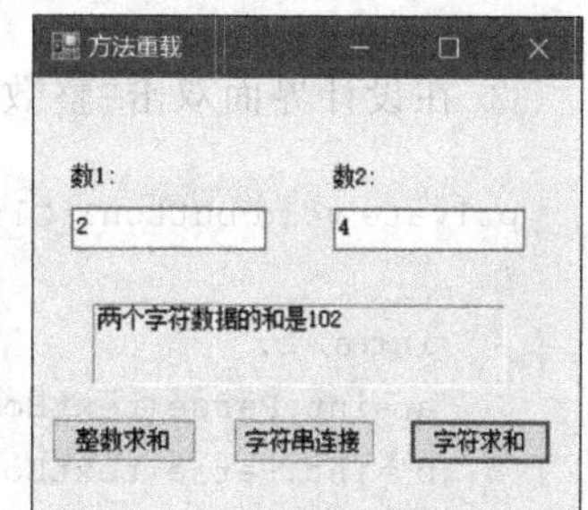

图7.8 案例7.7运行结果

案例设计步骤如下。

(1) 程序界面和属性设置

在窗体中添加3个标签控件(Label1～Label3)，2个文本框控件(TextBox1和TextBox2)，3个按钮控件(Button1～Button3)，适当调整控件的大小及布局，设计窗体及控件属性，效果如图7.9所示。

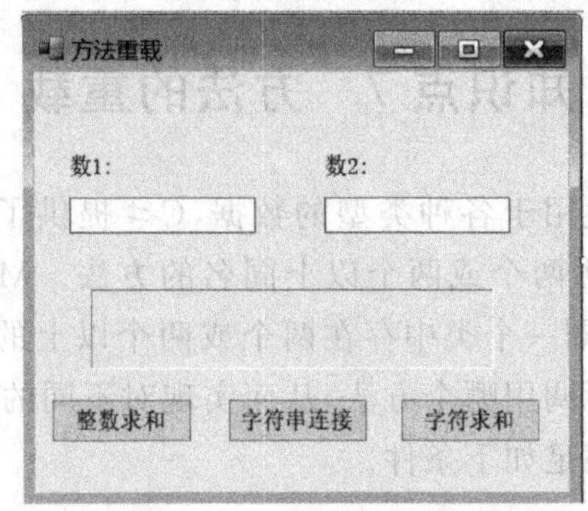

图 7.9　修改属性后的界面

(2) 设计代码

① 在窗体类中添加如下方法：

```
public int Sum(int a, int b)
{
    return a +b;
}
public string Sum(string a, string b)
{
    return a +b;
}
public int Sum(char a, char b)
{
    return a +b;
}
```

② 在设计界面双击“整数求和”按钮，添加单击事件，代码如下：

```
private void button1_Click(object sender, EventArgs e)
{
    int a, b;
    a =int.Parse(textBox1.Text);
    b =int.Parse(textBox2.Text);
    lblInfo.Text ="两个整数的和是"+Sum(a,b);
}
```

③ 添加“字符串连接”按钮的单击事件，代码如下：

```
private void button2_Click(object sender, EventArgs e)
{
    lblInfo.Text ="两个字符串的连接是" +Sum(textBox1.Text ,textBox2.Text );
}
```

④ 添加“字符求和”按钮的单击事件，代码如下：

```
private void button3_Click(object sender, EventArgs e)
{
    char a, b;
    a = char.Parse(textBox1.Text);
    b = char.Parse(textBox2.Text);
    lblInfo.Text = "两个字符数据的和是" + Sum(a,b);
}
```

(3) 执行程序

按 F5 键或单击工具栏上的“启动调试”按钮，程序开始运行。

知识点8 静态成员

类的成员可以分为静态成员和实例成员(也称为非静态成员)两类。静态成员与非静态成员的不同在于，静态成员属于类本身，让类的所有对象在类的范围内共享此成员；非静态成员则总是与特定的实例(对象)相联系，属于特定对象所有。声明静态成员需要使用 static 关键字修饰。前面介绍的所有例子和任务均只涉及非静态成员，下面详细介绍静态成员。

1. 静态成员

没有 static 关键字修饰的字段称为实例字段(也称为非静态字段)，它总是属于某个特定的对象，其值总是表示某个对象的值。例如，当说到长方体的长时，总是指某个长方体对象的长，而不是全体长方体对象的长。在定义长方体类时，这个长就被声明为实例字段。创建类的对象时，都会为该对象的实例字段创建新的存储位置，即不同对象的实例字段的存储位置是不同的。因此，修改一个对象的实例字段的值，对另外一个对象的实例字段的值没有影响。

但是，有时可能会需要类中有一个成员表示全体对象的共同特征。例如，如果在长方体类中要用一个成员统计长方体的个数，那么这个成员表示的就不是某个长方体对象的特征，而是全体长方体对象的特征，这时就需要使用静态成员。用 static 关键字修饰的字段称为静态字段(也称为静态成员)。静态字段不属于任何一个特定的对象，而是属于类，或者说属于全体对象，是被全体对象共享的数据。一个静态字段只标识一个存储位置，无论创建了多少个类的实例，静态字段永远都在同一个存储位置存放其值，静态字段是被共享的。

2. 静态方法

没有 static 关键字修饰的方法称为实例方法(也称为非静态方法)，它总是对某个对象进行数据操作，例如，长方体类中的计算体积的方法总是计算某个对象的体积。实例方法可以访问实例成员，也可以访问静态成员。如果某个方法在使用时并不需要与具体的对象相联系，即方法操作的数据并不是某个具体对象的数据，而是表示全体对象特征的数据，这时就需要使用静态方法。用 static 关键字修饰的方法称为静态方法。静态方法属于类本身，只能使用类调用，不能使用对象调用。不能用静态方法访问实例成员，静态方法只能访问静态成员。

【案例 7.8】 修改案例 7.3，在 Rectangle 类中除包含非静态成员外，还包含两个用于统计长方形和正方形个数的静态成员，两个静态方法用于返回长方形和正方形个数。程序运行结果如图 7.10 所示。

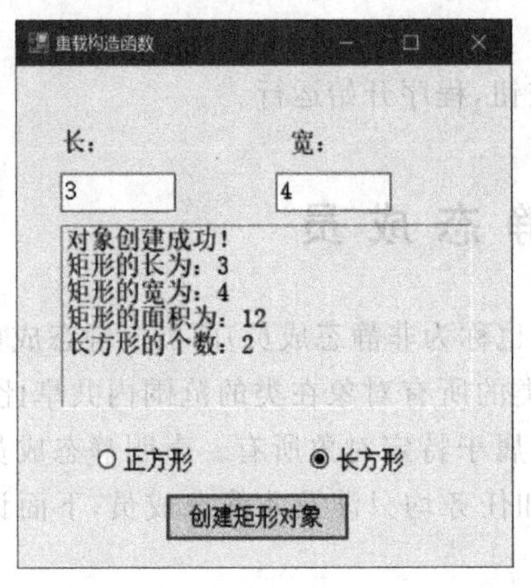

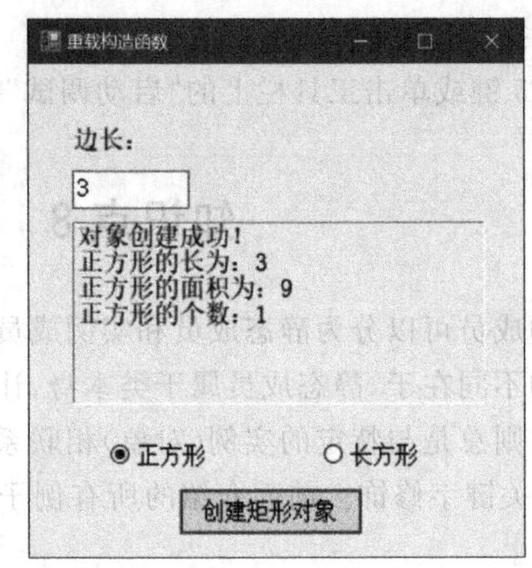

图 7.10 程序的运行结果

(1) 修改代码

① 修改 Rectangle 类文件，在 Rectangle 类体定义两个静态字段，代码如下：

```
private static int rectangleNumber;          //用于统计长方形对象个数
private static int squareNumber;             //用于统计正方形对象个数
```

② 修改 Rectangle 类文件的构造函数。

```
public Rectangle(double l, double w)        //声明构造函数
{
    length =l;
    width =w;
    rectangleNumber++;
}
public Rectangle(double l)                  //声明一个参数的正方形构造函数重载
{
    length =width =l;
    squareNumber++;
```

```
}
public Rectangle() : this(5)            //声明一个默认构造函数
{
    squareNumber++;
}
```

③ 在类体中增加两个静态方法，代码如下：

```
public static int GetRectangleNumber()
{
    return rectangleNumber;
}
public static int GetSquareNumber()
{
    return squareNumber;
}
```

④ 修改窗体类如下：

```
private void button1_Click(object sender, EventArgs e)
{
    Rectangle rectangle;                //声明矩形对象
    if (radioButton1.Checked)           //若"正方形"单选按钮被选中
    {
        if (textBox1.Text =="")         //不输入参数，调用默认构造函数
        {
            rectangle =new Rectangle();
            label3.Text ="对象创建成功!\n" +"正方形的长为: 5"
            +"\n 正方形的面积为: " +rectangle.Area +"\n 正方形的个数: "
            +Rectangle.GetSquareNumber ();
        }
        else
        {
            double l =double.Parse(textBox1.Text);
            rectangle =new Rectangle(l);
            label3.Text ="对象创建成功!\n" +"正方形的长为: "+
            rectangle.Length+"\n 正方形的面积为: "+rectangle.Area
            +"\n 正方形的个数: "+Rectangle.GetSquareNumber ();
        }
    }
    else                                //若"长方形"单选按钮被选中，则创建长方形
    {
        if (textBox1.Text =="" && textBox2.Text =="")
```

```
            {
                rectangle =new Rectangle();
                label3.Text ="对象创建成功!\n" +"正方形的长为: 5"
                +"\n 正方形的面积为: " +rectangle.Area+"\n 正方形的个数: "
                +Rectangle.GetSquareNumber ();
            }
            else
            {
                double l =double.Parse(textBox1.Text);
                double w =double.Parse(textBox2.Text);
                rectangle =new Rectangle(l, w);
                label3.Text ="对象创建成功!\n" +"矩形的长为: " +rectangle.Length
                +"\n 矩形的宽为: "+rectangle.Width +"\n 矩形的面积为: "
                +rectangle.Area +"\n 长方形的个数: " +Rectangle.GetRectangleNumber();
            }
        }
    }
```

(2) 执行程序

按 F5 键或单击工具栏上的“启动调试”按钮,程序开始运行。

知识点 9 绘　　图

GDI+(Graphics Device Interface Plus)是 Microsoft 公司推出的完全面向对象的新一代二维图形系统。GDI+包括 3 个部分:二维矢量图形绘制、图像处理和文字显示。要在 Windows 窗体中显示文字或绘制图形,必须使用 GDI+。GDI+提供了多种画笔、画刷、图像等图形对象,GDI+使用的各种类大都包含在命名空间 System.Drawing 中。

GDI+为开发者提供了一组实现与各种设备(例如监视器、打印机及其他具有图形化能力但不涉及这些图形细节的设备)进行交互的库函数。GDI+的实质在于,它能够替代开发人员实现与显示器及其他外设的交互;而从开发者角度来看,要实现与这些设备的直接交互是一项艰巨的任务。

GDI+在坐标系统中绘制直线、矩形和其他图形。可以从各种坐标系统中进行选择,但默认坐标系统的原点是在左上角,并且 x 轴指向右边,y 轴指向下边。默认坐标系统的度量单位是像素。

C#中窗体或控件的坐标系统如图 7.11 所示,单位是像素。即左上端为原点(不包括标题栏),x 轴水平向右,y 轴垂直向下。

1. 绘制图形

要绘图必须先建立一块画布,然后在画布上绘制线条、圆等图形。在 C#中创建画布

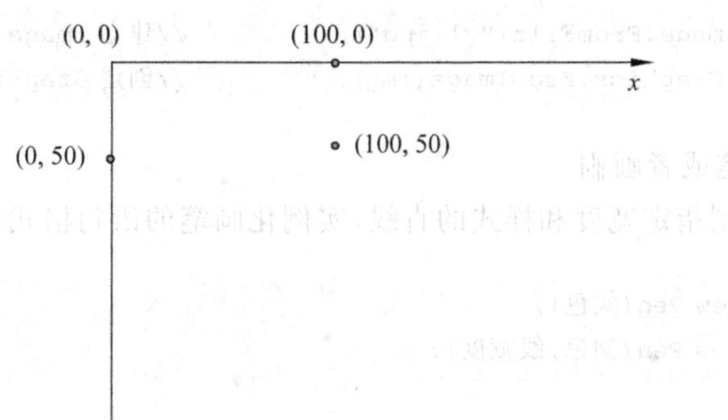

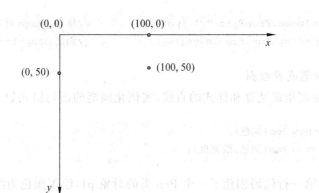

图 7.11 坐标系统

就是创建 Graphics 类的对象。绘制图形的步骤共分三步。

(1) 创建 Graphics 对象

Graphics 类封装了一个 GDI+绘图画布,提供将对象绘制到显示设备的方法,Graphics 与特定的设备上下文关联。画图方法都被包括在 Graphics 类中,在画任何对象时,首先要创建一个 Graphics 类实例,这个实例相当于建立了一块画布,有了画布才可以用各种画图方法进行绘图。

通常使用以下三种方法创建一个 Graphics 对象。

① 利用控件或窗体的 Paint 事件中的 PaintEventArgs。

利用窗体或控件的 Paint 事件的 e 参数获取 Graphics 对象。

例如:

```
private void form1_Paint(object sender, PaintEventArgs e)
{
    Graphics g =e.Graphics;
}
```

② 调用某控件或窗体的 CreateGraphics()方法。

调用某控件或窗体的 CreateGraphics()方法以获取对 Graphics 对象的引用,该对象表示该控件或窗体的绘图画布。如果想在已存在的窗体或控件上绘图,通常会使用此方法。

例如:

```
Graphics g =this.CreateGraphics();
```

③ 调用 Graphics 类的 FromImage()静态方法

由从 Image 继承的任何对象创建 Graphics 对象。在需要更改已存在的图像时,通常会使用此方法。

例如:

```
Image img =Image.FromFile("g1.jpg");                //建立 Image 对象
Graphics g =Graphics.FromImage(img);                //创建 Graphics 对象
```

(2) 设置画笔或者画刷

画笔用来绘制指定宽度和样式的直线，实例化画笔的语句格式如下：

```
Pen 对象名=new Pen(颜色);
Pen 对象名=new Pen(颜色,线宽度);
```

例如，下面第一行代码创建了一个 Pen 类的对象 p1，绘图颜色为红色，线粗细为 1 像素；第二行代码创建了一个 Pen 类的对象 p2，绘图颜色为黑色，线粗细为 4 像素。

```
Pen p1=new Pen(Color.Red);
Pen p2=new Pen(Color.Black,4);
```

画刷是从 Brush 类中派生而来的，用于填充图形区域，如实心形状、图像。最常用的是单色画刷 SolidBrush，它的常用格式为：

```
SolidBrush 对象名=new SolidBrush(颜色);
```

例如：

```
SolidBrush redBrush=new SolidBrush(Color.Red);
```

(3) 绘制图形

① 画实心矩形(填充)的方法。

```
g.FillRectangle(Brush brush,int x,int y,int width,int height);
```

其中，x、y 是所画矩形左上角的坐标，width 是矩形的宽度，height 是矩形的高度，brush 是前面所定义的画刷。例如：

```
g.FillRectangle(redBrush,24,23,100,233);
```

注意：在 C# 中画实心图形必须用画刷和 Fill 类方法。

② 画实心椭圆(填充)的方法。

```
g.FillEllipse (Brush brush,int x,int y,int width,int height);
```

其中，x、y 是所画椭圆相切线左上角的坐标，width 是椭圆的宽度，height 是椭圆的高度，brush 是前面所定义的画刷。

如果是画空心图形，只需要将相应的方法由“Fill...”改为“Draw...”，将 Brush 对象改为 Pen 对象即可。

2. Point 结构

Point 结构表示在二维平面中定义点的整数 x 和 y 坐标的有序对。Point 结构的命名空间为 System.Drawing。

Point 结构有两个属性：x 表示获取或设置此 Point 结构的 x 坐标；y 表示获取或设置此 Point 结构的 y 坐标。C# 中结构的使用与类的使用相似，简单介绍如下。

(1) 定义结构变量及实例化

```
结构名 结构变量=new 结构名();
```

例如：

```
Point pt1=new Point();
```

(2) 读取和设置属性

```
结构变量.属性;
```

例如：

```
pt1.X=23;            //写入属性
int z=pt1.X;         // 读取属性
```

任务 食物类设计

1. 任务要求

在此游戏中，首先会在场地的特定位置出现一个食物，食物要不断地被蛇吃掉，当食物被吃掉后，原食物消失，又在新的位置出现新的食物。这些食物都是由 Bean 类创建的对象。

2. 任务实施

(1) 新建项目贪吃蛇游戏。选择项目并右击，添加一个类文件 Bean.cs。

(2) 代码设计如下：

```
public class Bean
{
    private Point origin;                    //画食物的左顶点坐标
    public Point Origin
    {
        get { return origin; }
```

```
        set { origin =value; }
    }
    //显示食物
    public void Display(Graphics g)
    {
        //定义红色的画笔
        SolidBrush sb =new SolidBrush(Color.Red);
        //画实心矩形表示食物
        g.FillRectangle(sb, origin.x, origin.y, 10, 10);
    }
    //隐藏食物
    public void UnDisplay(Graphics g)
    {
        //定义系统背景颜色的画笔
        SolidBrush sb =new SolidBrush(Color.Silver);
        //画实心矩形,颜色为系统背景颜色,相当于食物被吃掉了
        g.FillRectangle(sb, origin.x, origin.y, 10, 10);
    }
}
```

任务　块类设计

1. 任务要求

在贪吃蛇游戏中,块用来构成蛇,在蛇出现时,要把构成蛇的块一个个输出(显示);在蛇消失时,要把块消除掉。显示和消除哪一个块都要由位置决定,并且由于蛇是由多个块构成的,为了区分,每个块要有一个序号。同时蛇头碰到墙壁或自身游戏结束,所以要记录构成蛇身上的某块是否为蛇头。

2. 任务实施

(1) 选择项目并右击,添加一个类文件 Block.cs。

(2) 代码设计如下:

```
public class Block
{
    private int number;             //蛇块的编号
    private Point origin;           //蛇块的左上角位置
    private bool isHead;            //是否为蛇头
    public int Number
    {
```

```
        get { return number; }
        set { number =value; }
    }
    public Point Origin
    {
        get { return origin; }
        set { origin =value; }
    }
    public bool IsHead
    {
        get { return isHead; }
        set { isHead =value; }
    }
    //显示蛇块
    public void Display(Graphics g)
    {
        SolidBrush sb;
        if (isHead ==true)
        {
            //蛇头
            sb =new SolidBrush(Color.Red);
        }
        else
        {
            sb =new SolidBrush(Color.Blue);
        }
        g.FillEllipse(sb, origin.x, origin.y, 10, 10);
    }
    //隐藏蛇块
    public void UnDisplay(Graphics g)
    {
        SolidBrush sb =new SolidBrush(Color.Silver);
        g.FillEllipse(sb, origin.x, origin.y, 10, 10);
    }
}
```

小 结

本单元首先简要介绍了面向对象的基本概念;然后介绍了类的声明和使用;重点介绍了类的4种成员,即字段、属性、方法和构造函数的使用;详细介绍了方法的值参数、引用参数 ref、输出参数 out、数组参数的用法及传递过程;最后介绍了方法重载、静态成员和绘图。

同步实训和拓展实训

1. 实训目的

掌握类的定义;熟练掌握字段、属性、方法和构造函数等成员的定义方法;掌握对象的创建方法;观察构造函数的执行过程。

2. 实训内容

同步实训1: 定义一个名为Person的类,在类中定义以下成员:

(1) 公有字段姓名name,私有字段年龄age。

(2) 可读写属性Age。

(3) 定义一个构造函数,创建对象时能给对应的字段赋值。

(4) 一个无参的Join()方法。该方法可以根据年龄(age)判断是否能够参军。(如果年龄大于或等于18岁,输出"可以参军",否则不能参军)。

分析:本题中需要创建一个新类(要求该类为单独的.cs文件),然后利用窗体类创建Person类对象,通过文本框设置对象的值,通过标签输出能否参军。

同步实训2: 定义一个Teacher类,包括以下内容:

(1) 私有字段姓名name和私有字段年龄age。

(2) 只写属性Name和Age。

(3) 定义一个构造函数,包含两个形参n和a,利用这两个形参可分别给姓名和年龄赋值。

(4) 用方法year()可以得到出生年月(2020－年龄);用方法show()可以显示教师信息(姓名和出生年月)。

分析:本题中需要创建一个新类(要求该类为单独的.cs文件),然后利用窗体类创建Teacher类对象,通过文本框设置对象的值,通过标签输出教师信息。

同步实训3: 定义一个名为StudentInformation的类,在类中定义以下成员。

(1) 表示学生姓名的公有字段成员name,表示成绩的私有字段成员score。

(2) 用于获取和设置成绩score的属性Score。

(3) 一个用于判断成绩等级的方法Grade()。利用该类输入学生的姓名和百分制的整数成绩,判断该学生成绩的等级(Score与Grade的对应关系为:90～100为优秀,80～89为良好,70～79为中等,60～69为及格,60以下为不及格)。

分析:本题中需要创建一个新类(要求该类为单独的.cs文件),然后利用Windows应用程序访问类的成员,实现由百分制成绩到等级制成绩的转换。

同步实训4: 按照以下要求设计一个学生类Student,并进行测试。

(1) Student类中包含姓名(name)、性别(sex)、年龄(age)三个字段和相应属性。

(2) 在Student类中定义一个接收name、sex两个参数的构造方法和一个接收name、sex、age三个参数的构造函数。

(3) 在 Student 类中定义一个 Introduce()方法,用于输出对象的自我介绍信息,如“大家好!我叫小华,是一个女孩,今年10岁”。

(4) 在 Main()方法中创建两个 Student 类的对象 s1 和 s2,分别调用两个构造函数。然后使用这两个对象分别调用 Introduce()方法,输出 s1 和 s2 的相关信息。

拓展实训 1:按照以下要求设计一个书籍类 Book 并进行测试。

(1) Book 类中包含名称(title)、页数(pageNum)两个字段。

(2) Book 类中使用封装的思想定义 Title 和 PageNum 两个属性。

(3) Booke 类中定义一个 Detail()方法,用于输出书籍的名称以及页数信息。

(4) 在 Main()方法中创建一个 Book 类的实例对象 book,并通过 Title、PageNum 属性为 title、pageNum 两个字段赋值,最后调用 Detail()方法输出 book 相关信息。

拓展实训 2:按照以下要求设计一个计算机类 Computer,并进行测试。

(1) 在 Computer 类中定义一个静态变量 cpu。

(2) 在 Computer 类中定义一个静态方法 Info(),用于输出计算机 CPU 的信息。

(3) 在 Main()方法中为静态变量 cpu 赋值,并调用静态方法 Info()输出计算机 CPU 的相关信息。

习 题 7

一、选择题

1. 下列选项中不属于面向对象特性的是(   )。

   A. 封装性　　B. 继承性　　C. 多态性　　D. 可移植性

2. 在面向对象的思想中,类是对某一类事物的(   ),而对象则表示现实中该类事物的(   )。

   A. 简单概括　个体　　B. 抽象描述　整体

   C. 抽象描述　个体　　D. 简单概括　整体

3. 在定义一个构造方法时,需要遵循的条件为(   )。(多选)

   A. 方法名必须和类名相同

   B. 方法名前面没有返回值类型的声明

   C. 方法名前面可以有返回值类型的声明,也可以没有

   D. 在方法中不能使用 return 语句

4. 关于构造方法的描述,下列说法正确的是(   )。(多选)

   A. 默认情况下系统为每个类提供了一个无参的构造方法

   B. 构造方法在一个对象被创建时自动执行

   C. 构造方法可以重载

   D. 一个类中只能定义一个构造方法

5. 关于 C# 中类的描述,下列说法正确的是(   )。(多选)

   A. 类中只能有变量定义和成员方法的定义,不能有其他语句

B. 构造方法是类中的特殊方法

C. 类一定要声明为 public 修饰符，才可以执行

D. 一个.cs 文件中可以有多个 class 定义

6. 下面这段代码是 Test 类的定义：

```
public class Test
{
    public Test(float a,float b){ }
}
```

下列方法中，产生编译错误的是(　　)。

A. public Test (float a, float b,float c) { }

B. public Test (float c,float d) { }

C. public Test (int a,int b) { }

D. public Test (String a,String b,String c) { }

7. 类的字段和方法的默认访问修饰符是(　　)。

A. public　　B. private　　C. protected　　D. internal

8. 下列关于对象占用内存的说法，正确的是(　　)。

A. 同一个类创建的对象占用的是同一段内存空间

B. 成员变量和成员方法不占用内存

C. 同一个类创建的对象占用的是不同的内存段

D. 以上说法都不对

9. 下列关于构造方法重载的特征描述，正确的是(　　)。(多选)

A. 参数类型不同　　B. 参数个数不同　　C. 参数顺序不同　　D. 参数名称不同

10. 下列选项中，关于类 A 的构造方法定义正确的是(　　)。

A. void A(int x){...}　　B. public A(int x){...}

C. public a(int x){...}　　D. static a(int x){...}

11. 定义一个 Age 属性，表示用户的年龄，控制该属性的值为 0～130，下列正确的代码是(　　)。

```
private int age;
public int Age
{
    get
    {
        return age;
    }
    set
    {
```

```
        ________________
    }
}
```

A. if (value > 0 && value < 130)
{
age = value;
}

B. if (value > 0 && value < 130)
{
value=age;
}

C. if (value > 0|| value < 130)
{
age = value;
}

D. if (value > 0 || value < 130)
{
value = age;
}

12. 下列代码中,x 的输出结果是(　　)。

```
private int Add(ref int x, int y)
{
    x =x +y;
    return x;
}
static void Main(string[] args)
{
    Program pro =new Program();
    int x =30;
    int y =40;
    Console.WriteLine(pro.Add(ref x, y));
    Console.WriteLine(x);
}
```

A. 70　　B. 30　　C. 40　　D. 0

13. 下面程序的输出结果是(　　)。

```
int i =2000;
object o =i;
i =2001;
int j =(int) o;
Console.WriteLine("i={0},o={1}, j={2}",i,o,j);
```

A. i=2001,o=2000,j=2000　　B. i=2001,o=2001,j=2001

C. i=2000,o=2001,j=2000　　D. i=2001,o=2000,j=2001

14. 装箱、拆箱操作发生在(　　)。

A. 类与对象之间　　B. 对象与对象之间

C. 引用类型与值类型之间　　D. 引用类型与引用类型之间

15. 以下关于 ref 和 out 的描述错误的是(　　)。
    A. 使用 ref 参数时,向其传递的参数必须最先初始化
    B. 使用 out 参数时,向其传递的参数必须最先初始化
    C. 使用 ref 参数时,必须将参数作为 ref 参数显式传递到方法
    D. 使用 out 参数时,必须将参数作为 out 参数显式传递到方法
16. 下面关于静态方法的描述中,错误的是(　　)。
    A. 静态方法属于类,不属于实例
    B. 静态方法可以用类名调用
    C. 静态方法可以定义非静态的局部变量
    D. 静态方法可以访问非静态成员

二、填空题

1. 如果一个属性里既有 set 访问器又有 get 访问器,那么该属性为________属性。
2. 如果一个属性里只有 set 访问器,那么该属性为________属性。
3. 声明为________的一个类成员,只有定义这些成员的类的方法可以访问。
4. ________提供了对对象进行初始化的方法,而且它在声明时没有任何返回值。
5. 在 C# 中实参与形参有 4 种传递方式,分别是________、________、________、________。
6. 类的数据成员可以分为静态字段和实例字段。________是和类相关联的,________是和对象相关联的。
7. 传入某个属性的 set 访问器的隐含参数的名称是________。

单元 8

集 合

Unit 8

工作任务

本单元完成任务蛇类的设计和场地类的设计。

学习目标

- 理解集合的概念
- 熟练掌握 ArrayList 的操作方法
- 掌握 Hashtable 的操作方法

知识要点

- ArrayList 对象
- Hashtable 对象

典型案例

- 数据操作程序
- 简易的通信录管理程序

数组是一组具有相同数据类型的数据的集合，在程序中用于存储数据。但是数组存在着局限性，即当其中的元素完成初始化后，要在程序中动态地给数组添加、删除某个元素非常困难。

知识点 1 ArrayList 对象

ArrayList 是一种“特殊数组”，称为数组列表，它可以直观地动态维护，它的容量可以根据需要自动扩充，它的索引会根据程序的扩展重新进行分配。ArrayList 类提供一系列方法对其中的元素进行访问、增加和删除操作。ArrayList 类中可以存放不同类型的数据。

1. 创建 ArrayList 对象

ArrayList 类属于 System.Collections 命名空间，由于 Visual Studio 创建项目时没有自动引入这个命名空间，因此在使用 ArrayList 之前一定要手动导入。

```
using System.Collections;
ArrayList list1 =new ArrayList();          //不指定容量
ArrayList list2=new ArrayList(5);          //指定容量为5个元素
```

ArrayList 是动态可维护的，因此定义时可以指定容量，也可以不指定容量。

2. 操作 ArrayList 类的属性和方法

ArrayList 类的属性和方法及其说明如表 8.1 所示。

表 8.1　ArrayList 类的属性和方法及其说明

属性和方法	说　明
Count	获取 ArrayList 类中实际包含的元素数量。例如，list1.count
Add(object value)	将参数对象添加到 ArrayList 集合的末尾处，返回所添加元素的索引。如果添加的元素是值类型，会被转换为 object 引用类型并保存。例如，list1.Add("a")
Remove(object value)	删除一个特定对象匹配的元素。若集合中有匹配对象，则删除第一个匹配对象。例如，list1.Remove("a")
RemoveAt(int index)	删除指定索引的元素。例如，list1.RemoveAt(0)
Clear()	清除 ArrayList 类中的所有元素。例如，list1.Clear()
Insert(int index,object value)	将元素插入指定索引处。例如，list1.Insert(1,"b")
Contains(object item)	判断某元素是否在集合中，若在，返回值为 True；否则返回值为 False
IndexOf (object value [, int startindex[, int count]])	返回指定范围内第一个与 value 匹配的元素的索引，没找到则返回 −1

3. 访问 ArrayList 类中的元素

ArrayList 类获取一个元素的方法和数组一样，也是通过索引(index)类访问，ArrayList 类中第一个元素的索引值是 0。访问方法如下：

```
(类型) ArrayList 对象[index]          //按指定索引(下标)取得对象
```

【案例 8.1】 创建一个数据操作程序，运行界面如图 8.1 所示，完成 ArrayList 集合类型的一些操作。

案例设计步骤如下。

(1) 程序界面和属性设计

在界面中添加 5 个 Button 按钮、5 个 Textbox 控件、5 个 Label 控件、1 个 ListBox 控件、2 个 GroupBox 控件。控件的 Text 属性设置如图 8.1 所示。

(2) 代码设计

① 在代码窗口首部添加命名空间引用，代码如下：

```
using System.Collections;
```

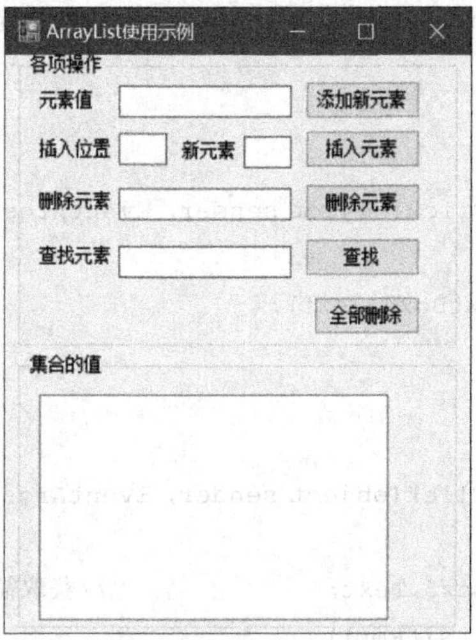

图 8.1 案例 8.1 的运行结果

② 在 Form1 类中创建一个 ArrayList 类的对象,代码如下:

```
ArrayList newList =new ArrayList();
```

③ 添加输出集合元素的公共方法。

```
private void output(ArrayList alist)
{
    listBox1.Items.Clear();
    foreach (object b in alist)
    {
        listBox1.Items.Add(b);
    }
}
```

④ 为各按钮增加单击事件,代码如下:

```
//增加新元素
private void button1_Click(object sender, EventArgs e)
{
    newList.Add(textBox1.Text);
    output(newList);
}
//插入元素
private void button2_Click(object sender, EventArgs e)
{
    int temp1 =int.Parse (textBox2.Text);                //获取插入位置
    string temp2 =textBox3.Text;                         //获取插入的元素
```

```
        newList.Insert(temp1, temp2);                //在指定位置插入新元素
        output(newList);
    }
    //删除元素
    private void button3_Click(object sender, EventArgs e)
    {
        newList.Remove(textBox4.Text);
        output(newList);
    }
    //查找元素
    private void button4_Click(object sender, EventArgs e)
    {
        object temp =textBox5.Text;                  //获取需要查找的元素
        if (newList.Contains(temp))
        {
            MessageBox.Show("已找到元素");
            listBox1.SelectedIndex =newList.IndexOf(temp);
        }
        else
            MessageBox.Show("未找到元素");
    }
    //全部删除
    private void button5_Click(object sender, EventArgs e)
    {
        newList.Clear();
        output(newList);
    }
```

(3) 执行程序

按 F5 键或单击工具栏上的“启动调试”按钮，程序开始运行。可以增加新元素、插入元素等。

知识点 2 Hashtable 对象

ArrayList 类是使用索引访问其成员，但是这种方法必须了解其成员的位置，当 ArrayList 类中的成员频繁发生变化时，跟踪某个成员的下标就比较困难。Hashtable 可以解决这个问题。

C＃中提供了一种叫 Hashtable 的数据结构，通常称为哈希表。哈希表的数据是通过键(Key)和值(Value)进行组织的，可以通过“键”来获取“值”，它的每一个成员都有一个键/值对，能够方便地实现其定义、添加、修改、维护等操作。

1. 创建 Hashtable 对象

哈希表也属于 System.Collections 命名空间。由于 Visual Studio 创建项目时没有自动引入这个命名空间，因此在使用 Hashtable 之前一定要手动导入。

```
using System.Collections;
Hashtable htable =new Hashtable ();
```

Hashtable 也是动态可维护的，因此定义时可以指定容量，也可以不指定容量。

2. 操作 Hashtable 的属性和方法

Hashtable 的属性和方法以及说明如表 8.2 所示。

表 8.2 Hashtable 的属性和方法以及说明

属性和方法	说　明
Count 属性	获取 Hashtable 中实际包含的元素数量
Keys 属性	获取 Hashtable 中所有键的集合
Values 属性	获取 Hashtable 中所有值的集合
Add(object key,object value)方法	将带有指定键和值的元素添加到哈希表中
Remove(object key)方法	删除哈希表中键为 key 的元素
Clear()方法	清除哈希表中的所有元素
Contains(object key)方法	确定某元素是否在哈希表中，若在则返回值为 True；否则返回值为 False

3. 获取哈希表的元素

访问哈希表元素时，和 ArrayList 不同，可以直接通过键名获取具体值。同样，由于值的类型是 object，所以当得到一个值时，也需要通过类型转换得到正确的值。访问格式如下：

```
(类型) Hashtable 对象[key]            //按指定 key(下标)取得对象
```

Hashtable 的长度可以自动扩充，但是元素的排列并不是按照前后的顺序，而是按照哈希表无序排列，所以只能使用键来访问某一个元素的值。

4. 遍历哈希表中的元素

由于哈希表不能通过索引访问，所以遍历一个哈希表只能用 foreach 语句。

【案例 8.2】 设计一个简易的通信录管理程序。通信录中主要包括姓名和电话号码两项信息。通信录中的记录数不固定，经常发生动态变化。

案例设计步骤如下。

(1) 界面设计及属性设置

在 Form1 窗体上添加下列控件：1 个 ListBox 控件，用于显示通信录记录；1 个

GroupBox 控件，其中包括 2 个标签和 2 个文本框，4 个 Button 按钮。设置窗体、标签及按钮的 Text 属性如图 8.2 所示。

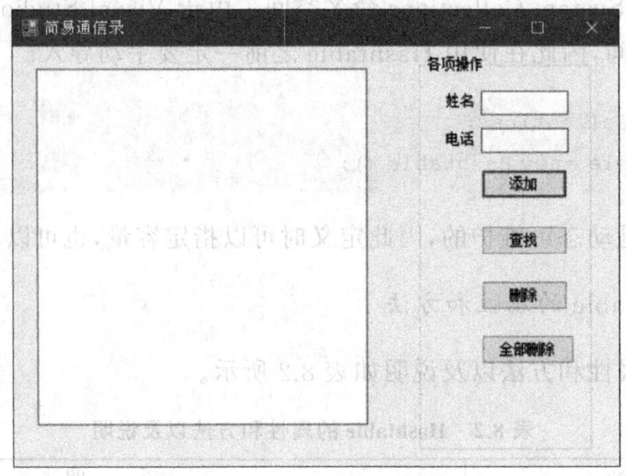

图 8.2　案例 8.2 的设计界面

(2) 代码设计

① 在代码编辑窗口的首部添加命名空间的引用。

```
using System.Collections;
```

② 在 Form1 类中创建一个 Hashtable 对象，声明一个结构类型，代码如下：

```
Hashtable PhoneBook =new Hashtable()
```

③ 添加自定义方法 listshow()，用于显示列表全部元素，代码如下：

```
private void listshow()
{
    listBox1.Items.Clear();
    listBox1.Items.Add("姓名\t\t 电话");
    foreach(string p in PhoneBook.Keys )
    {
        listBox1.Items.Add(p +"\t\t" +(string) PhoneBook[p]);
    }
}
```

④ 为各按钮增加 Click 事件代码如下：

```
//增加事件
private void button1_Click(object sender, EventArgs e)
{
    PhoneBook.Add(textBox1 .Text ,textBox2.Text );
    textBox1.Text =textBox2.Text ="";
```

```
        listshow();
    }
    //查找事件
    private void button2_Click(object sender, EventArgs e)
    {
        int flag =1;
        foreach (object p in PhoneBook.Keys)
        {
            if (p.ToString () ==textBox1.Text || PhoneBook[p].ToString () ==
            textBox2.Text)
            {
                flag =0;
                break;
            }
        }
        if (flag ==0)
            { MessageBox.Show("记录存在"); }
        else
            { MessageBox.Show("记录不存在"); }
    }
    //删除事件
    private void button3_Click(object sender, EventArgs e)
    {
        foreach (object p in PhoneBook.Keys)
        {
            if (p.ToString () ==textBox1.Text || (string)PhoneBook[p] ==textBox2.
            Text)
            {
                PhoneBook.Remove(p);
                break;
            }
        }
        listshow();
    }
    //全部删除事件
    private void button5_Click_1(object sender, EventArgs e)
    {
        if (MessageBox.Show("确定删除所有元素?","提示",
            MessageBoxButtons.OKCancel) ==DialogResult.OK)
        {
            PhoneBook.Clear();
            listBox1.Items.Clear();
        }
    }
```

(3) 执行程序

按 F5 键或单击工具栏上的“启动调试”按钮，程序开始运行，运行结果如图 8.3 所示。在文本框中输入姓名和电话号码，单击“添加”按钮，便可将元素添加到列表中，同时在左侧的 ListBox 控件中显示。

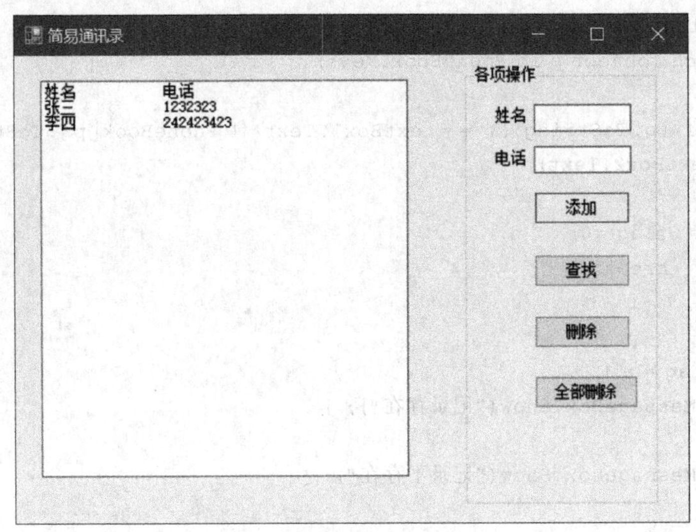

图 8.3 案例 8.2 的运行结果

任务 蛇类设计

1. 任务要求

蛇由多个块组成，所以要包含一个整型数据，保存蛇头的编号即蛇的长度；要有一个 Point 对象，保存蛇头的位置；要有一个 ArrayList 对象，用于存放组成蛇的所有块；蛇在场地运动，要用一个整型数据标识它的运动方向；蛇要在场地中不断移动，如果蛇吃了食物，它自身要增长一块；蛇的运行过程就是蛇的不断显示过程；在蛇消失时，要把块消除掉；蛇运行过程中要不断地改变方向；如果蛇头碰到了它自身，蛇就要死亡即程序结束。

2. 任务实施

(1) 选择项目并右击，添加一个类文件 Snake.cs。

(2) 代码设计如下：

```
public class Snake
{
    private ArrayList blockList;                    //字段
    private int headNumber;                         //蛇头编号或蛇长度
    private Point headPoint;                        //蛇头位置(左上角坐标)
```

```
    private int direction =1;            //0、1、2、3 分别代表上、右、下、左
    public Point HeadPoint               //蛇头位置的只读属性
    {
        get { return headPoint; }
    }
    public int Direction                 //蛇的运行方向属性
    {
        get { return direction; }
        set { direction =value; }
    }
    public bool getHitSelf               //只读蛇是否碰到墙或碰到自身属性
    {
        get
        {
            foreach (Block b in blockList)
            {
                if (b.Number !=headNumber && b.Origin.Equals(headPoint))
                {
                    return true;         //返回 true
                }
            }
            return false;                //返回 false
        }
    }
    public Snake(Point vertex, int count)
    {
        Block bb;
        Point p =new Point(vertex.X +40, vertex.Y +40);        //定义蛇尾起始位置
        blockList =new ArrayList(count);   //初始数组长度为 count
        for (int i =0; i <count; i++) //通过循环填充 blockList
        {
            bb =new Block();             //实例化新块
            bb.Origin =p;                //块的位置赋值
            bb.Number =i +1;             //蛇中块序数从 1 开始
            blockList.Add(bb);           //把块添加到 blockList 中
            if (i ==count -1)            //如果是蛇头,就把位置(顶点)赋给 headPoint
            {
                headPoint =bb.Origin; //给蛇头的位置赋值
                bb.IsHead =true;
            }
            p.X =p.X +10;                //x 坐标加 10
```

```
        }
        headNumber =count;                    //给蛇头序数(蛇长度)赋值
    }
    //0,1,2,3 代表上、右、下、左,参数为蛇要改变的方向
    public void TurnDirection(int pDirection)
    {
        switch (direction)                    //1
        {
            case 0:                           //原来向上
                if (pDirection ==3)           //如果改变方向为左
                    direction =3;
                else if (pDirection ==1)      //如果改变方向为右
                    direction =1;
                break;
            case 1:                           //原来方向为右
                if (pDirection ==2)           //原来方向为下
                    direction =2;
                else if (pDirection ==0)      //原来方向为上
                    direction =0;
                break;
            case 2:
                if (pDirection ==3)
                    direction =3;
                else if (pDirection ==1)
                    direction =1;
                break;
            case 3:
                if (pDirection ==2)
                    direction =2;
                else if (pDirection ==0)
                    direction =0;
                break;
        }
    }
    public void SnakeGrowth()                 //蛇增长方法
    {
        Block b =(Block)blockList[blockList.Count -1];
                                              //找到蛇头的坐标
            int x =b.Origin.X;                //读取当前块,即蛇头的位置坐标
            int y =b.Origin.Y;
            switch (direction)                //根据当前运动方向设置新的块坐标
            {
                case 0:                       //向上的 y 坐标减 10
```

```
                y =y -10; break;
            case 1:
                x =x +10; break;
            case 2:
                y =y +10; break;
            case 3:
                x =x -10;
                break;
        }
        b.IsHead =false;
        Block newBlock =new Block();        //定义并实例化新块
        Point headP =new Point(x, y);       //由坐标构造头位置点
        newBlock.Origin =headP;             //把点赋给新块的位置属性
        newBlock.IsHead=true ;
        //当前块的序数加 1 并赋给新块的序数属性
        newBlock.Number =b.Number +1;
        blockList.Add(newBlock);            //把新块添加到 blockList 中
        headNumber++;                       //头块的序数(蛇的长度)增加 1
        headPoint =headP;                   //给头位置赋新值
    }
public void Go(Graphics g)                  //显示蛇方法,参数为图形对象
{
    Block b1 =(Block)blockList[0];          //取出 blockList 的第一个元素给 b
    b1.UnDisplay(g);                        //消除 b 块的显示
    blockList.RemoveAt(0);                  //从 blockList 中移出第一块
    foreach (Block b in blockList)
    {
        b.Number--;
    }
    headNumber--;
    SnakeGrowth();
}
public void Display(Graphics g)             //显示的方法
{
    foreach (Block b in blockList)
    {
        b.Display(g);                       //显示当前块
    }
}
public void UnDisplay(Graphics g)           //消除显示的方法
{
    foreach (Block b in blockList)
```

```
        {
            b.UnDisplay(g);                     //消除当前块
        }
    }
}
```

任务　场地类设计

1. 任务要求

场地(Floor)类为游戏的主场地,食物要在此范围内出现,蛇要在此范围内运行。场地的左上角确定场地的显示位置,长宽确定场地的大小。在游戏过程中,要首先初始化场地类,然后显示场地。当食物被吃掉后,要随机产生一个新食物并显示,还要不断检查蛇是否吃了食物,是否碰撞到了场地的壁或蛇自身。

2. 任务实施

(1) 选择项目并右击,添加一个类文件 Floor.cs。
(2) 设计代码如下:

```
public class Floor
{
    private static int unit =10;                 //定义静态单位长度
    private int length =60 * unit;               //运动场长度,并排 60 个蛇块的长度
    private int width =30 * unit;                //运动场宽度,并排 30 个蛇块的长度
    private Point dot;                           //运动场左上角位置
    public int score;                            //游戏分数
    private Snake s;                             //蛇对象字段
    private Bean bean;                           //食物对象字段
    public Snake S                               //蛇对象的只读属性
    {
        get { return s; }
    }
    public Floor(Point d)                        //构造函数,参数为运动场左上角位置
    {
        dot =d;                                  //d 赋给左上角位置字段
        s =new Snake(d, 5);                      //实例化蛇对象字段
        bean =new Bean();
        bean .Origin =new Point(d.X +30, d.Y +30);   //实例化食物位置
```

```
    }
    public void ReSet(Graphics g)           //重新设置蛇的方法
    {
        s.UnDisplay(g);                     //消除以前的蛇
        s =new Snake(dot, 5);
        bean.UnDisplay(g);                  //消除以前的食物
        bean.Origin =new Point(dot.X +30, dot.Y +30);
    }
    public void Display(Graphics g)         //显示运动场方法,参数为一图形对象
    {
        Pen p =new Pen(Color.Red);          //创建笔并用红色实例化
        //用创建的笔画一个位置为 dot,长、宽分别为 length 和 width 的矩形
        g.DrawRectangle(p, dot.X, dot.Y, length, width);
        bean.Display(g);                    //显示食物
        //检查食物是否被吃
        if (bean.Origin.Equals(s.HeadPoint))     //判断食物的位置是否与蛇头相同
        {
            score =score +10;               //分数加 10
            bean.UnDisplay(g);              //消除原来的食物
            Random random =new Random();    //创建伪随机数对象并实例化
            int x =random.Next(1, length / unit);
            int y =random.Next(1, width / unit);
            //由运动场位置和 x、y 随机整数实例化点对象
            Point d =new Point(dot.X +x * 10, dot.Y +y * 10);
            bean.Origin =d;                 //点赋给新食物位置属性
            bean.Display(g);
            s.SnakeGrowth();                //蛇自动增长
        }
        else
        {
            s.Go(g);
        }
        s.Display(g);                       //显示蛇
    }
    //检查蛇是否撞墙
    public bool CheckSnake()
    {
        if ((dot.X <s.HeadPoint.X && s.HeadPoint.X< (dot.X +length) -10) &&
        (dot.Y < s.HeadPoint.Y && s.HeadPoint.Y < (dot.Y +width) -10) &&
        !s.getHitSelf)
        {
            return false ;
        }
```

```
        else
        {
            return true ;
        }
    }
}
```

小 结

ArrayList 集合可以动态维护，访问元素时需要类型转换，删除数据时可以通过索引访问其中的元素。Hashtable 中的元素以键/值对的形式存在，访问其中的元素也需要进行类型转换。遍历 Hashtable 时，可以遍历其 Value 或 Key。Hashtable 不能通过索引访问，只能通过键访问。

同步实训和拓展实训

1. 实训目的

熟练掌握 ArrayList 集合的添加、查找和删除等操作方法。掌握 Hashtable 集合的使用方法。

2. 实训内容

同步实训：在程序中创建一个 ArrayList 集合 list1，向 list1 集合中添加不同类型的数据，然后再遍历输出。

拓展实训：创建一个 Hashtable 集合 ht，然后向 ht 集合中加入不同类型的键和值。

习 题 8

一、选择题

1. 在 C#.NET 中，ArrayList 的（　　）属性可以指定 ArrayList 容量。

A. Value　　B. Capacity　　C. Total　　D. Count

2. 在 C#.NET 中，下列代码的运行结果是（　　）。

```
int[] num =new int[] { 1, 2, 3, 4, 5 };
ArrayList arr =new ArrayList();
for (int i =0; i <num.Length; i++){
```

```
    arr.Add(num[i]);
}
arr.Remove(arr[2]);
Console.Write(arr[2]);
```

A. 1　　B. 2　　C. 3　　D. 4

3. 在C#.NET中，下列代码的运行结果是(　　)。

```
Hashtable hsStu=new Hashtable();
hsStu.Add(3,"A");
hsStu.Add(2,"B");
hsStu.Add(1,"C");
hsStu.Remove(1);
Console.WriteLine(hsStu[2]);
```

A. 2　　B. B　　C. 1　　D. C

二、填空题

1. 集合类是由命名空间________提供。

2. 以下的C#程序运行后，数组A中的数值为________。

```
public static void Main() {
    int[] A =new int[5]{ 1, 2, 3, 4, 5 };
    Object[] B =new Object[5] { 6, 7, 8, 9, 10 };
    Array.Copy( A, B, 2 );
}
```

单元 9

继承和多态

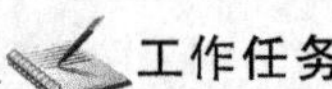

工作任务

本单元完成界面(Start)类任务的设计。

学习目标

- 了解类的继承
- 掌握继承的使用
- 了解类的多态
- 掌握使用虚拟方法实现多态的方法
- 掌握使用抽象类实现多态的方法
- 掌握使用接口实现多态的方法

知识要点

- 继承
- 多态
- 接口
- 密封类和密封方法

典型案例

- 动物类的继承和多态
- 继承中构造函数的调用方法
- 利用抽象类和抽象方法实现图形体积的计算

知识点 1 继　　承

继承是面向对象程序设计方法的最重要特征之一。继承就是在已有类的基础上建立新类的机制,新的类既具备原有类的功能和特点,又可以将这些功能在原有基础上进行拓展。继承最主要的优点是代码重用,派生类可以自动获得基类中除了构造函数和析构函数之外的所有成员。在设计类时,可以将公共的特征和功能划分到基类中,并利用继承性由所有的派生类自动获得,在派生类中再定义具体特殊的特征和功能。

类的继承是指在定义类时，不需要编写代码，就可以隐含具有另一个类已定义好的数据成员（字段）、属性成员、方法成员等。在类的继承中，被继承的类叫基类或父类，继承的类叫派生类或子类。

在C#中的继承主要有以下几个特点。

(1) 继承的可传递性。在面向对象的程序设计语言中，继承也具有传递性，即类的继承是可以传递的，如果类C从类B中派生，类B又从类A中派生，那么类C不仅继承了类B中声明的成员，同样也继承了类A中声明的成员。

(2) 继承的单一性。继承的单一性是指派生类只能从一个基类中继承，不能同时继承多个基类，即子类只能继承一个父类，不能同时继承多个父类。C#不支持类的多重继承，但可以通过接口实现多重继承。

(3) 派生类不能继承基类的构造函数、析构函数。

(4) Object类是所有类的基类。

1. 派生类的声明

通过继承，派生类能自动获得基类中除了构造函数和析构函数以外的所有成员，可以在派生类中添加新的属性和方法以扩展其功能。

在声明派生类(子类)时，子类名称后紧跟一个冒号，冒号后指定基类的名称。语法格式如下：

```
[访问修饰符] class 派生类名称: 基类名称
        {类体}
```

说明：

(1) 访问修饰符：可以是public、private、protected和internal。类默认的访问修饰符为internal。通常都使用public以保证类的开放性。

(2) :基类名称：表示所继承的类。

2. 创建派生类对象

创建的派生类对象，将包含基类的成员（除了构造函数和析构函数），因此派生类对象可以直接访问基类成员（如果访问权限允许）。

【案例9.1】 新建一个类文件Animal.cs，里面包含动物类和猫类两个类，动物类作为基类，猫类作为派生类。在窗体类中创建派生类对象，并调用父类和派生类的方法。案例运行结果如图9.1所示。

案例设计步骤如下。

(1) 程序界面和属性设置

创建一个Windows应用程序，在Form1窗体中添加1个Button按钮控件，Text属性修改为“创建对象”。

(2) 代码设计

① 增加一个类文件Animal.cs，添加如下代码：

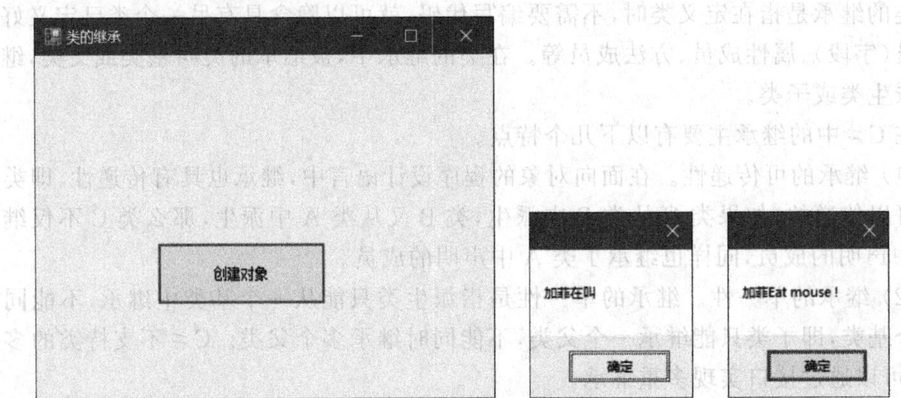

图 9.1　案例运行结果

```
using System.Windows.Forms;            //手工导入命名空间
public class Animal
{
    public string name;
    public void Sound()
    { MessageBox.Show(name +"在叫"); }
}
public class Cat : Animal
{
    public void Eat()
    {
        MessageBox.Show(name +"Eat mouse !");
    }
}
```

② 双击“创建对象”按钮，添加如下事件：

```
private void button1_Click(object sender, EventArgs e)
{
    Cat mycat =new Cat();
    mycat.name ="加菲";
    mycat.Sound();                //子类继承了父类的成员
    mycat.Eat();
}
```

(3) 执行程序

按 F5 键或单击工具栏上的“启动调试”按钮，程序开始运行，单击“创建对象”按钮创建对象。

3. protected 成员

派生类不能继承基类中的构造函数和析构函数，其他的基类成员都被派生类继承。但是并不是所有的基类成员、派生类对象都可以随便访问，这取决于这些成员被声明时的访问修饰符。

- public：访问该成员不受限制。
- protected：访问该成员仅限于其所包含的类或该类的派生类，即派生类可以访问基类中的 protected 成员。
- private：访问该成员仅限于其所包含的类，即派生类不能直接访问基类的 private 成员。

【讨论】 将案例 9.1 的 Animal 类的字段 name 的修饰符 public 改为 private，程序提示如图 9.2 错误。派生类虽然继承了基类的所有字段，但私有字段在类外不能访问。

错误列表

2 个错误 | 0 个警告 | 0 个消息 | 搜索错误列表

	说明	文件	行	列	项目
1	"li8_1.Animal.name"不可访问，因为它受保护级别限制	Animal.cs	20	29	li8-1
2	"li8_1.Animal.name"不可访问，因为它受保护级别限制	Form1.cs	23	19	li8-1

图 9.2　程序错误

修改 Animal 类文件代码，则提示如图 9.3 所示的程序错误，说明 protected 成员只能在基类和派生类中访问，其他类不能访问。

```
public class Animal
{
    protected string name;
    public void Sound()
    { MessageBox.Show(name +"在叫"); }
}
```

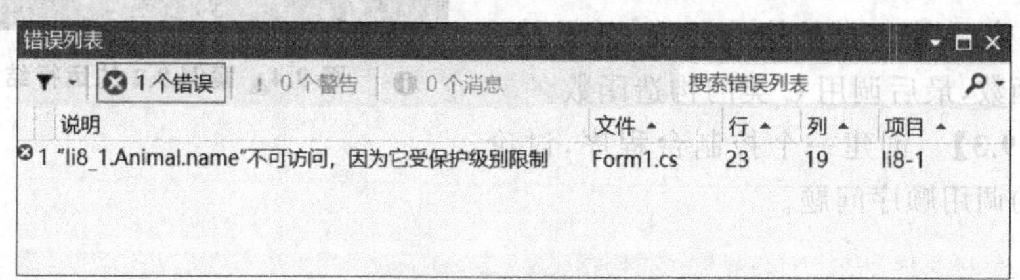

错误列表

1 个错误 | 0 个警告 | 0 个消息 | 搜索错误列表

	说明	文件	行	列	项目
1	"li8_1.Animal.name"不可访问，因为它受保护级别限制	Form1.cs	23	19	li8-1

图 9.3　程序错误

4. 派生类的构造函数

类的对象在创建时将自动调用构造函数，为对象分配内存并初始化数据。创建派生类对象时同样需要调用构造函数。

(1) 调用基类无参数的构造函数

在创建派生类对象时,调用构造函数的顺序是先调用基类构造函数,再调用派生类的构造函数,以完成为数据成员分配内存空间并进行初始化的工作。

【案例 9.2】 创建一个控制台程序,讨论类的继承机制中构造函数执行过程中的先后问题。

```
class A
{
    public A()
    { Console .WriteLine("执行基类 A 的构造函数"); }
}
class B : A
{
    public B()
    { Console.WriteLine("执行派生类 B 的构造函数"); }
}
class Program
{
    static void Main(string[] args)
    {
        B b1 =new B();
        Console.Read();           //停滞窗口
    }
}
```

案例 9.2 的运行结果如图 9.4 所示。

如果派生类的基类本身是另一个类的派生类,则构造函数按由高到低的顺序依次调用。例如,假设 A 类是 B 类的基类,B 类是 C 类的基类,则创建 C 类对象时,调用构造函数的顺序为:先调用 A 类的构造函数,再调用 B 类的构造函数,最后调用 C 类的构造函数。

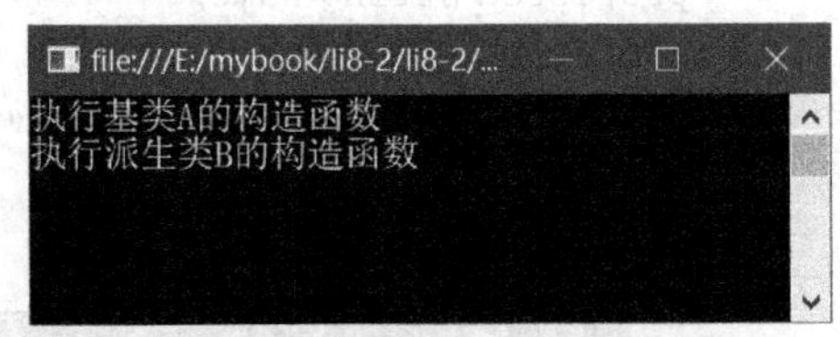

图 9.4　案例 9.2 的运行结果

【案例 9.3】 创建一个控制台程序,讨论多个子类的调用顺序问题。

```
class A
{
    public A()
    { Console .WriteLine("执行基类 A 的构造函数"); }
```

```
}
class B : A
{
    public B()
    { Console.WriteLine("执行派生类 B 的构造函数"); }
}
class C : B
{
    public C()
    { Console.WriteLine("执行派生类 C 的构造函数"); }
}
class Program
{
    static void Main(string[] args)
    {
        C b1 =new C();
        Console.Read();             //停滞窗口
    }
}
```

案例 9.3 的运行结果如图 9.5 所示。

(2) 调用基类带参数的构造函数

如果基类中声明了带参数的构造函数,在创建派生类对象时,要调用基类的带参数的构造函数,就必须向基类构造函数传递参数。可以用 base 关键字来调用基类的构造函数。

图 9.5　案例 9.3 的运行结果

语法格式如下:

```
public 派生类构造函数名(形参列表): base(向基类构造函数传递的实参列表)
{…… }
```

注意:传递给基类构造函数的"实参列表"通常包含在派生类构造函数的"形参列表"中。

【案例 9.4】 创建一个控制台程序,调用基类带参数的构造函数。

```
public class Person
{
    public string name;
    public Person(string myname)
    {
        name =myname;
        Console.WriteLine("基类的构造函数");
```

```
        }
    }
    public class Student : Person
    {
        public string sid;
        public Student(string myname, string mysid)
            : base(myname)
        {
            sid =mysid;
            Console.WriteLine("调用子类的构造函数");
        }
    }
    static void Main(string[] args)
    {
        Student s1=new Student("张三", "15");
        Console.WriteLine("姓名: {0} 学号: {1}", s1.name, s1.sid);
        Console.Read();                    //停止窗口
    }
```

案例 9.4 的运行结果如图 9.6 所示。

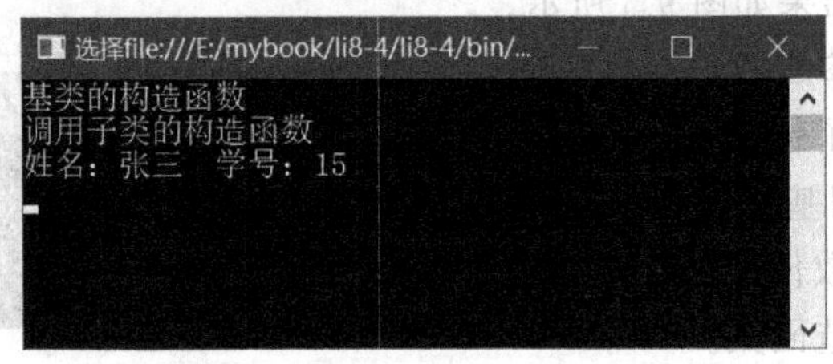

图 9.6 案例 9.4 的运行结果

5. 隐藏从基类继承的成员

派生类如果定义了与继承而来的成员同名的新成员,就隐藏了已继承的成员,但并不是删除了该成员,只是不能访问该成员而已。这时,编译器不会报错,但是会产生一个警告。通过在派生类同名成员前面添加 new 关键字,可以明确地告知编译器,派生类的确是故意隐藏基类的成员,就不会产生警告了。

知识点 2 多 态

多态性的定义是:同一操作作用于不同的对象,会有不同的解释,产生不同的执行结果。多态性允许派生类对继承而来的基类中的同一行为操作作出不同的解释,最后产生不同的执行结果。例如,所有动物都有走动的行为,但不同的动物有不同的解释,鱼是游泳,鸟是飞翔,虫子是爬行,老虎是奔跑。多态性使得派生类的实例可以直接赋给基类的对象(不需要进行强制类型转换),然后直接通过这个对象调用派生类的方法。

C#中的多态性在实现时主要是通过在派生类中重写基类的虚方法或抽象方法来实现的。

1. 虚方法

虚方法是在基类中声明的,用于期望在派生类中得到进一步的改进。虚方法是允许被其派生类重新定义的方法,在声明时需要使用 virtual 关键字进行修饰。声明虚方法的语法格式如下:

```
Public virtual 返回类型 方法名称(参数列表)
    {方法体}
```

例如:

```
public class Animal
{
    public virtual void Eat()
    {
        MessageBox.Show("Eat something");
    }
}
```

2. 重写方法

重写方法提供虚方法的具体实现。如果在派生类中要对基类的虚方法作进一步的改进,可以重写基类的虚方法,此时需要使用 override 关键字。

```
public override 返回类型 方法名称(参数列表)
    {方法体}
```

例如:

```
public class Cat: Animal
{
    public override void Eat()                    //完全覆盖
    {
        MessageBox.Show("Eat mouse !");
    }
}
```

关于重写方法需要注意以下几点。

(1) 覆盖的方法必须与被覆盖的方法具有相同的方法名称和参数列表。

(2) 重载和重写是不相同的,重载是指编写一个与已有方法同名但参数不同的方法,而重写是指在派生类中重写基类的虚方法。

【案例 9.5】 当调用某个虚方法时，运行时会根据具体对象的类型，动态决定调用哪个方法。

```
public class Animal
{
    public virtual void Eat()
    { Console .WriteLine("Eat something"); }
}
public class Cat : Animal
{
    public override void Eat()
    { Console.WriteLine("Eat mouse !"); }
}
public class Mouse : Animal
{
    public override void Eat()
    { Console.WriteLine("Eat cheese !"); }
}
static void Main(string[] args)
{
    Animal c =new Cat();
    c.Eat();                          // 输出: Eat mouse !
    Animal m =new Mouse();
    m.Eat();                          // 输出: Eat cheese !
    Console.Read();                   //停滞窗口
}
```

案例 9.5 的运行结果如图 9.7 所示。

3. base 关键字

当子类重写父类的方法后，子类对象无法直接访问父类被重写的方法。C＃中提供了一个 base 关键字专门用于在子类中访问父类的成员，例如访问父类的字段、方法和构造函数等。例如：

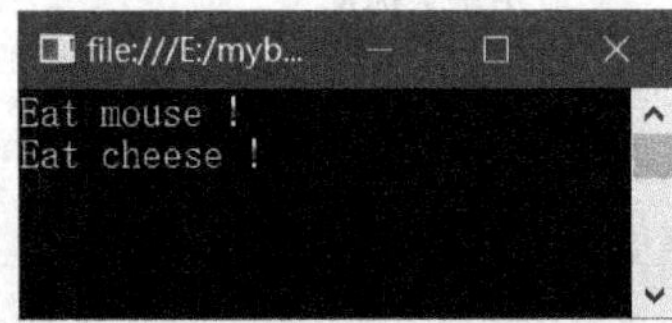

图 9.7 案例 9.5 的运行结果

```
class A
{
    public virtual void X()
    { Console.WriteLine ("基类的方法"); }
}
class B:A
```

```
{
    public override void X()
    {
        base.X();
        Console.WriteLine ("派生类的方法");
    }
}
```

4. 抽象类和抽象方法

只有方法声明，没有具体方法体的特殊方法称为抽象方法。在实际的编程过程中，常常有很多类只用来继承，不需要实例化。例如定义一个 Shape 类，表示各种几何图形。Cubage( )方法用来计算图形的体积，该如何实现这个方法呢？长方体、圆柱体等不同的几何图形体积的计算公式不同，显然在这里没法实现。在这种情况下，定义基类时，对于其中的方法可以不去做具体的方法实现，而只用抽象方法进行描述，那么这个包含抽象方法的类就是抽象类。

```
abstract class Shape
{
    public abstract double Cubage();                    //没有方法体
}
```

(1) 声明抽象类与抽象方法均需要使用关键字 abstract，其格式为：

```
public abstract class 类名称
{
    …
    public abstract 返回类型 方法名称(参数列表);
    …
}
```

注意：抽象方法声明时，没有方法体，只在方法头后跟一个分号。

```
public abstract class Shape
{
    protected double dx,dy,dz;
    public Shape(double x,double y,double z)
    {dx=x;dy=y;dz=z;}
    public abstract double Cubage();
}
```

(2) 重写抽象方法

当定义抽象类的派生类时，派生类从抽象类继承抽象方法，并且必须重写抽象类的抽象方法。重写抽象方法必须使用 override 关键字。

重写抽象方法的格式为：

```
public override 返回类型 方法名称(参数列表)
    {方法体}
```

其中，方法名称与参数列表必须与抽象类中抽象方法的参数列表完全一致。

```
public abstract class Shape
{
    protected double dx,dy,dz;
    public Shape(double x,double y,double z)
    {dx=x;dy=y;dz=z;}
    public abstract double Cubage() ;
}
public class Cuboid:Shape
{
    public Cuboid(double l,double w,double     h):base(l,w,h){}
    public override double Cubage()
    {return dx * dy * dz;}
}
```

【案例 9.6】 创建 Windows 应用程序，在程序中定义几何体抽象类和其派生类长方体、正方体、圆柱体与圆锥体。该程序实现以下功能：选择表示具体几何体形状的单选按钮，输入相应几何体的参数，单击“创建对象计算体积”按钮，根据输入参数创建几何体对象，并输出该对象的体积。案例运行结果如图 9.8 所示。

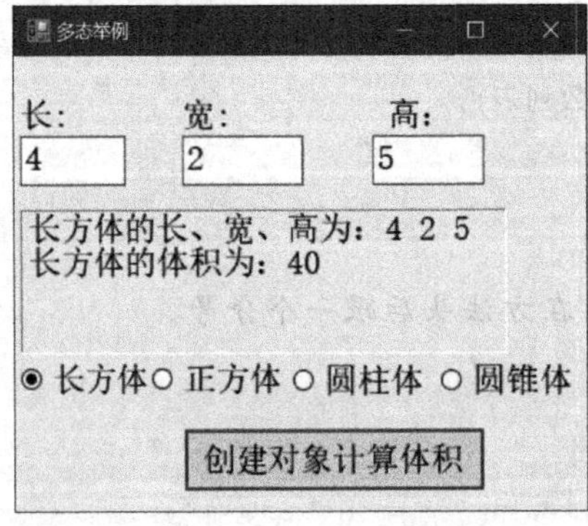

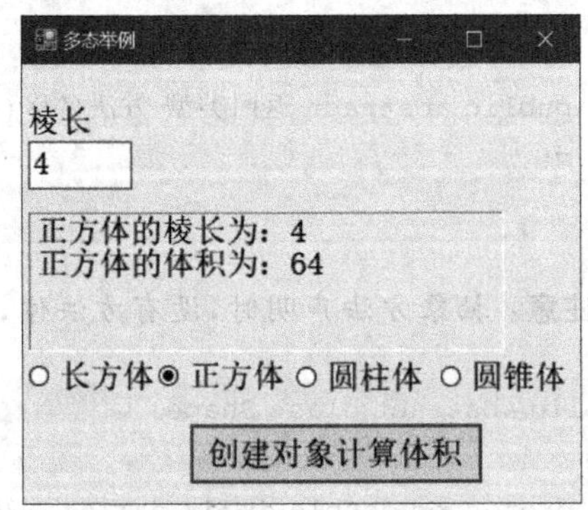

图 9.8　案例 9.6 的运行结果

案例设计步骤如下。

(1) 程序界面和属性设置

添加 4 个标签控件(Label1～Label4)、3 个文本框控件(TextBox1～TextBox3)、4 个单选按钮控件(RradioButton1～RadioButton4)、1 个按钮控件(Button1)，适当调整控件的大小及布局，设计窗体及控件属性。效果如图 9.9 所示。

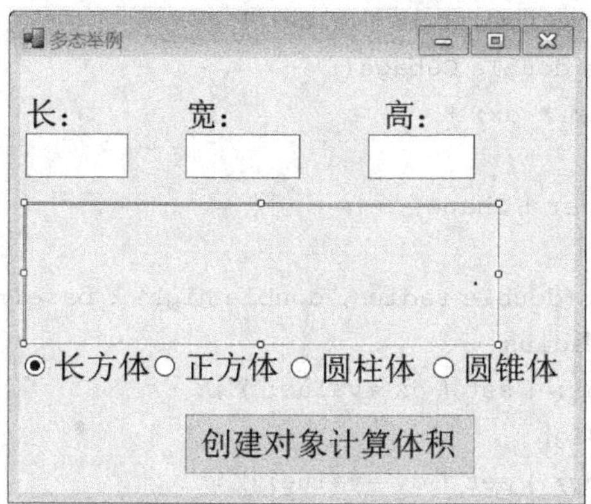

图 9.9 修改属性后的界面

(2) 设计代码

① 新建一个类文件 Shape.cs,代码如下:

```
public abstract class Shape
{
    protected double dx;
    protected double dy;
    protected double dz;
    public Shape(double x, double y, double z)
    {
        dx =x; dy =y; dz =z;
    }
    public abstract double Cubage();
}
public class Cuboid : Shape
{
    public Cuboid(double l, double w, double h) : base(l, w, h) { }
    public double Length
    { get { return dx; } set { dx =value; } }
    public double Width
    { get { return dy; } set { dy =value; } }
    public double High
    { get { return dz; } set { dz =value; } }
    public override double Cubage()
    { return dx * dy * dz; }
}
public class Cube : Shape
{
    public Cube(double l) : base(l, 0, 0) { }
    public double Length
```

```
    { get { return dx; } set { dx =value; } }
    public override double Cubage()
    { return dx * dx * dx; }
}
public class Cylinder : Shape
{
    public Cylinder(double radius, double high) : base(radius, high, 0) { }
    public double Radius
    { get { return dx; } set { dx =value; } }
    public double High
    { get { return dy; } set { dy =value; } }
    public override double Cubage()
    { return 3.14 * dx * dx * dy; }
}
public class Cone : Shape
{
    public Cone(double radius, double high) : base(radius, high, 0) { }
    public double Radius
    { get { return dx; } set { dx =value; } }
    public double High
    { get { return dy; } set { dy =value; } }
    public override double Cubage()
    { return 3.14 * dx * dx * dy / 3; }
}
```

② 双击“长方体”单选按钮，在窗体类中添加如下代码：

```
private void radCuboid_CheckedChanged(object sender, EventArgs e)
{
    if (radCuboid.Checked)
    {
        label2.Visible =label3.Visible =txtY.Visible=txtZ.Visible =true;
        label1.Text ="长:";
        label2.Text ="宽:";
    }
}
```

③ 双击“正方体”单选按钮，添加如下代码：

```
private void radCube_CheckedChanged(object sender, EventArgs e)
{
    if (radCube.Checked)
    {
```

```
        label2.Visible =label3.Visible =txtY.Visible =txtZ.Visible=false;
        label1.Text ="棱长";
    }
}
```

④ 双击“圆柱体”单选按钮,添加如下代码:

```
private void radCylinder_CheckedChanged(object sender, EventArgs e)
{
    if (radCylinder.Checked)
    {
        label2.Visible =txtY.Visible =true;
        label3.Visible =txtZ.Visible =false;
        label1.Text ="底面半径:";
        label2.Text ="高: ";
    }
}
```

⑤ 双击“圆锥体”单选按钮,添加如下代码:

```
private void radCone_CheckedChanged(object sender, EventArgs e)
{
    if (radCone.Checked)
    {
        label2.Visible =txtY.Visible =true;
        label3.Visible =txtZ.Visible =false;
        label1.Text ="底面半径:";
        label2.Text ="高: ";
    }
}
```

⑥ 双击“创建对象计算面积”按钮,添加如下代码:

```
private void button1_Click(object sender, EventArgs e)
{
    double a, b, c;
    if (radCuboid.Checked)
    {
        a =double.Parse(txtX.Text);
        b =double.Parse(txtY.Text);
        c =double.Parse(txtZ.Text);
        Cuboid cuboid =new Cuboid(a, b, c);
        lblInfo.Text ="长方体的长、宽、高为: " +cuboid.Length +" "
            +cuboid.Width +" " +cuboid.High
```

```
            +"\n 长方体的体积为: "+cuboid.Cubage();
    }
    if (radCube.Checked)
    {
        a =double.Parse(txtX.Text);
        Cube cube =new Cube(a);
        lblInfo.Text ="正方体的棱长为: " +cube.Length
        +"\n 正方体的体积为: " +cube.Cubage();
    }
    if (radCylinder.Checked)
    {
        a =double.Parse(txtX.Text);
        b =double.Parse(txtY.Text);
        Cylinder cylinder =new Cylinder(a, b);
        lblInfo.Text ="圆柱体的底面半径和高为: " +cylinder.Radius +" "
        +cylinder.High+"\n 圆柱体的体积为: " +cylinder.Cubage();
    }
    if (radCone.Checked)
    {
        a =double.Parse(txtX.Text);
        b =double.Parse(txtY.Text);
        Cone cone =new Cone(a, b);
        lblInfo.Text ="圆锥体的底面半径和高为: " +cone.Radius +" "
        +cone.High +"\n 圆柱体的体积为: " +cone.Cubage();
    }
}
```

(3) 执行程序

按 F5 键或单击工具栏上的"启动调试"按钮,程序开始运行。

提示:

① 含有抽象方法的类必然是抽象类,但抽象类中可以包含其他成员。

② 抽象类可以声明对象,但不能使用 new 运算符实例化对象。

③ 抽象类是要被继承的,所以不能被密封,即 abstract 关键字与 sealed 关键字不能并存。

④ 对于抽象类中定义的抽象方法,其派生类必须要给出抽象方法的实现,除非派生类也是抽象类。在派生类中实现一个抽象方法的方式是使用 override 关键字重写抽象方法。

知识点 3 接口

C#遵循的是单继承机制,即基类可以派生出多个派生类,但是一个派生类只能有一个基类。如果在程序开发过程中希望一个派生类有两个或两个以上的基类,实现多重继承的功能，可以通过接口来实现。此外接口也可以继承其他接口。接口是一种用来定义程序的协议，它描述可属于任何类或结构的一组相关行为，可以把它看成是实现一组类的模板。接口只是定义了类必须做什么，而不是怎么做，即接口只管功能形式规范，不管具体实现。

接口具有以下主要特征。

(1) 接口中的方法都是抽象方法。

(2) 接口类似于抽象类，继承接口的任何非抽象类型都必须实现接口中的所有成员。

(3) 不能直接实例化接口。

(4) 类可以从多个接口继承，接口自身也可以从多个接口继承。

(5) 在组件编程中，接口是组件向外公布其功能的唯一方法。

C#中使用interface关键字声明接口，接口定义的基本语法格式如下：

```
[修饰符] interface 接口名称 [:父接口列表]
{
    //接口成员声明
}
```

接口成员包括从基接口继承的成员及接口自身定义的成员。接口可由方法、属性、事件和索引器或这4种成员类型的任何组合构成，但不能包含字段。接口成员声明不能包含任何访问修饰符(因为接口具有“被继承”的特性，所以默认时，所有接口成员具有public特性)，如果接口成员声明中包含访问修饰符，会发生编译错误。

C#中通常把派生类和基类的关系称为继承，类和接口的关系称为实现。一个类可以实现多个接口，一个接口也可以由多个类来实现。

实现接口的基本语法格式如下：

```
class 类名: 接口名列表
{
    //接口成员的实现
    //类的其他代码
}
```

实现接口时应注意以下几点。

(1) 类在实现接口时，必须实现接口中的所有成员，每个成员实现时成员头(如果是方法，成员头指方法头)必须与接口中的声明保持一致。因为默认情况下，所有接口成员具有public特性，所以类在实现接口时，每个成员都必须用public修饰。

(2) 类可以实现多个接口，多个接口在书写时用逗号分隔。

(3) 实现接口的类还可以继承其他的类，在表述上要把基类写在基接口之前，用逗号分隔。

【案例9.7】 演示接口的声明和实现。代码如下：

```
interface Ipeople
{
```

```
    string Name{ get; set; }
    void ShowInfo();
}
public class student : Ipeople                        //继承接口,定义学生类
{
    private string name;
    public float score;
    public string Name                                //实现 name 属性
    {
        get
        {
            return name;
        }
        set
        {
            name =value;
        }
    }
    public void ShowInfo()                            //实现方法,输出学生信息
    {
        Console.WriteLine(name+"的成绩: "+score);
    }
}
```

知识点4　密封类和密封方法

1. 密封类

如果某个类不希望被别的类继承,则可将该类用 sealed 关键字声明为密封类。语法格式如下:

```
访问修饰符 sealed class 类名称
    {类体}
```

例如:

```
public sealed class SealedClass
{
    public string method( )
    { return "我是密封类"; }
}
```

2. 密封方法

C#还允许将一个非密封类定义中的某个方法声明为密封方法。一旦方法被声明为密封方法，将不允许在派生类中重写该方法。例如：

```
public class SealedMethod
{
    public sealed string SMethod( )
    {
        return "我是一个密封方法";
    }
}
```

任务 界面类设计

1. 任务要求

界面类 Start 是创建"Windows 应用程序"时系统自动创建的。此类继承自系统类 System.Windows.Forms.Form，是本程序的主窗体。本任务的程序中，Start 类主要使用了继承自系统类的字段、属性、方法和事件。在 Form1 类中可以通过添加控件及设置控件的属性来添加对象字段和对象属性字段。

2. 任务实施

(1) 程序界面设计

在窗体中添加 1 个 MenuStrip 控件、4 个 Label 控件，1 个 Timer 控件，如图 9.10 所示。任务的运行界面如图 9.11 所示。

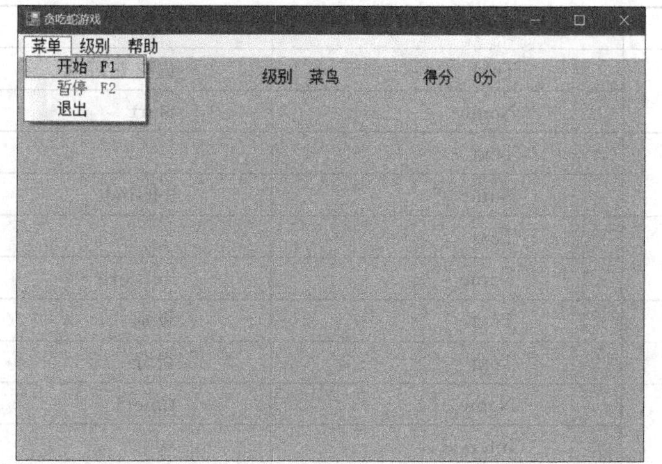

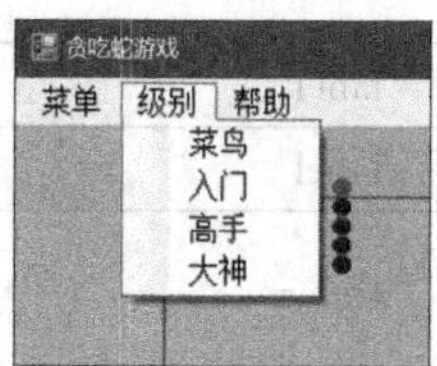

图 9.10 贪吃蛇游戏的运行界面

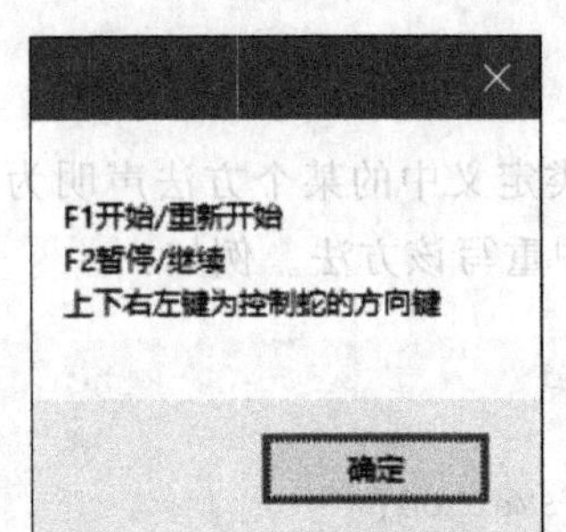

图 9.11 单击帮助提示框

（2）窗体及控件属性设置

主菜单及菜单项属性设置如表 9.1 所示，其他控件属性设置如表 9.2 所示。

表 9.1 主菜单属性的设置

主菜单及菜单项	Name 属性	ShortcutKeys 属性	Text/Enabled 属性
菜单	ToolStripMenuItem		菜单
开始	menuStart	F1	开始
暂停	menuPause	F2	暂停/False
退出	ToolStripMenuItem		退出
级别	ToolStripMenuItem		级别
菜鸟	ToolStripMenuItem		菜鸟
入门	ToolStripMenuItem		入门
高手	ToolStripMenuItem		高手
大神	ToolStripMenuItem		大神
帮助	ToolStripMenuItem		帮助

表 9.2 其他控件属性的设置

控件类型	属 性	属 性 值
form	Text	贪吃蛇游戏
	Name	Start
label	Text	
	Name	lblGrade
label	Text	
	Name	lblScore
label	Text	级别
label	Text	得分
timer	Name	timer1
	Interval	500

(3) 代码设计

① 声明全局变量。

```
private Floor f1;                                        //运动场对象字段
```

② 双击窗体,添加代码如下:

```
private void Start_Load(object sender, EventArgs e)
{
    this.BackColor =Color.Silver;
    f1 =new Floor(new Point(80, 60));                //用坐标点实例化运动场
    菜鸟 ToolStripMenuItem_Click(sender, e);
    lblScore.Text ="0 分";
}
```

③ 双击“开始”菜单项,添加代码如下:

```
private void menuStart_Click(object sender, EventArgs e)
{
    timer1.Enabled =true;                            //开始运行游戏
    if (menuStart.Text =="开始")                     //如果标题为“开始”
    {
        menuStart.Text ="重新开始";                  //改为“重新开始”
    }
    else
    {
        f1.ReSet(this.CreateGraphics());             //重新开始游戏
        f1.score =0;
    }
    menuPause.Enabled =true;                         //“暂停”(或“继续”)菜单变为可用
}
```

④ 双击“暂停”菜单项,添加代码如下:

```
private void menuPause_Click(object sender, EventArgs e)
{
    if (menuPause.Text =="暂停")              //如果菜单原标题为“暂停”
    {
        timer1.Enabled =false;              //游戏停止
        menuPause.Text ="继续";             //菜单标题改为“继续”
    }
    else
```

```
    {
        timer1.Enabled =true;           //继续游戏
        menuPause.Text ="暂停";         //菜单标题改为“暂停”
    }
}
```

⑤ 双击“退出”菜单项,添加代码如下:

```
private void 退出 ToolStripMenuItem_Click(object sender, EventArgs e)
{
    Application.Exit();
}
```

⑥ 分别双击定时器控件,添加代码如下:

```
private void timer1_Tick(object sender, EventArgs e)
{
    f1 .Display(this.CreateGraphics());
    lblScore.Text =f1.score.ToString();
    if (f1.score >=100&&f1.score <200)
    {
        入门 ToolStripMenuItem_Click(sender, e);
    }
    else if (f1.score >=200&&f1.score <300)
    {
        高手 ToolStripMenuItem_Click(sender, e);
    }
    else if (f1.score >=300 )
    {
        大神 ToolStripMenuItem_Click(sender, e);
    }
    if (f1.score >=550)                         //如果分数为 550
    {
        this.timer1.Enabled =false;             //结束游戏
        MessageBox.Show("恭喜你通关了");        //显示消息框
    }
    if (f1 .CheckSnake())
    {
        timer1.Enabled =false;
        MessageBox.Show("游戏已经结束");
    }
}
```

⑦ 增加窗体的按键事件，代码如下：

```
private void Start_KeyDown(object sender, KeyEventArgs e)
{
    f1.Display(this.CreateGraphics());
    if (f1.CheckSnake())
    {
        timer1.Enabled =false;
        MessageBox.Show("游戏已经结束");
    }
    int k, d =0;                    //0、1、2、3 表示上、右、下、左
    k =e.KeyValue;                  //键盘值
    if (k ==37)                     //左
        d =3;
    else if (k ==40)                //下
        d =2;
    else if (k ==38)                //上
        d =0;
    else if (k ==39)                //右
        d =1;
    f1.S.TurnDirection(d);
}
```

⑧ 编写“级别”菜单项的事件，代码如下：

```
private void 菜鸟 ToolStripMenuItem_Click(object sender, EventArgs e)
{
    timer1.Interval =500;                   //设置等级速度
    lblGrade.Text ="菜鸟";
}
private void 入门 ToolStripMenuItem_Click(object sender, EventArgs e)
{
    timer1.Interval =400;
    lblGrade.Text ="入门";
}
private void 高手 ToolStripMenuItem_Click(object sender, EventArgs e)
{
    timer1.Interval =300;
    lblGrade.Text ="高手";
}
private void 大神 ToolStripMenuItem_Click(object sender, EventArgs e)
{
    timer1.Interval =200;
    lblGrade.Text ="大神";
}
```

⑨ 编写“帮助”菜单项的事件,代码如下:

```
private void 帮助 ToolStripMenuItem_Click(object sender, EventArgs e)
{
    timer1.Enabled =false;
    MessageBox.Show("F1 开始/重新开始" +"\n" +"F2 暂停/继续\n"
                   +"上、下、左、右键为控制蛇的方向键");
    timer1.Enabled =true;
}
```

(4) 执行程序

按 F5 键或单击工具栏上的“启动调试”按钮,程序开始运行。

小　结

本单元详细介绍了继承和多态的使用,继承的工作机制,多态中的虚方法、抽象方法和接口的概念和使用,以及如何通过虚方法、抽象方法和接口实现类的多态;最后介绍了密封类和密封方法的使用。

同步实训和拓展实训

1. 实训目的

理解继承和多态的概念;掌握继承的实现方法;掌握多态的实现方法;掌握接口的声明和实现。

2. 实训内容

同步实训 1:基类和派生类中构造函数的练习。

(1) 定义汽车类 Vehicle 作为基类;定义两个字段:轮子的个数 wheels(公有)和重量 weight(受保护);定义一个带参数的构造函数,包含两个参数,分别为两个字段成员赋值;定义一个方法输出汽车的重量。

(2) 创建轿车类 Car,该类是汽车类的派生类。轿车类定义了一个私有的成员乘客数 passengers;定义了一个构造函数,该构造函数包含 3 个参数,调用该构造函数能为 3 个字段赋值。

要求定义一个窗体应用程序,利用窗体类创建轿车类对象,并输出字段成员的值,运行结果如图 9.12 所示。

同步实训 2:创建一个控制台应用程序,其中自定义了一个 Vehicle 类;然后自定义 Train 类和 Car 类,这些类都继承自 Vehicle 类,在 Vehicle 类中定义虚拟方法,在其子类中重写该方法,输出各交通工具的形态,不是案例运行结果如图 9.13 所示。

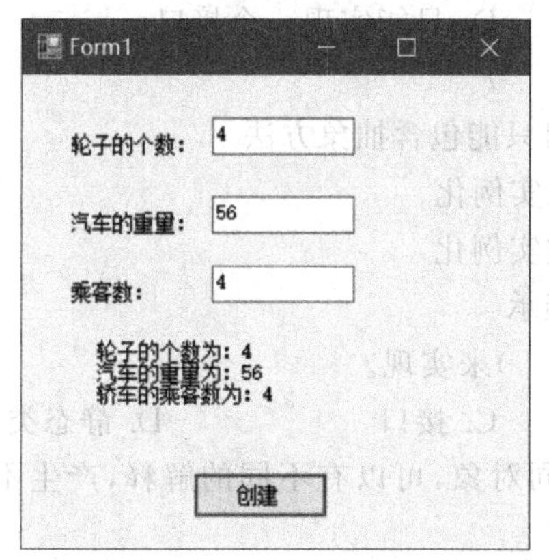

图 9.12 窗体应用程序的运行结果

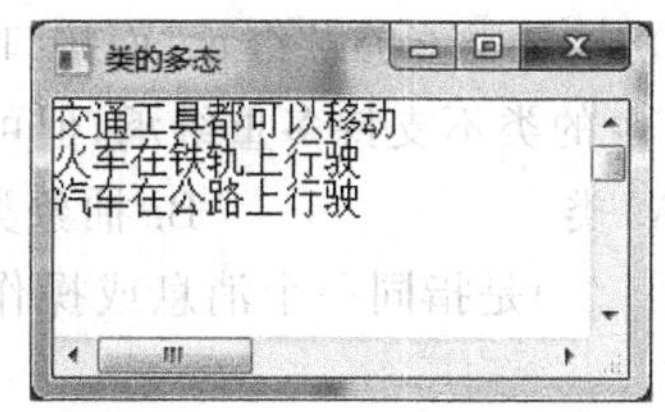

图 9.13 类的多态应用

拓展实训：

(1) 定义一个 IVehicle 接口，IVehicle 接口中有一个 Run()方法。

(2) 定义一个 IManned 接口，IManned 接口中有一个 Manned()方法。

(3) 定义一个 Car 类，实现 IVehicle 接口和 IManned 接口。

(4) 定义一个 Bike 类，实现 IVehicle 接口。

在 Program 类的 Main()方法中创建 Car 类型的对象 c 和 Bike 类型的对象 b，分别调用 c 对象和 b 对象的 Run()方法。

习 题 9

一、选择题

1. 下列关于 C＃中继承的描述，错误的是(　　)。

A. 一个子类可以有多个父类

B. 通过继承可以实现代码重用

C. 派生类还可以添加新的特征或者是修改已有的特征以满足特定的要求

D. 继承是指基于已有类创建新类的语言能力

2. 接口是一种引用类型，在接口中可以声明(　　)，但不可以声明公有的域或私有的成员变量。

A. 方法、属性和事件　　B. 方法、属性信息、属性

C. 索引器和字段　　D. 事件和字段

3. 在 C＃中利用 sealed 修饰的类(　　)。

A. 要密封，不能继承　　B. 要密封，可以继承

C. 表示基类　　D. 表示抽象类

4. 在 C＃中，一个类(　　)。

A. 可以继承多个类　　B. 可以实现多个接口

C. 在一个程序中只能有一个子类　　　　D. 只能实现一个接口

5. 在C＃中,接口和抽象类的区别在于(　　)。

A. 抽象类可以包含非抽象方法,而接口只能包含抽象方法

B. 抽象类可以被实例化,而接口不能被实例化

C. 抽象类不能被实例化,而接口可以被实例化

D. 抽象类能够被继承,而接口不能被继承

6. C＃的类不支持多重继承,但可以用(　　)来实现。

A. 类　　B. 抽象类　　C. 接口　　D. 静态类

7. (　　)是指同一个消息或操作用于不同对象,可以有不同的解释,产生不同的执行结果。

A. 封装　　B. 继承　　C. 多态　　D. 可移植性

8. 可使用(　　)关键字声明抽象类。

A. sealed　　B. private　　C. abstract　　D. virtual

9. 假设类B继承了类A,下列说法错误的是(　　)。

A. 类B中的成员可以访问类A中的公有成员

B. 类B中的成员可以访问类A中的保护成员

C. 类B中的成员可以访问类A中的私有成员

D. 类B中的成员可以访问类A中的静态成员

10. 关于虚方法实现多态,下列说法错误的是(　　)。

A. 定义虚方法使用关键字 virtual

B. 关键字 virtual 必须与 override 一起使用

C. 虚方法是实现多态的一种应用形式

D. 重写方法是实现多态的一种应用形式

11. 下列说法中,正确的是(　　)。

A. 派生类对象可以隐式转换为基类对象

B. 在任何情况下,基类对象都不能转换为派生类对象

C. 基类对象可以访问派生类的成员

D. 接口不可以实例化,也不可以引用实现该接口的类的对象

12. 在C＃中定义接口时,使用的关键字是(　　)。

A. interface　　B. :　　C. class　　D. override

13. 类的特性中,可以用于方便地重用已有的代码和数据的是(　　)。

A. 多态　　B. 封装　　C. 继承　　D. 抽象

14. 关于接口的说法正确的是(　　)。

A. 接口可以实例化　　　　B. 类只能实现一个接口

C. 接口的成员必须是未实现的　　　　D. 接口成员前面可以加访问修饰符

15. 关于抽象类的说法错误的是(　　)。

A. 抽象类可以实例化　　　　B. 抽象类可以包含抽象方法

C. 抽象类可以包含抽象属性　　　　D. 抽象类可以引用派生类的实例

16. 关于继承的说法错误的是（　　）。

A. .NET 框架类库中，object 类是所有类的基类

B. 派生类不能直接访问基类的私有成员

C. protected 修饰符既有公有成员的特点，又有私有成员的特点

D. 基类对象不能引用派生类对象

17. 继承具有（　　），即当基类本身也是某一类的派生类时，派生类会自动继承间接基类的成员。

A. 规律性　　B. 传递性　　C. 重复性　　D. 多样性

二、填空题

1. 在 C# 中，子类要隐藏基类的同名方法应使用关键字________；子类要重写基类的同名方法应使用关键字________。

2. 在 C# 中要声明一个密封类，只需要在声明类时加上________关键字。

3. 在 C# 中要声明一个虚方法，则在该方法定义前要加上________关键字修饰。

4. C# 中所有类型的基类都是________。

5. 在 C# 中关键字________用于从派生类中访问基类的成员。

6. C# 中在类的成员声明时，若使用了________访问修饰符，则该成员只能在该类或其派生类中使用。

7. 在进行类定义时不需要编写代码就可以包含另一个类定义的数据成员、方法成员等特征，称为类的________。

8. 请将实现接口的代码补充完整。

```
interface IStudent
{
    void showInfo();
}
class School: IStudent
{
    __________________
}
```

项目5

考试管理系统

项目描述

考试管理系统包括教师和学生两类用户，教师可以实现学生、班级、试题、科目和成绩的管理；学生可以登录系统进行在线考试。本项目是开放式项目，根据难易程度以及相似度，将任务划分为三种类型，即课内任务、课外任务和小组探索任务。

课内任务分解

本项目共分解为8个任务：登录功能设计与实现、教师主窗体设计、统计学生人数、增加学生设计与实现、查询学生设计与实现、删除学生设计与实现、学生信息展示、批量处理学生信息。

单元 10

ADO.NET 数据库访问技术

工作任务

本单元完成项目 5 的所有任务。

学习目标

- 了解 ADO.NET
- 会使用 Connection 对象连接到数据库
- 会使用 try...catch 语句捕获和处理异常
- 会使用 Command 对象查询单个值
- 掌握使用 DataReader 对象查询多个值的方法
- 掌握使用 Command 对象实现数据增加、修改、删除操作的方法
- 掌握 DataAdapter、DataSet 对象的用法
- 掌握 DataGridView 控件的属性、事件和方法
- 掌握窗体之间传递参数的方法

知识要点

- ADO.NET 概述
- Connection 对象
- 异常处理
- Command 对象
- DataReader 对象
- DataSet 对象
- DataAdapter 对象
- DataGridView 对象
- 窗体之间传递参数

典型案例

- 通信录的增、删、改、查
- 通信录批量显示和处理

知识点1　ADO.NET 概 述

.NET Framework 中的 ADO.NET 是一组允许基于.NET 的应用程序访问数据库以及其他数据存储，以便读取和更新信息的类。如果要使用这些类，需要引用 System.Data 命名空间。ADO.NET 以 ActiveX 数据存储对象（ADO）为基础，但与依赖连接的 ADO 不同，ADO.NET 是专门为了对数据存储进行无连接数据访问而设计的，并且它对于.NET 平台的所有语言的支持都是一致的。ADO.NET 以 XML（扩展标记语言）作为传送和接收数据的格式，因此任何能够读取 XML 格式的应用程序都可以进行数据处理。事实上，接收数据的组件不一定是 ADO .NET 组件，它可以是基于一个 Microsoft Visual Studio 的解决方案，也可以是任何运行在其他平台上的任何应用程序。图 10.1 为.NET Framework 类库中的 ADO.NET 的作用。

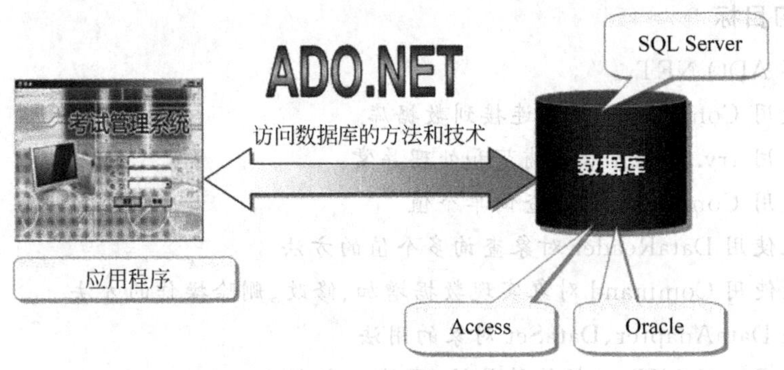

图 10.1　ADO.NET 在.NET 中的作用

1. ADO.NET 的优点

ADO.NET 具有很多优点，使数据操作过程变得容易，具体优点如下。

(1) 互操作性。由于数据是以 XML 格式存储的，所以用不同工具开发的组件都可以通过数据存储进行通信。

(2) 性能好。在 ADO 中，借助于 COM（组件对象模型）使用记录集传送数据时，记录集中的数据必须转换为 COM 数据类型。而 ADO.NET 中的数据存储是使用 XML 传送的，所以不需要数据类型转换过程，提高了数据访问的效率。

(3) 可扩展性。如果使用记录集，所需的连接数随着用户数量的增加而增加，而且维护这些连接的开销降低了应用程序的性能。ADO.NET 是一种断开式数据结构，也就是，从数据库中检索到的数据缓存在本地机上，只有在操作或更新数据时才需要重新建立连接，从而提高了应用程序的性能，又不需要增加维护成本。

(4) 标准化。位于数据集中的数据以 XML 形式保存并在不同的层之间传递，因此使数据的统一成为可能。

(5) 可编程性。在 ADO.NET 上可使用 C# 和 VB.NET 等语言编写程序，因此向开发人员提供了强类型化环境。

2. ADO.NET 的结构

ADO.NET 用于访问和操作数据的两个主要组件是.NET Framework 数据提供程序和 DataSet 数据集。ADO.NET 的结构图如图 10.2 所示。

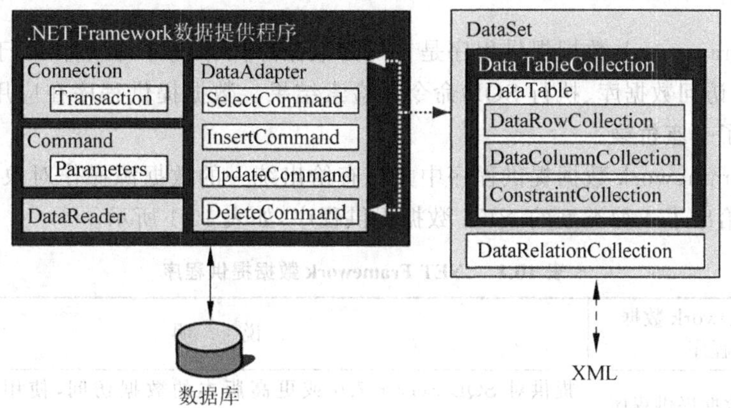

图 10.2　ADO.NET 的结构图

.NET Framework 数据提供程序是专门为数据处理程序以及快速只进、只读访问数据而设计的组件。使用它可以连接数据源、执行 T-SQL 命令和检索结果集，直接对数据源进行操作。

DataSet 是专门为独立于任何数据源的数据访问而设计的。使用它可以不必直接操作数据源，可以大批量地操作数据，也可以将数据绑定在控件上。

两者之间的关系和操作数据库的工作原理如图 10.3 所示。在 ADO.NET 中，有两种

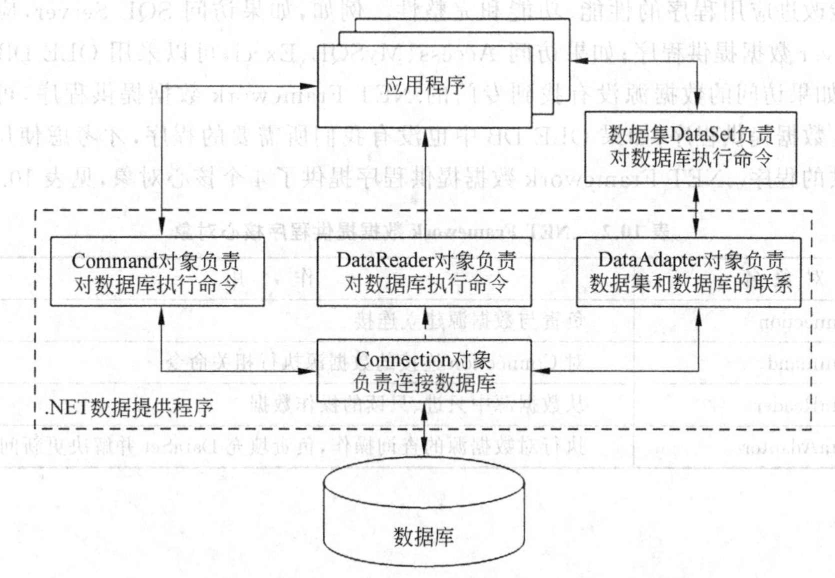

图 10.3　利用 ADO.NET 操作数据库的简单示意图

操作数据库的方式，一种是在保持连接的方式下通过执行指定的SQL语句完成需要的功能，这里需要Connection对象、Command对象和DataReader对象；另一种是采用无连接的方式先将数据库数据读取到本地的DtatSet中，这里需要Connection对象、DataAdapter对象和DataSet对象。

3. .NET Framework数据提供程序

.NET Framework数据提供程序是专门为数据库操作设计的组件，用于处理不同的数据源，支持访问数据库、执行SQL命令和检索结果。数据提供程序在应用程序和数据源之间搭建了一座桥梁。

.NET Framework数据提供程序中并没有给出统一的数据源操作对象，而是根据数据源的不同给出了4种类型的.NET数据提供程序，如表10.1所示。

表10.1 .NET Framework数据提供程序

.NET Framework数据提供程序	说明
SQL Server数据提供程序	提供对SQL Server 7.0或更高版本的数据访问，使用System.Data.SqlClient命名空间
OLE DB数据提供程序	提供对使用OLE DB公开的数据源(包括Access)中的数据访问，使用System.Data.OLEDB命名空间
ODBC数据提供程序	提供对使用ODBC公开的数据源中数据的访问，使用System.Data.ODBC命名空间
Oracle数据提供程序	对Oracle数据源进行访问。用于Oracel 8.1.7或更高版本的数据访问。使用System.Data.OracleClient命名空间

对.NET Framework数据提供程序的选择，取决于应用程序的设计和数据源，而这种选择又能改进应用程序的性能、功能和完整性。例如，如果访问SQL Server，应该选用SQL Server数据提供程序；如果访问Access、MySQL、Excel，可以采用OLE DB数据提供程序；如果访问的数据源没有找到专门的.NET Framework数据提供程序，可以使用OLE DB数据提供程序；如果OLE DB中也没有我们所需要的程序，才考虑使用ODBC数据提供的程序。.NET Framework数据提供程序提供了4个核心对象，见表10.2。

表10.2 .NET Framework数据提供程序核心对象

对象名	作用
Connection	负责与数据源建立连接
Command	对Connection连接的数据源执行相关命令
DataReader	从数据源中只进、只读的操作数据
DataAdapter	执行对数据源的查询操作，负责填充DataSet并解决更新问题

知识点 2 Connection 对象

要使用数据库，首先必须建立与数据库服务器的连接。Connection 对象用于在应用程序和数据库之间建立连接，如图 10.4 所示。

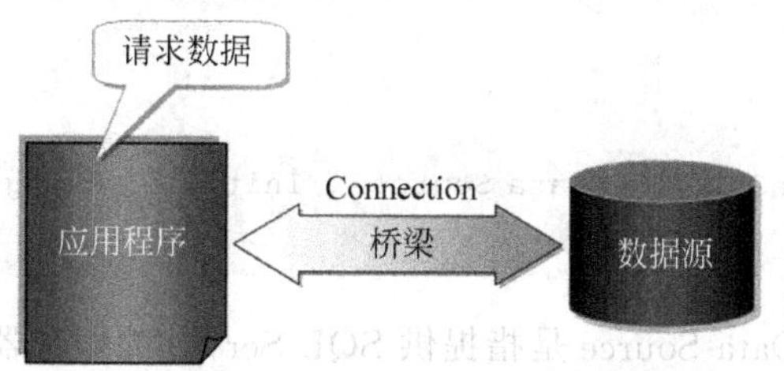

图 10.4 Connection 对象作用示意图

每个.NET 数据提供程序都有自己的连接类，具体实例化哪个特定的连接类，取决于所使用的.NET 数据提供程序。表 10.3 列出了.NET 数据提供程序及其相应的连接类。

表 10.3 .NET 提供程序及其连接类

.NET Framework 数据提供程序	类　名
SQL Server 数据提供程序	SqlConnection
OLE DB 数据提供程序	OledbConnection
ODBC 数据提供程序	ODBCConnection
Oracle 数据提供程序	OracleConnection

表 10.4 列出了 Connection 对象的部分常用属性和方法及其说明。

表 10.4 Connection 对象的常用属性和方法及其说明

属性和方法	说　明
ConnectionString 属性	获取或设置指定数据库所需要的连接字符串
State 属性	用于指示连接对象的状态，返回值类型为 ConnectionState(枚举类型)
ConnectionTimeOut 属性	获取在尝试连接时终止尝试并生成错误之前所等待的时间
Database 属性	获取当前数据库或连接打开后要使用的数据库的名称
Open()方法	根据 ConnectionString 的值打开数据库连接
Close()方法	关闭数据库的连接。这是关闭任何打开连接的首选方法
CreateCommand()方法	创建并返回一个与 Connection 对象关联的 Command 对象

使用 Connection 对象连接 SQL Server 数据库的步骤如下。

(1) 设置连接字符串

连接数据库服务器时，最关键的是要指明数据库服务器的地址、安全验证信息、要访问的数据库等信息，这些信息在 ADO.NET 中会组成一个连接字符串。

以 SQL Server 为例，数据库存在两种登录方式：Windows 身份验证和 SQL Server 身份验证，两种方式的连接字符串略有差异。

方式一 Windows 身份验证方式连接字符串，语法如下。

```
Data Source =服务器名;Initial Catalog =数据库名;Integrated Security=true
```

例如：

```
string connectionString ="Data Source=.;Initial Catalog=myschool;Integrated
Security=true";
```

连接字符串中的 Data Source 是指提供 SQL Server 的服务器和 SQL Server 的实例名。如果使用默认的 SQL Server 的实例，也可以直接指定服务器名；如果安装 SQL Server 的服务器是本机，可以写为"(local)"或者"."，否则可以用 IP 地址(123.101.220.1)或域名指定服务器。Initial Catalog 关键字指定使用的数据库名。

方式二 SQL Server 身份验方式连接字符串，语法如下：

```
Data Source =服务器名;Initial Catalog =数据库名;uid=用户名;Pwd=密码
```

例如：

```
string connectionString ="Data Source=.;Initial Catalog=MySchool; User ID=
sa;Pwd=123456"
```

在上述语法中，使用 SQL Server 身份验证时，若密码为空，则 Pwd 可以省略。

(2) 创建连接对象

使用指定的连接字符串创建 Connection 对象。

```
SqlConnection 连接对象名 =new SqlConnection(连接字符串);
```

例如：

```
SqlConnection con=new SqlConnection(connectionString);
```

(3) 打开连接

语法格式：

```
连接对象.Open();
```

例如：

```
con.Open();
```

(4) 关闭连接

语法格式：

```
连接对象.Close();
```

例如：

```
con.Close();
```

连接字符串中各项的含义如表 10.5 所示。

表 10.5　连接字符串各项的含义

参　　数	说　　明
Data Source、Server、Address、Addr 或 Network Address	指明所需访问的数据源，如果访问 SQL Server，则是指服务器名称。本地服务器用 local 或"."表示
Initial Catalog 或 database	指明所需访问数据库的名称
Password 或 PWD	指明访问对象所需的密码
User ID 或 uid、user	指明访问对象所需的用户名
Integrated Security 或 Trusted_Connection	集成连接(信任连接)可选 True(sspi)或 False。如果为 True，表示集成 Windows 验证，此时不需要提供用户名和密码即可登录
Persist security info	指明连接时安全信息是否作为连接的一部分返回。键值为 True 或 False

注意：

(1) 访问不同的数据库，使用的 Connecction 不同。

(2) 不同数据库的连接字符串的格式不同。

(3) 必须打开连接之后，才能对数据库进行数据读取和写入操作。

(4) 连接字符串关键字不区分大小写，但根据数据源的情况，值可能区分大小写。

(5) 确定连接字符串后，就可以创建 SqlConnection 对象了。为了简化书写，还需要在代码中添加对命名空间的引用：

```
using System.Data. SqlClient;
```

【案例 10.1】　测试能否成功连接 SQL Server 2008 R2 数据库。

假设要编写一个通信录管理程序，已在 SQL Server 2008 R2 中建立完成数据库 Tongxinlu，其中的联系人表 telephone 存储了所有联系人的信息，其结构及数据如图 10.5 所示。

案例设计步骤如下。

(1) 程序界面和属性设置

创建一个 Windows 应用程序，在 Form1 窗体中拖入 1 个 Label 控件。

LAPTOP-2E7FU03I.T...Lu - dbo.telephone

列名	数据类型	允许 Null 值
姓名	varchar(50)	☐
宅电	varchar(50)	☑
手机	varchar(50)	☑
群组	varchar(50)	☑
		☐

(a) 表结构

	姓名	宅电	手机	群组
1	李四	0531-64231708	15542385623	家人
2	妈妈	020-54287779	13559923489	家人
3	张三	0532-87690001	13054237736	同事

(b) 数据

图 10.5　telephone 表的结构和数据

(2) 设计代码

代码如下：

```
using System.Data.SqlClient;                //导入命名空间
private void Form1_Load(object sender, EventArgs e)
{
    //数据库连接字符串
    string connctionString =" Data Source =.; Initial Catalog = Tongxinlu;
    Integrated Security=true";
    //创建数据库连接对象
    SqlConnection con =new SqlConnection(connctionString);
    con.Open();
    label1.Text ="数据库 Tongxinlu 连接成功!\n";
    con.Close();
}
```

(3) 执行程序

若数据库已正确附加到 SQL Server 2008 R2 中，则在窗体的 Label 控件中显示“数据库 Tongxinlu 连接成功!”的提示，如图 10.6 所示。

图 10.6　连接成功运行界面

说明：

(1) 可以通过 Visual Studio 菜单中的“工具”→“连接到数据库”菜单项自动生成连接

字符串。连接步骤如图 10.7 所示。

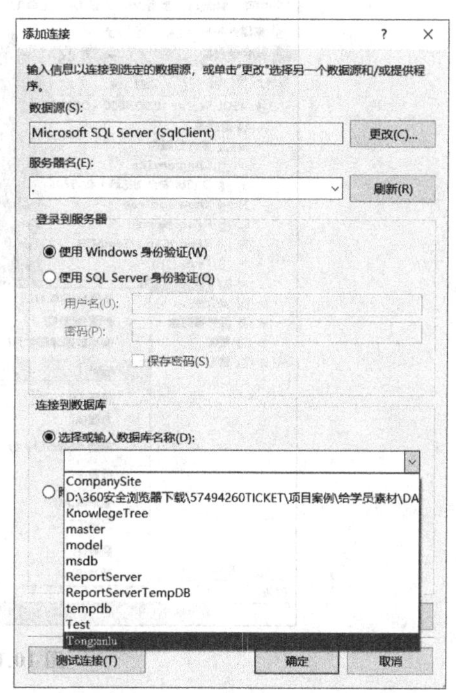

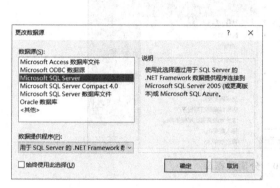

图 10.7　自动生成连接字符串步骤

在服务器资源管理器面板中就可以看到刚刚通过工具菜单创建的连接，如图 10.8 所示。

单击该连接，就可以在属性面板中查看该连接的连接字符串了，如图 10.9 所示。

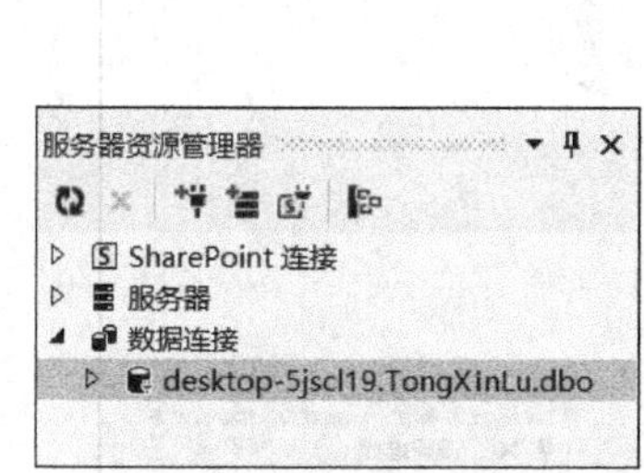

图 10.8　服务器资源管理器

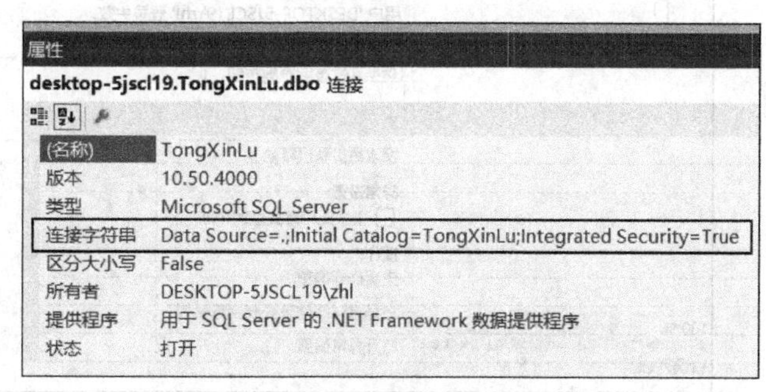

图 10.9　查看连接字符串

(2) 如果此时在 SQL Server 中将 Tongxinlu 数据库分离(见图 10.10)，则再次运行程序就会出现如图 10.11 所示的错误提示，说明此时不能正确连接到 Tongxinlu 这个数据库，程序无法执行。此时程序产生了一个异常。

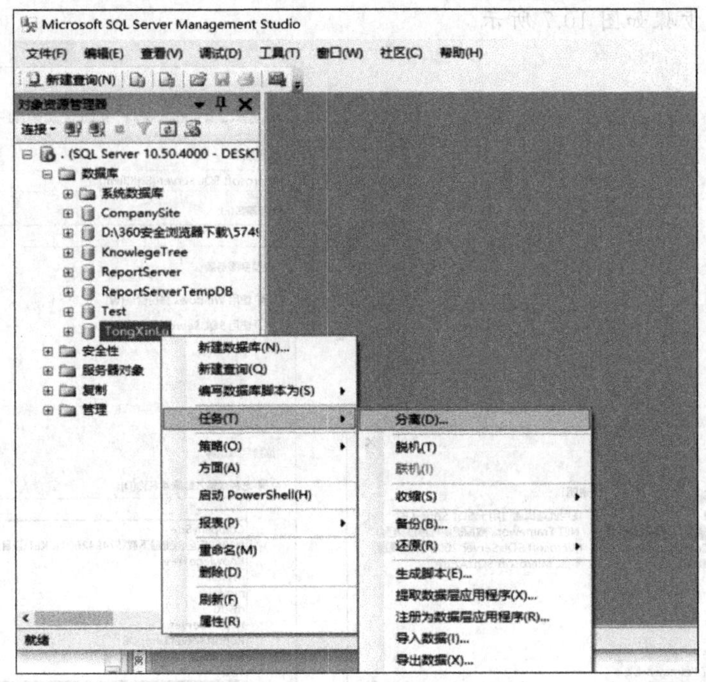

图 10.10　分离数据库

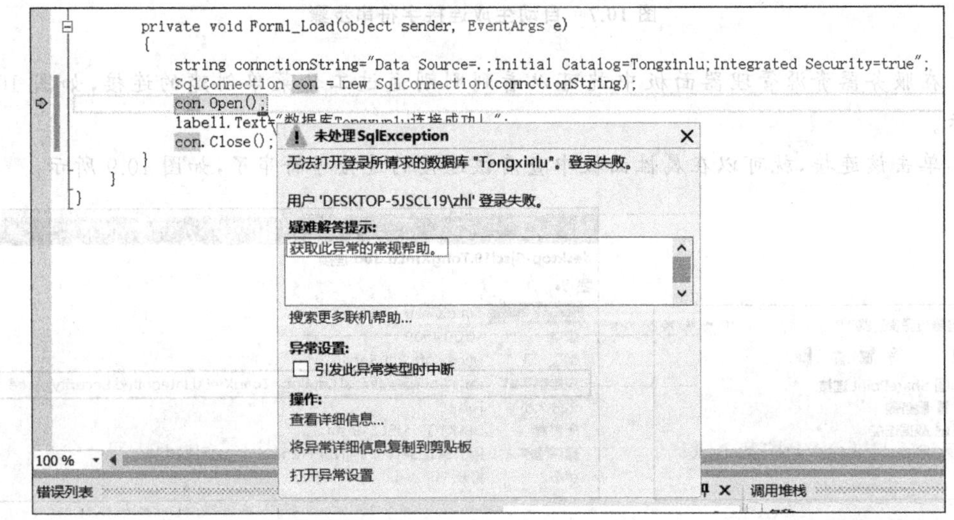

图 10.11　异常界面

知识点 3　异常处理

ADO.NET 操作数据库是一个复杂的过程，其中的任何一个环节出现问题都可能导致对数据库的操作失败。例如，请求的数据库不存在，数据库的服务没有打开，T-SQL 语句错误等，此时应用程序都会出现异常，这种情况就是通常所说的“程序异常”。实际上程序的代码没有逻辑错误，但是当在不同的应用环境中运行时，就可能出现错误，因此必须对这种“可能出现的意外”进行适当的处理，这种处理机制就是异常处理机制，几乎所有的开发语言都提供对此的支持。

那么如何编码处理异常呢？在C#中提供了try...catch语句块捕获和处理异常。

语法格式：

```
try
{
    //包含可能出现异常的代码
}
catch(处理的异常类型)
{
    //处理异常的代码
}
```

把可能出现异常的代码放到try块中，如果在运行的过程中出现了异常，程序就会跳转到catch块中，这个过程叫作捕获了异常。如果没有出现异常，try块中的语句就会正常执行，跳过catch块中的语句而执行后续语句。

异常也有很多种类型，现在通常将异常的类型都写作Exception。它是.NET提供的一个异常类，表示应用程序在运行时出现的不正常情况。比如，可以把操作数据库的代码放在try块里面这样编写代码：

```
try
{
    con.Open();
    //其他操作
    con.Close();
}
catch(Exception ex)
{
    //错误处理代码
}
```

前面强调过，数据库连接必须显式关闭，但是，如果在数据库连接关闭之前就出现了异常，程序就会跳转到catch块中，此时try块中的数据库连接关闭方法就不会被执行，这时应该怎么办呢？在C#中提供了一个finally块，紧跟在catch块之后，无论代码是否发生异常，写在finally块中的语句都会执行，所以可以把关闭数据库连接的语句写在finally块中，代码格式如下：

```
try
{
    con.Open();
    //其他操作
}
catch(Exception ex)
{
    //错误处理代码
}
finally
{
    con.Close();
}
```

这样就确保了无论是否发生了异常,数据库连接都会被关闭。

注意:

(1) try 块中包含了可能出现异常的代码。在执行过程中若出现异常,程序不是继续执行 try 块中位于异常代码之后的代码,而是直接跳转到 catch 块中进行异常处理。

(2) catch 块中包含进行异常处理的代码。只有 try 块中出现异常时,catch 块才会被执行。

(3) finally 块中包含释放资源的代码。无论是否发生异常,finally 块都会被执行。

(4) try 块不能省略;catch 块、finally 块可以省略,但不能同时省略。

【案例 10.2】 修改案例 10.1,当不能正常连接数据库 Tongxinlu 时,程序会中断执行。对该操作进行异常处理,可以给用户作出友好的提示。

案例设计步骤如下。

(1) 设计代码如下

```
private void Form1_Load(object sender, EventArgs e)
{
    string connctionString="Data Source=.;
    Initial Catalog=Tongxinlu;Integrated Security=true";
    SqlConnection con =new SqlConnection(connctionString);
    try
    {
        con.Open();
        label1.Text ="数据库 Tongxinlu 连接成功!\n";
    }
    catch
    {
        label1.Text ="数据库连接失败,不能正确打开。\n";
```

```
    }
    finally
    {
        label1.Text +="程序正常运行。";
        con.Close();
    }
}
```

(2) 执行程序

如果数据库 Tongxinlu 正常连接,则运行结果如图 10.12 所示。

如果数据库连接字符串不正确或分离了数据库 Tongxinlu,则运行结果如图 10.13 所示。

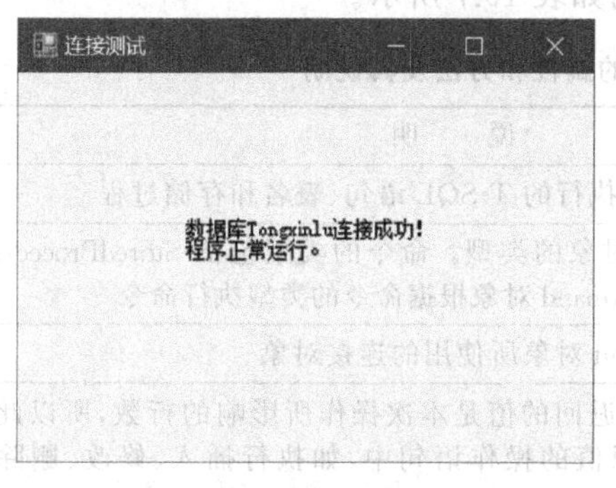

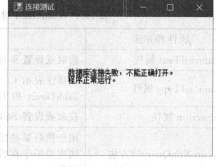

图 10.12 正常运行界面　　图 10.13 出现异常界面

添加了异常处理后,无论程序能否正常执行,程序均能够作出正确的响应,给出友好的提示,从而大大提高了程序的健壮性。

知识点 4 Command 对象

我们已经知道了怎样建立和数据库的连接。那么打开数据库连接后,怎么操作数据库呢? ADO.NET 提供了 Command 对象,通过它可以完成对数据库执行增加、删除、修改、查询的操作命令,如图 10.14 所示。

图 10.14 Command 对象功能示意图

同 Connection 对象一样，Command 对象也由.NET Framework 提供了不同类型的数据提供程序，如表 10.6 所示。

表 10.6 .NET Framework 数据提供程序中的 Command 类

.NET Framework 数据提供程序	类　名
SQL Server 数据提供程序	SqlCommand
OLE DB 数据提供程序	OledbCommand
ODBC 数据提供程序	ODBCCommand
Oracle 数据提供程序	OracleCommand

Command 对象的常用属性和方法及其说明如表 10.7 所示。

表 10.7 Command 对象常用的属性和方法及其说明

属性和方法	说　明
CommandText 属性	获取或设置要对数据源执行的 T-SQL 语句、表名和存储过程
CommandType 属性	该属性表示 Command 对象的类型。命令的类型包括 StoredProcedure、TableDirect 和 Text，Command 对象根据命令的类型执行命令
Connection 属性	获取或设置 SqlCommand 对象所使用的连接对象
ExecuteNonQuery()方法	用于执行某些操作。因返回的值是本次操作所影响的行数，所以此方法主要用于在没有返回值的操作语句中，如执行插入、修改、删除等操作
ExecuteReader()方法	执行返回具有 DataReader 类型的行集数据的方法，所以一般都用在返回多行多列的查询语句中
ExecuteScalar()方法	执行查询，并返回查询结果的第一行第一列，对其他列和行则忽略。如果没有查询结果，返回 Null；如果求某列的平均值、总和等，返回 object 类型的值

要使用 Command 对象，必须先创建。以 SqlCommand 为例，创建 SqCommand 对象的语法格式如下：

```
SqlCommand command 对象 =new SqlCommand("T-SQL 语句",Connection 对象);
```

等价于

```
SqlCommand command 对象=new SqlCommand();
command 对象.Connection=Connection 对象;
command 对象.CommandText="T-SQL 语句";
```

1. ExecuteScalar()方法

该方法用于执行查询操作，返回查询结果的第一行第一列，对其他列和行则忽略。返回的数据类型是 Object 类型。使用该方法的操作步骤如下。

(1) 创建 Connection 对象。

(2) 创建 Command 对象。

(3) 使用“Connection 对象.Open()方法”打开数据库连接。

(4) 使用“Command 对象. ExecuteScalar ()方法”执行 T-SQL 语句。

(5) 使用“Connection 对象.Close()方法”关闭数据库连接。

注意：

(1) 通过上述步骤的介绍，可以发现基本步骤都是先使用 Connection 对象创建数据库的连接，然后使用 Command 对象执行相应的查询命令。

(2) 在执行相应的命令之前，一定要打开 Connection 连接。

(3) 在执行完毕后，要关闭数据库连接。

(4) 建立与数据源的连接，就可以对数据库中的数据进行增加、修改、删除、查询等操作。操作命令的类型可以是 SQL 语句，也可以是存储过程。

【案例 10.3】 在通信录中添加统计联系人数目的功能，根据名字查找联系人手机。如果没有要找的联系人，显示查无此人。当文本框为空时，能给出提示。程序运行结果如图 10.15 所示。

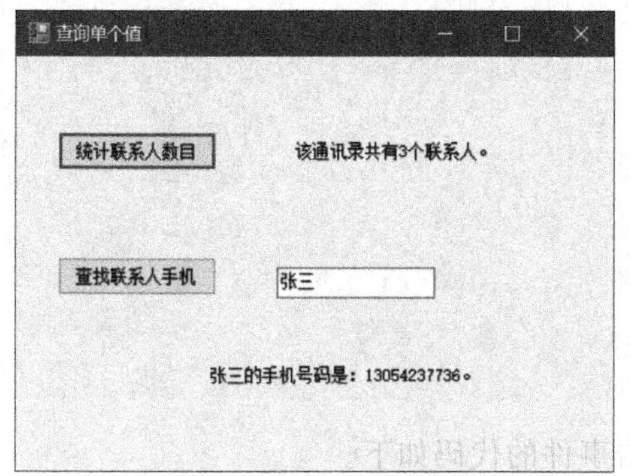

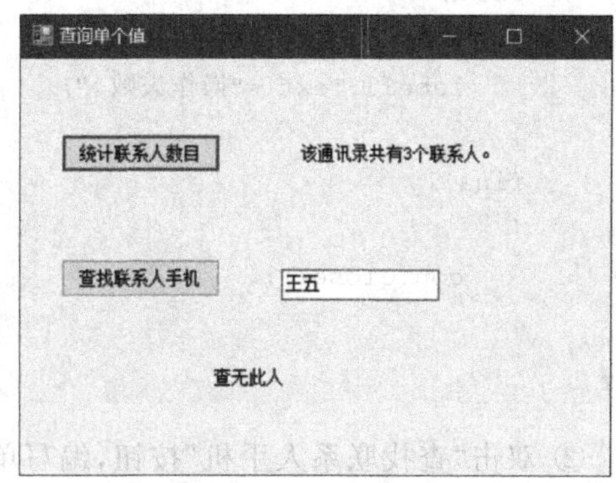

图 10.15　查询单个值运行结果

案例设计步骤如下。

(1) 程序界面和属性设置。

在窗体中添加 2 个 Button 控件、2 个 Label 控件和 1 个 TextBox 控件。控件属性设置如表 10.8 所示。

表 10.8　控件属性的设置

控件名称	控件类别	Text 属性	控 件 作 用
button1	按钮	统计联系人数目	单击该按钮，可以查询该通信录中联系人的数目
button2	按钮	查找联系人手机	单击该按钮，可以查询用户在 TextBox1 中输入的联系人的手机号码
textBox1	文本框		用来输入要查找的联系人的姓名
label1	标签		用来显示统计结果
label2	标签		用来显示查询结果

(2) 代码设计。

① 双击"统计联系人数目"按钮,编写单击事件的代码如下。

```
private void button1_Click(object sender, EventArgs e)
{
     string conntionString = " Data Source =.; Initial Catalog = Tongxinlu;
     Integrated Security=true";
    SqlConnection con =new SqlConnection(conntionString);
    try
    {
        con.Open();
        string sql ="select count(*) from telephone";
        SqlCommand cmd =new SqlCommand(sql, con);
        int k =(int)cmd.ExecuteScalar();
        label1.Text ="该通信录共有" +k +"个联系人。";
    }
    catch
    {
        label1.Text ="操作失败。";
    }
    finally
    {
        con.Close();
    }
}
```

② 双击"查找联系人手机"按钮,编写单击事件的代码如下。

```
private void button2_Click(object sender, EventArgs e)
{
    string name =textBox1.Text;
    if (name =="" || name ==null)
    {
        Label2.Text ="请输入要查询的联系人的姓名。";
    }
    else
    {
        string conntionString ="Data Source=.;Initial Catalog=Tongxinlu;
        Integrated Security=true";
        SqlConnection con =new SqlConnection(conntionString);
        try
        {
            con.Open();
```

```
                string sql ="select 手机 from telephone where 姓名='" +name +"'";
                SqlCommand cmd =new SqlCommand(sql, con);
                object tel =cmd.ExecuteScalar();
                if (tel !=null)
                {
                    label2.Text =name +"的手机号码是：" +tel +"。";
                }
                else
                {
                    label2.Text ="查无此人";
                }
            }
            catch
            {
                label2.Text ="操作失败。\n";
            }
            finally
            {
                con.Close();
            }
        }
    }
```

说明：在 T-SQL 语句中使用变量有以下两种方法。

方法一 使用字符串连接的方法，将 T-SQL 语句在需要使用变量的地方拆分为两个子串，然后在两个子串的中间使用“+”运算符连接变量的值。

```
string sql=" select 手机 from telephone where 姓名='"  +name+  "'";
```

方法二 使用 String 类中的格式化字符串的方法带入变量的值。

```
string sql = String.Format ("select 手机 from telephone where 姓名='{0}'",
name);
```

在需要变量值的地方先在格式字符串中用格式占位符表示，然后在第二个参数的位置放入相应的变量。该方法可以将变量 name 的值代入{0}的位置，得到一个完整的 T-SQL 语句。

2. ExecuteNonQuery()方法

该方法不返回命令执行的表数据，仅返回操作所影响的行数。一般用于使用 UPDATE、INSERT 或 DELETE 语句直接操作数据库中的表数据，如图 10.16 所示。

以 SQL Server 数据库为例，使用 Command 对象实现增加、删除、修改操作的步骤如下。

(1) 创建 Connection 对象。

图 10.16　向数据库中插入数据

(2) 创建 Command 对象。这里要编写 T-SQL 语句。一般来说,这个 SQL 语句都需要从窗体上的控件中获取字段值,因此这个字符是需要组合而来。

(3) 使用"Connection 对象.Open()方法"打开数据库连接。

(4) 使用"Command 对象.ExecuteNonQuery()方法"执行 T-SQL 语句。

(5) 使用"Connection 对象.Close()方法"关闭数据库连接。

注意:对数据源的数据进行增加、修改和删除等更新操作时,需要用到 SqlCommand 类的 ExecuteNonQuery()方法。该方法不会返回任何记录,只会返回整数值,用来表示受影响的行数。

【案例 10.4】 编写程序实现添加和删除联系人的功能。程序运行结果如图 10.17 所示。

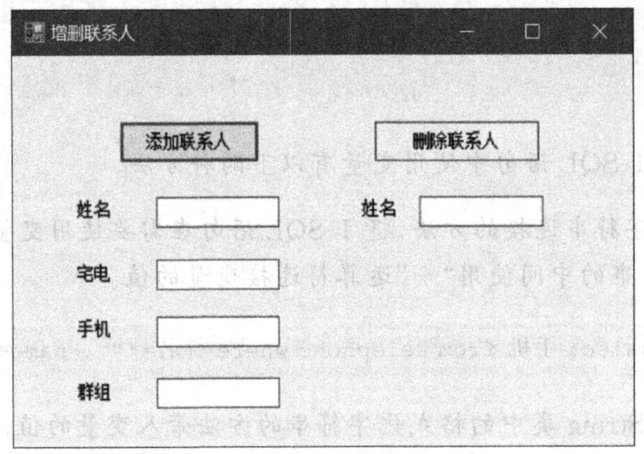

图 10.17　案例 10.4 的运行结果

案例设计步骤如下。

(1) 程序界面和属性设置。在窗体中添加 2 个 Button 控件,5 个 Label 控件和 5 个 TextBox 控件,属性设置如表 10.9 所示。

表 10.9　控件属性的设置

控件名称	控件类别	Text 属性	控 件 作 用
btnAdd	按钮	添加联系人	单击该按钮,可以将下方填写的信息作为新的联系人保存到 telephone 表中
btnDel	按钮	删除联系人	单击该按钮,可以删除下方填写的姓名对应的联系人信息
txtName1	文本框		用来输入要添加的联系人的姓名

续表

控件名称	控件类别	Text 属性	控 件 作 用
txtGroup	文本框		用来输入要添加的联系人的群组
txtHomeTel	文本框		用来输入要添加的联系人的宅电
txtTel	文本框		用来输入要添加的联系人的手机号码
txtName2	文本框		用来输入要删除的联系人的姓名

(2) 代码设计如下。

当单击“添加联系人”按钮时，将下方 TextBox 控件中填写的信息作为一条新联系人记录添加到 Telephone 表中。

```
private void btnAdd_Click(object sender, EventArgs e)
{
    string name =txtName.Text;
    string homeTel =txtHomeTel.Text;
    string tel =txtTel.Text;
    string group =txtGroup.Text;
    if (name =="")
    {
        MessageBox.Show("请输入新联系人的姓名。");
        return;
    }
    string connctionString ="Data Source=.;Initial Catalog=Tongxinlu;
    Integrated Security=true";
    SqlConnection con =new SqlConnection(connctionString);
    try
    {
        con.Open();
        string sql =string.Format("insert into telephone
        values('{0}','{1}','{2}','{3}')", name, homeTel, tel, group);
        SqlCommand cmd =new SqlCommand(sql, con);
        int k =cmd.ExecuteNonQuery();
        if (k >0)
            MessageBox.Show("插入成功!");
        else
            MessageBox.Show("插入失败!");
    }
    catch
    {
        MessageBox.Show("操作失败。\n");
```

```
    }
    finally
    {
        con.Close();
    }
}
```

(3) 程序运行，输入相应数据，显示插入成功，如图 10.18 所示。

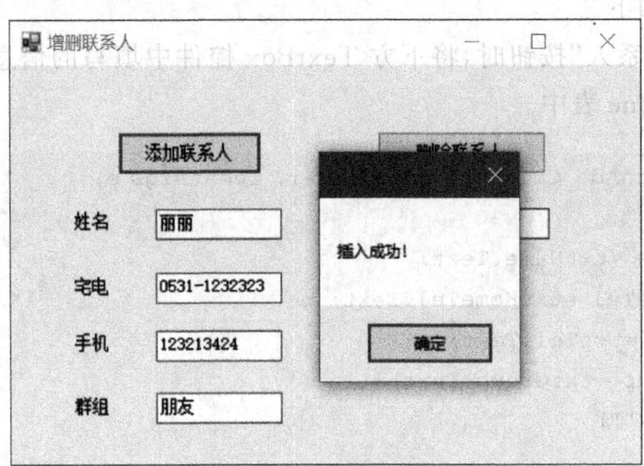

图 10.18 添加联系人

(4) 当单击“删除联系人”按钮时，删除下方 TextBox 控件中指定姓名的联系人。

```
private void btnDel_Click(object sender, EventArgs e)
{
    string name =txtName2.Text;
    if (name =="")
    {
        MessageBox.Show("请输入要删除联系人的姓名。");
        return;
    }
    string connctionString ="Data Source=.;Initial Catalog=Tongxinlu;
    Integrated Security=true";
    SqlConnection con =new SqlConnection(connctionString);
    try
    {
        con.Open();
        string sql= string.Format("delete from telephone where 姓名='{0}'",
        name);
        SqlCommand cmd =new SqlCommand(sql, con);
        int k =cmd.ExecuteNonQuery();
        if (k >0)
```

```
            MessageBox.Show("删除成功!");
        else
            MessageBox.Show("该联系人不存在。");
    }
    catch
    {
        MessageBox.Show("操作失败。\n");
    }
     finally
    {
        con.Close();
    }
}
```

当用户没有输入联系人姓名时，显示的提示信息如图 10.19 所示。

当用户输入联系人名单中存在的姓名时，运行结果如图 10.20 所示。

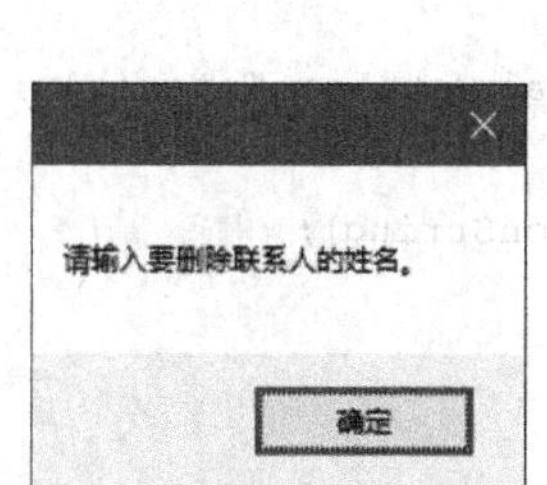

图 10.19　没有输入联系人的提示

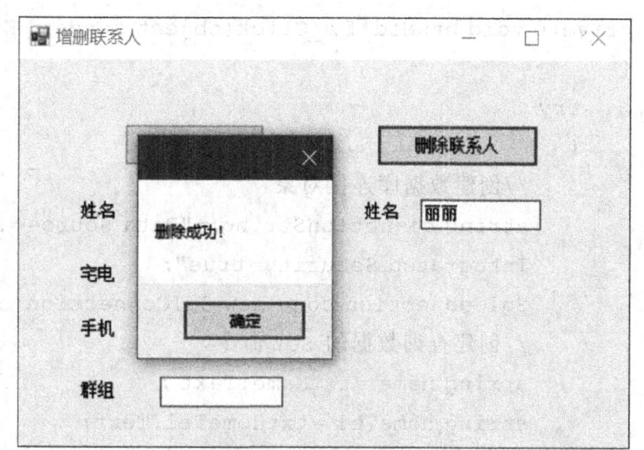

图 10.20　删除联系人

【案例 10.5】　编写程序实现修改联系人的功能，程序运行结果如图 10.21 所示。

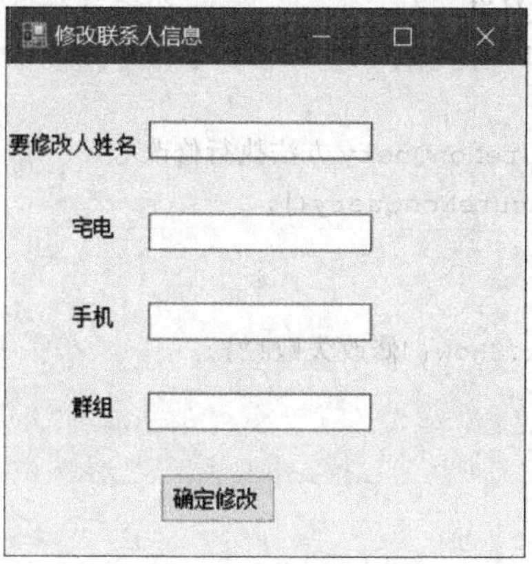

图 10.21　修改联系人信息

案例设计步骤如下。

(1) 程序界面和属性设置

窗体中添加 1 个 Button 控件、4 个 Label 控件、4 个 TextBox 控件,属性设置如表 10.10 所示。

表 10.10　控件属性的设置

控件名称	控件类别	Text 属性	控 件 作 用
btnModify	按钮	确定修改	单击该按钮,可以将填写的信息添加到 telephone 表中
txtName	文本框		用来输入要添加的联系人的姓名
txtGroup	文本框		用来输入要添加的联系人的群组
txtHomeTel	文本框		用来输入要添加的联系人的宅电
txtTel	文本框		用来输入要添加的联系人的手机号码

(2) 代码设计

```
private void btnModify _Click(object sender, EventArgs e)
{
    try
    {
        //创建数据库连接对象
        string connctionString ="Data Source=.;Initial Catalog=Tongxinlu;
        Integrated Security=true";
        SqlConnection con =new SqlConnection(connctionString);
        //创建查询数据的 SQL 命令
        string name =txtName.Text ;
        string homeTel =txtHomeTel.Text;
        string tel =txtTel.Text ;
        string group =txtGroup.Text ;
        string sql = string.Format ("update telephone set 宅电='{0}',手机=
        '{1}',群组='{2}' where 姓名='{3}'", homeTel ,tel,group ,name);
        //创建 Command 对象
        SqlCommand cmd =new SqlCommand(sql, con);
        con.Open();
        //(4)使用 ExecuteNonQuery 方法执行修改
        int k =cmd.ExecuteNonQuery();
        if (k <=0)
        {
            MessageBox.Show("修改失败!");
        }
        else
```

```
        {
            MessageBox.Show("修改成功!");
        }
    }
    catch
    {
        MessageBox.Show("操作失败!");
    }
        finally
    {
        con.Close();
    }
}
```

(3) 程序运行

结果如图 10.22 所示。

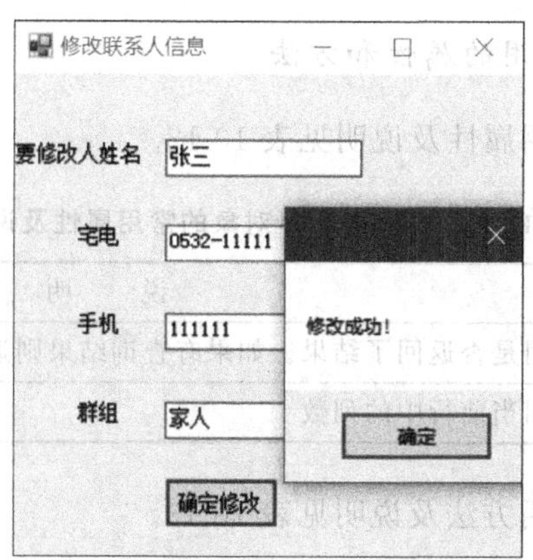

图 10.22　修改联系人的运行结果

知识点 5　DataReader 对象

如果要实现查询多条记录结果，就不能放到简单的数据类型中。ADO.NET 提供了 DataReader 对象存放多个值的查询结果，DataReader 对象为我们提供了一种只读、只进的方式访问从数据库中查询到的数据结果集。

1. DataReader 对象简介

DataReader 对象提供了一个只读、只进方式的数据读取器。用于从查询结果中读取数据。它每次从数据库的结果集中读取一行数据到内存中，所以使用 DataReader 对数据库进行操作非常迅速。不同类型的.NET Framework 数据提供程序都有自己的 DataReader 类，如表 10.11 所示。

表 10.11 .NET 数据提供程序中的 DataReader 类

.NET Framework 数据提供程序	类 名
SQL Server 数据提供程序	SqlDataReader
OLE DB 数据提供程序	OledbDataReader
ODBC 数据提供程序	ODBCDataReader
Oracle 数据提供程序	OracleDataReader

注意：

(1) 在使用 DataReader 类读取数据时，不能进行修改操作。

(2) 因为 DataReader 类是只读操作，同时也是只进方式的读取，不能回撤，所以访问一行数据后，只能访问下一行，不能返回前一行。

(3) 在使用 DataReader 类读取数据时必须和数据库保持连接，即创建 DataReader 对象的 Command 对象所使用的 Connection 对象在使用过程中不能关闭。

2. DataReader 对象常用的属性和方法

DataReader 对象的常用属性及说明见表 10.12。

表 10.12 DataReader 对象的常用属性及说明

属 性	说 明
HasRows	表明是否返回了结果。如果有查询结果则返回 True，否则返回 False
FieldCount	返回当前行中的列数

DataReader 对象的常用方法及说明见表 10.13。

表 10.13 DataReader 对象的常用方法及说明

方 法	说 明
Close()	关闭 DataReader 对象
Read()	前进到下一条记录。如果读到记录则返回 True，否则返回 False
NextResult()	使数据读取器前进到下一个结果
IsDBNull()	获取一个 bool 值，用于判断列中的数据是否是 Null 值

3. DataReader 对象的使用

DataReader 对象针对不同的提供者使用不同的类，在此以访问 SQL Server 数据库为例，详细介绍它的使用。

(1) DataReader 对象的创建

DataReader 对象在使用时比较特殊，它需要由 Command 对象创建。通过 Command 对象的 ExecuteReader()方法返回一个包含查询结果的 DataReader 对象，代码如下：

```
SqlDataReader reader =command.ExecuteReader();
```

(2) 读取 DataReader 中的数据

① 用 DataReader 对象的 Read()方法获取数据。当创建 DataReader 对象之后，就可以循环读取其中的每一行数据了。这里关键的是使用 Read()方法，一般的使用方式为：

```
while(reader.Read())
{
    //读取当前记录的字段值
}
```

在使用 DataReader 对象的 Read()方法获取查询数据时，Read()方法一次只能够读取一条数据。如果读到数据，该方法就会返回 True；否则返回 False。在循环体内的代码用于读取一条存在的数据，此时可以使用循环的形式获取数据库结果集中全部的数据。

② 获取当前数据行的某一列数据。在上述代码中，定位到一行记录以后，如需获取当前行的某个字段的值，可以使用 DataReader 对象加上索引或列名获取当前行的某列的数据，注意索引是从 0 开始。基本的使用方式为

```
string name =reader["姓名"].ToString();
int num =Convert.ToInt32(reader[1]);
```

这里的 To×××()方法要根据字段的值类型进行变化，因为 DataReader[字段名或索引]返回的是一个 Object 对象，因此必须进行合理的显式类型转换。

4. 使用 Command 对象对数据库执行查询操作(返回多个值)

操作步骤如下。

(1) 创建 Connection 对象。

(2) 创建 Command 对象。这里需要定义要执行的查询语句。

(3) 打开数据库连接。

(4) 调用 Command 对象的 ExecuteReader()方法创建 DataReader 对象。

(5) 使用 DataReader 对象的 Read() 方法逐行读取数据。

(6) 读取某列的数据。

(7) 关闭 DataReader 对象与数据库的连接。

注意：

(1) 通过操作步骤的介绍可以发现，基本操作都是先使用 Connection 对象创建与数据库的连接，然后使用 Command 对象执行相应的查询命令。

(2) 在执行相应的命令之前，一定要打开 Connection 连接。

(3) 在执行完毕后，要关闭 DataReader 对象和数据库的连接。

(4) 要获取某列的值,一是指定列的索引(从 0 开始),二是指定列名。

【案例 10.6】 单击“查找联系人”按钮时,将指定联系人的全部信息显示到窗体中。该查询支持模糊查询,如果不输入姓名,则显示所有联系人信息。程序运行结果如图 10.23 所示。

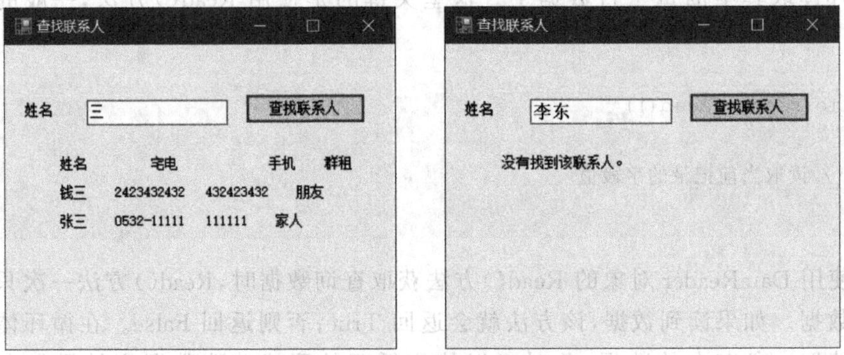

图 10.23 查找联系人运行结果

案例设计步骤如下。

(1) 程序界面设计和属性设置

向窗体中拖入 2 个 Label 控件、1 个 TextBox 控件和 1 个 Button 控件。各控件的属性设置如表 10.14 所示。

表 10.14 控件属性的设置

控件名称	控件的类别	Text 属性	控件的作用
label1	标签	姓名	姓名说明
btnSeek	按钮	查找联系人	触发查询事件
txtName	文本框		用户填写要查询的联系人姓名
lblShow	标签		将 telephone 表中的记录显示出来

(2) 代码设计

双击“查找联系人”按钮,编写按钮单击事件的处理代码如下:

```
private void btnSeek_Click(object sender, EventArgs e)
{
    string conntionString = " Data Source =.; Initial Catalog = Tongxinlu;
    Integrated Security=true";
    SqlConnection con =new SqlConnection(conntionString);
    try
    {
        string searchName =txtName.Text;
        con.Open();
        string sql ="select * from telephone";
```

```
        if (searchName !="")
        {
            sql +=" where 姓名 like '%" +searchName +"%'";
        }
        SqlCommand cmd =new SqlCommand(sql, con);
        SqlDataReader sdr =cmd.ExecuteReader();
        string s ="姓名  宅电  手机  群组\n\n";;
        if (sdr.HasRows)
        {
            while (sdr.Read())
            {
                string name =sdr[0].ToString();
                string zhd =sdr[1].ToString();
                string tel =sdr[2].ToString();
                string group =sdr[3].ToString();
                s +=name +" " +zhd +" " +tel +" " +group +"\n\n";
            }
        }
        else
        {
            s ="没有找到该联系人。";
        }
        lblShow.Text =s;
    }
    catch
    {
        lblShow.Text ="操作失败。\n";
    }
    finally
    {
        sdr.Close();
        con.Close();
    }
}
```

(3) 执行程序

按 F5 键或单击工具栏上的"启动调试"按钮,程序开始运行。

知识点 6 DataSet 对 象

前面学习了 DataReader 对象在数据查询时,必须保证 Connection 对象连接到数据库,即不能在使用 DataReader 对象的时候关闭 Connection 连接。这种方式虽然效率高,但数据库连接负荷较大。

.NET 中的 DataSet 对象为实现数据库断开时的数据连接提供了方便。由于在 DataSet 对象内部数据是以 XML 格式组织的，所以就为不同数据源的数据提供了到应用程序的统一接口，而且 DataSet 对象针对 XML 的操作使得数据虽不连接数据库但可在不同的位置之间传递成为可能。

接下来将学习使用 DataSet 和 DataAdapter 两个对象实现断开式的数据访问技术，同时学习如何使用 DataGridView 控件实现数据表格的功能。

1. 数据集(DataSet)简介

前面介绍了如何通过 Connection、Command、DataReader 等对象，从数据库中检索到需要的数据。但是，通过学习发现还存在一些问题，例如，在获取多条记录时程序必须始终保持和数据库之间的连接，这就意味着当有多个程序同时向数据库发出检索数据的请求时，将会增加数据库服务器的负担。针对这个问题，ADO.NET 提供了解决方案，可以使用 DataSet 进行断开式的数据访问。

DataSet 是 ADO.NET 中的第二大组件，它主要用于将从数据源中检索到的数据内容存储到客户端内存中的缓存内，可以将其简单地理解为一个临时性的、在应用程序本地的数据库。数据集示意图如图 10.24 所示。

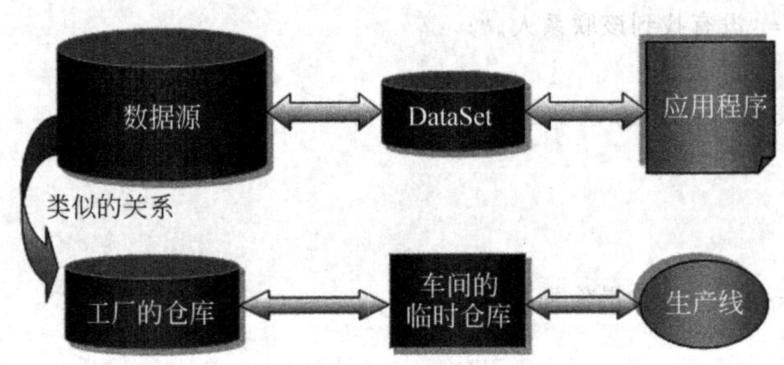

图 10.24 数据集示意图

但在具体使用时，它还具备以下特性。

(1) 支持断开(离线)访问

在对数据源进行交互工作时，使用 ADO.NET 中的另一组件.NET Framework 数据提供程序负责对数据源进行连接和执行命令等工作(例如，本书已经介绍过使用 SqlConnection、SqlCommand 对 SQLServer 数据库进行操作)，而数据集只是负责将这些来自各种数据源中的数据暂时保存在本地，并不参与对数据源的访问和操作。

(2) 编程模型与数据源独立

数据源的种类是多种多样的，各种数据源之间的数据类型并不完全一致，有时还要从一些非数据库文件中得到数据(例如 Excel)，这就造成了在应用程序和数据源之间数据类型格式的匹配问题。而数据集是使用 XML 文件来描述数据的，由于 XML 是一种与平台无关、与语言无关的数据描述语言，而且可以描述具有复杂关系的数据(比如父子关系的数据等)，因此数据集可以容纳各种类型的数据，同时也可以容纳这些数据之间的复杂关系，并且在存放这些数据时不再依赖于数据源。

(3) 可以用 XML 形式表示的数据视图，是一种数据关系视图

数据集可将数据和架构作为 XML 文档进行读写。数据和架构可通过 HTTP 传输，并在支持 XML 的任何平台上被任何应用程序使用。可使用 WriteXmlSchema 方法将架构保存为 XML 架构，并且可以使用 WriteXml 方法保存架构和数据。

2. 数据集的结构

DataSet 的组成结构如图 10.25 所示。

在.NET 中使用 DataSet 时一般要用到 DataTable、DataRow 和 DataColumn 三个类，它们之间的关系如图 10.26 所示。一个数据集中包含多个数据表，一个数据表包含多行和多列。

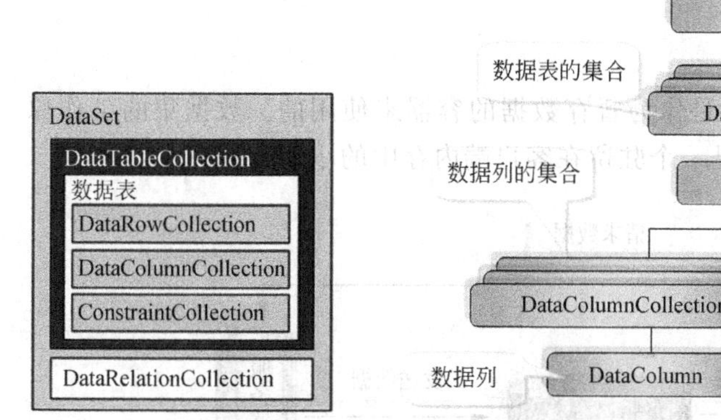

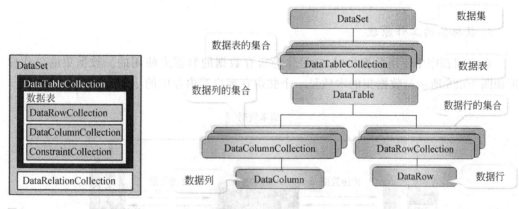

图 10.25　DataSet 组成结构　　**图 10.26　DataTable、DataRow 和 DataColumn 三个类的层次结构**

数据表的层次结构如图 10.27 所示。

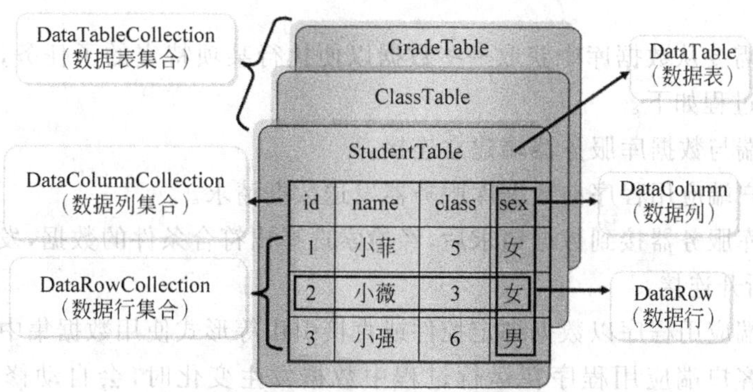

图 10.27　数据表的层次结构

从图 10.25～图 10.27 可以看出，数据集的结构类似于 SQL Server 数据库的结构。每一个 DataSet 都可以像 SQL Server 数据库一样拥有多个数据表(DataTable)，所有的数据表构成了 DataTableCollection。每个表的结构由一个或多个 DataColumn 构成，这

些数据列构成了 DataColumnCollection。表中的所有数据都保存在数据行(DataRow)中,这些数据行构成了 DataRowCollection。数据集中常用类的描述见表 10.15。

表 10.15　数据集结构层次中的类

类	说　明
DataTableCollection	DataTable 对象的集合,可以容纳一个或多个 DataTable
DataTable	表对象
DataColumnCollection	表示 DataTable 对象的结构,可以通过 DataTable 对象的 Columns 属性访问 DataCloumnCollection。它用来容纳 DataColumn 对象
DataColumn	表示 DataTable 对象中的一个列对象
DataRowCollection	表示 DataTable 对象中实际数据行的集合
DataRow	表示 DataTable 对象中的一条记录

3. 数据集的工作原理

在应用程序中使用数据集时,它是作为暂存数据的容器来使用的。数据集的工作原理如图 10.28 所示。数据集的本质是一个驻留在客户端内存中的小型数据库。

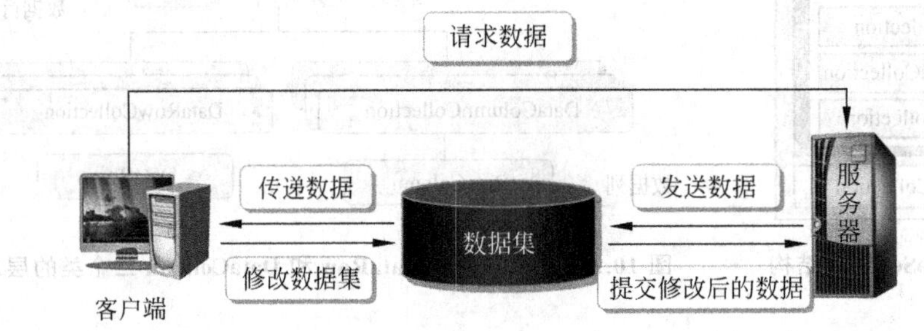

图 10.28　数据集的工作原理

假设用户需要从数据库中获取一些数据以便执行某项特定的子任务,应用程序使用数据集的工作过程如下。

(1) 客户端与数据库服务器端建立连接。

(2) 由客户端应用程序向数据库服务器发送数据请求。

(3) 数据库服务器接到数据请求后,经检索选择出符合条件的数据,发送给客户端的数据集,然后断开连接。

(4) 客户端应用程序以数据绑定控件或直接引用等形式使用数据集中的数据。

(5) 如果客户端应用程序在运行过程中数据发生变化时,会自动修改数据集里的数据。

(6) 当应用程序运行到某一阶段时(比如应用程序需要保存修改后的数据),就可以再次建立客户端到数据库服务器端的连接,将数据集里被修改的数据提交给服务器,然后再次断开连接。

这种不需要实时连接数据库的工作过程叫作非连接的数据访问。在 DataSet 对象中处理数据时，客户端应用程序仅仅是在本地机器的内存中使用数据的副本，从而缓解了数据库服务器和网络的压力，只有在首次获取数据和编辑完数据并将其回传到数据库时，才需要连接数据库服务器。

虽然这种面向非连接的数据结构具有很多优点，但还是存在一些问题。如当处于断开环境时，客户端应用程序并不知道其他客户端应用程序对数据库中原数据所做的改动，很有可能得到的是过时的信息。

4. 创建 DataSet 对象

DataSet 类位于 System.Data 命名空间中，使用时必须先引用该命名空间。创建 DataSet 对象和 C# 中创建其他对象的基本方法一样。

语法格式：

```
DataSet objds =new DataSet("数据集名称");
```

创建 DataSet 对象时，可以指定数据集名称，也可以不指定名称，如不指定名称，它为新实例创建默认名称 NewDataSet。例如：

```
DataSet dataSet =new DataSet();
DataSet dataSet =new DataSet("myschool");
```

DataSet 的常用属性及说明如表 10.16 所示。

表 10.16 DataSet 的常用属性及说明

属　性	说　明
Tables	获取包含在 DataSet 中的表的集合

DataSet 的常用方法及说明如表 10.17 所示。

表 10.17 DataSet 的常用方法及说明

方 法 名	说　明
Clear()	通过移除所有表中的所有行清除任何数据的 DataSet
ReadXML()	将 XML 架构和数据读入 DataSet
WriteXML()	从 DataSet 写 XML 数据，还可以选择写架构

知识点 7 DataAdapter 对象

1. DataAdapter 对象简介

我们了解了 DataSet 的作用以及如何创建一个 DataSet 对象，那么 DataSet 是如何从数据源中获取数据的呢？这就需要使用 DataAdapter 对象了。DataAdapter 对象可以从数据库中获取数据并填充到 DataSet 中，也可以将更改后的 DataSet 重新发送回数据库，其关系如图 10.29 所示。

图 10.29 DataAdapter 与 DataSet 和数据库的关系

数据集、数据库、Connection 与 DataAdapter 对象之间的关系可以用图 10.30 表示。我们可以将 DataSet 看作应用程序现场的一个临时仓库，把 DataAdapter 对象看作一辆为临时仓库提供原材料的运货车。当临时仓库需要数据时，就由 DataAdapter 对象从仓库(数据库)中运送到临时仓库 DataSet 中。而 Connection 对象的作用就相当于连接仓库和临时仓库的道路，DataAdapter 对象必须在 Connection 的道路上运行。

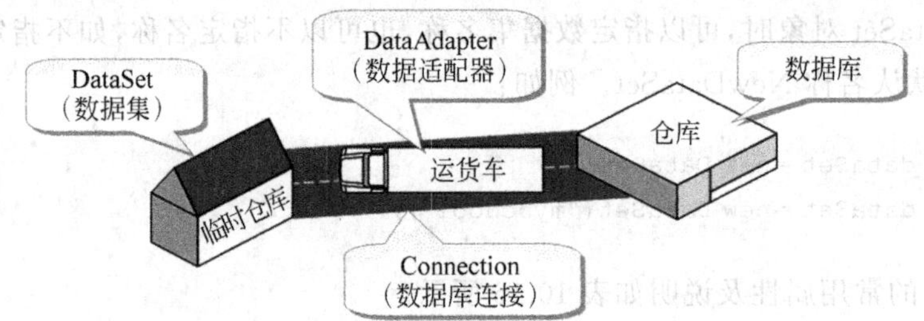

图 10.30 数据集、数据库、Connection 与 DataAdapter 对象之间的关系

表 10.18 列出了不同的.NET 数据提供程序及其 DataAdapter 类。

表 10.18 .NET 数据提供程序及其 DataAdapter 类

.NET Framework 数据提供程序	类　名
SQL Server 数据提供程序	SqlDataAdapter
OLE DB 数据提供程序	OledbDataAdapter
ODBC 数据提供程序	ODBCDataAdapter
Oracle 数据提供程序	OracleDataAdapter

DataAdapter 对象的常用属性及说明如表 10.19 所示。

表 10.19 DataAdapter 对象的常用属性及说明

属　性	说　明
SelectCommand	用于设置在数据源中查询记录的 Command 对象
DeleteCommand	用于从数据集删除记录的 Command 对象
InsertCommand	用于在数据源中插入新记录的 Command 对象
UpdateCommand	用于更新数据源中的记录的 Command 对象

DataAdapter 对象的常用方法及说明如表 10.20 所示。

表 10.20　DataAdapter 对象的常用方法及说明

属　性	说　明
Fill()	向数据集中填充数据
Update()	将数据集中的数据回传到数据源中

2. DataAdapter 对象填充数据集

在程序中可以使用 DataAdapter 对象从数据库中取出数据并填充到应用程序定义的数据集对象中，其基本步骤如下。

(1) 创建数据库连接对象。

(2) 创建 DataSet 对象。

(3) 创建查询数据的 SQL 命令。

(4) 使用 SQL 语句和 Connection 对象作为参数创建 DataAdapter 对象。

(5) 调用 DataAdapter 对象的 Fill()方法填充 DataSet 对象。

语法格式：

```
SqlDataAdapter 对象名=new SqlDataAdapter(SQL 查询语句, 数据库连接);
DataAdapter 对象. Fill(数据集对象, "数据表名称字符串");
```

例如：

```
SqlConnection con =new Sqlconnection("连接字符串");
DataSet studentDataSet =new DataSet();
string strSql ="select * from student";
SqlDataAdapter dataAdapter =new SqlDataAdapter(strSql,con);
dataAdapter.Fill(studentDataSet,"需要填充的数据表的名称");
```

注意：

(1) 若需要填充的数据表不存在，数据集会自动创建一个数据表，然后再填充数据；如果数据表存在，则直接填充。

(2) DataAdapter 对象不需要 Connection 对象显式地打开连接。在执行 Fill()方法时，DataAdapter 对象会自动打开连接，并在检索完数据后自动关闭连接。如果显式地使用 Connection 对象打开数据库连接，也必须显示地关闭数据库连接。

3. 使用 DataAdapter 对象更新数据源

在使用 DataSet 作为本地临时数据库时，对数据的修改都暂时保存在 DataSet 中。如果要把数据更新到数据库服务器中，则需要使用 DataAdapter 对象更新数据源。完成这一功能的基本步骤如下。

(1) 创建 CommandBuilder 对象，用于生成更新数据库的相关命令。

(2) 调用 DataAdapter 对象的 Update()方法更新数据源。

语法格式:

```
SqlCommandBuilder cmdBuilder =new SqlCommandBuilder(DataAdapter 对象);
DataAdapter.Update(数据集对象,数据表的名称);
```

注意: CommandBilder 对象可以通过 DataAdapter 对象的查询命令生成与查询表的结构对应的 Insert、Update 和 Delete 命令。需要注意的是,在 DataAdapter 查询命令中至少要有一个主键或唯一列,如果没有,则会生成命令失败,无法更新数据源。

【案例 10.7】 在断开数据库连接的环境下对数据库进行访问,使窗体打开时,将数据库中所有联系人的信息显示到窗体中。程序运行结果如图 10.31 所示。

断开环境下访问数据库

姓名	宅电	手机	关系
李四	021-64231708	15542385623	家人
孙五	020-54287779	13559923489	家人
钱三	024-23432432	13632423432	朋友
张三	010-11111000	15820111111	家人

图 10.31 案例 10.7 的运行结果

案例设计步骤如下。

(1) 添加控件并设置属性

在窗体中添加 1 个 Label 标签控件,Name 属性设为 lblShow,Text 属性设为空。

(2) 设计代码

双击窗体,编写 Load 事件的代码。

```
private void Form1_Load(object sender, EventArgs e)
{
    try
    {
        //创建数据库连接对象
        string connctionString = "Data Source=.; Initial Catalog=Tongxinlu;
        Integrated Security=true";
        SqlConnection con =new SqlConnection(connctionString);
        //创建 DataSet 对象
        DataSet ds =new DataSet();
        //创建查询数据的 SQL 命令
        string sql ="select * from telephone";
```

```
        //创建 DataAdapter 对象
        SqlDataAdapter sda =new SqlDataAdapter(sql, con);
        //填充 DataSet 对象
        sda.Fill(ds, "telephone");
        //获取 DataSet 对象的 telephone 表
        DataTable dt =ds.Tables["telephone"];
        string s ="姓名     宅电     手机     关系\n\n";
        //循环读取 DataSet 对象 telephone 表的每行数据
        for (int i =0; i <dt.Rows.Count; i++)
        {
            string name =dt.Rows[i][0].ToString();
            string homeTel =dt.Rows[i][1].ToString();
            string tel =dt.Rows[i][2].ToString();
            string group =dt.Rows[i][3].ToString();
            s +=name +"  " +homeTel +"  " +tel +"  " +group +"\n\n";
        }
        lblShow.Text=s;
    }
    catch
    {
        lblShow .Text="操作失败。";
    }
}
```

(3) 运行程序

运行程序，查看运行结果。

**说明：**

DataSet 中的表、表中的行和列均可看作是一个集合对象，Count 属性表示集合中元素的数目，“集合对象[i]”表示集合中的第 i 个元素，“集合对象["姓名"]”表示集合中的名字为指定姓名的那个元素。

例如，定义数据集 ds 如下：

```
DataSet ds=new DataSet();
```

则 ds 对象的相关属性如下。

- ds.Tables：表示 ds 对象中所有数据表的集合。
- ds.Tables.Count：表示 ds 对象中所有数据表的数目。
- ds.Tables[0]：表示 ds 对象中的第一个数据表。
- ds.Tables["telephone"]：表示 ds 对象中的名字为 telephone 的数据表。
- ds.Tables[0].Rows：表示 ds 对象第一个数据表中所有数据行的集合。
- ds.Tables[0].Rows.Count：表示 ds 对象第一个数据表中所有数据行的数目。
- ds.Tables[0].Rows[0]：表示 ds 对象第一个数据表中的第一个数据行。

- ds.Tables[0].Rows[0][0]：表示 ds 对象第一个数据表中第 0 行第 0 列的数据。
- ds.Tables[0].Rows[0]["姓名"]：表示 ds 对象第一个数据表中第 0 行"姓名"列的数据。
- ds.Tables[0].Columns：表示 ds 对象第一个数据表中所有数据列的集合。
- ds.Tables[0].Columns.Count：表示 ds 对象第一个数据表中所有数据列的数目。
- ds.Tables[0].Columns [0]：表示 ds 对象第一个数据表中的第一个数据列。
- ds.Tables[0].Rows[i][j]：表示 ds 对象第一个数据表中第 i 行第 j 列的数据，这是一个封装好的对象类型，使用时需要将其还原为原来的数据类型。

例如：

```
string name =dt.Rows[i][0].ToString();
```

【案例 10.8】 在断开数据库连接的环境下实现通信录的添加和删除功能。单击"添加联系人"按钮时，可以将下方填入的信息保存到 DataSet 对象 telephone 表中；单击"删除联系人"按钮时，可以将下方填入的姓名对应的联系人信息从 DataSet 的 telephone 表中删除；如果没有该联系人，给出提示。操作完成后，单击"更新联系人"按钮，将最新的 DataSet 数据更新回数据库永久保存。程序运行结果如图 10.32 所示。

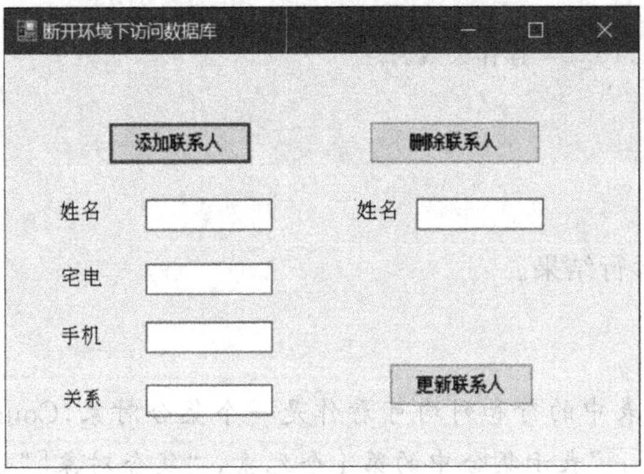

图 10.32 案例 10.8 运行结果

案例设计步骤如下。

(1) 程序界面和属性设置。

在窗体中添加 5 个标签、5 个文本框和 3 个按钮，标签的 Text 属性设置如图 10.31 所示，其他控件的 Text 属性设置如表 10.21 所示。

表 10.21 文本框和按钮的 Text 属性的设置

控件名称	控件类别	Text 属性	控 件 作 用
btnAdd	按钮	添加联系人	单击该按钮，可以将下方填写的信息作为新的联系人记录保存到 telephone 表中
btnDel	按钮	删除联系人	单击该按钮，可以删除下方填写的姓名对应的联系人信息
btnUpdate	按钮	更新联系人	单击该按钮，可以将最新的数据集送回数据库，实现数据的更新存储

续表

控件名称	控件类别	Text 属性	控件作用
txtName1	文本框		用来输入要添加的联系人的姓名
txtGroup	文本框		用来输入要添加的联系人的关系
txtHomeTel	文本框		用来输入要添加的联系人的宅电
txtTel	文本框		用来输入要添加的联系人的手机号码
txtName2	文本框		用来输入要删除的联系人的姓名

(2) 代码设计

① 由于在多个事件中都要用到同一个 DataSet 和 DataAdapter，故将两者定义为全局变量。

```
public DataSet ds;
public SqlDataAdapter sda;
```

② 窗体加载时，读取数据到 DataSet 中。

```
private void Form8_Load(object sender, EventArgs e)
{
    try
    {
        //创建数据库连接对象
        string connctionString = "Data Source=.; Initial Catalog=Tongxinlu;
        Integrated Security=true";
        SqlConnection con =new SqlConnection(connctionString);
        //创建 DataSet 对象
        ds =new DataSet();
        //创建查询数据的 SQL 命令
        string sql ="select * from telephone";
        //创建 DataAdapter 对象
        sda =new SqlDataAdapter(sql, con);
        //填充 DataSet 对象
        sda.Fill(ds, "telephone");
    }
    catch
    {
        MessageBox.Show ( "操作失败");
    }
}
```

③ 单击"添加联系人"按钮时，添加新的联系人。

```
private void btnAdd_Click(object sender, EventArgs e)
{
    try
```

```
    {
        string name =txtName.Text;
        string homeTel =txtHomeTel.Text;
        string tel =txtTel.Text;
        string group =txtGroup.Text;
        //定位到 DataSet 的 telephone 表,在该表中添加一条新记录
        DataTable dt =ds.Tables["telephone"];
        //创建一个数据行,其结构和 dt 表的结构相同
        DataRow dr =dt.NewRow();
        //给新的数据行赋值
        dr[0] =name;
        dr[1] =homeTel;
        dr[2] =tel;
        dr[3] =group;
        //将新行添加到 dt 表中
        dt.Rows.Add(dr);
        MessageBox.Show("增加联系人成功!");
    }
    catch
    {
        MessageBox.Show("操作失败。");
    }
}
```

④ 单击“删除联系人”按钮时,删除指定的联系人。

```
private void btnDel_Click(object sender, EventArgs e)
{
    try
    {
        string name =txtName2.Text;
        //将 name 对应的记录从 DataSet 的 telephone 表中删除
        DataTable dt =ds.Tables["telephone"];
        //在 DataSet 的 telephone 表中查找姓名为 name 的记录,并将该数据行从数据表中
        删除
        for (int i =0; i <dt.Rows.Count; i++)
        {
            string xm =dt.Rows[i][0].ToString();
            if (xm ==name)
            {
                dt.Rows[i].Delete();
                MessageBox.Show("删除联系人成功!");
            }
        }
    }
```

```
    catch
    {
        MessageBox.Show("操作失败。");
    }
}
```

⑤ 单击“更新联系人”按钮时，将最新的数据集中的数据送回数据库服务器。

```
private void btnUpdate_Click(object sender, EventArgs e)
{
    try
    {
        //将最新的 DataSet 更新到数据库服务器
        //创建 CommandBuilder 对象,用于生成更新数据库的相关命令
        SqlCommandBuilder scb =new SqlCommandBuilder(sda);
        //调用 DataAdapter 对象的 Update()方法更新数据源
        sda.Update(ds,"telephone");
        MessageBox.Show("数据更新成功!");
    }
    catch
    {
        MessageBox.Show("操作失败。");
    }
}
```

(3) 运行程序

程序运行结果如图 10.33 所示。

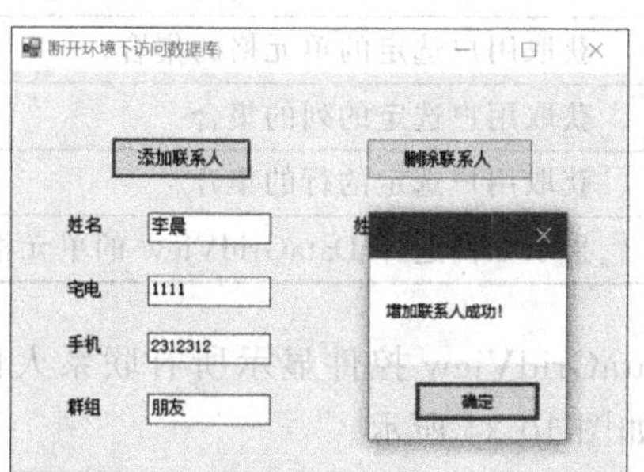

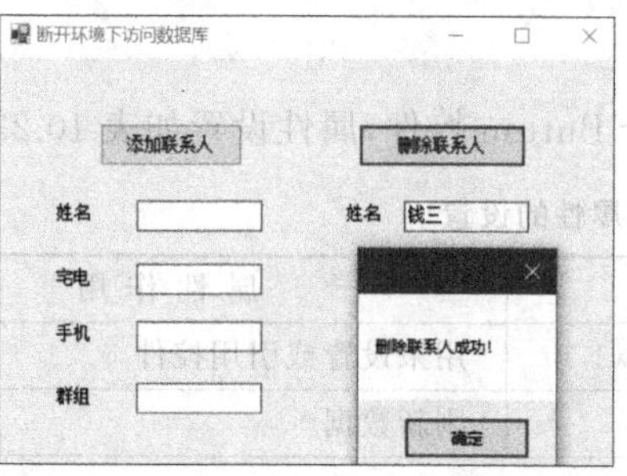

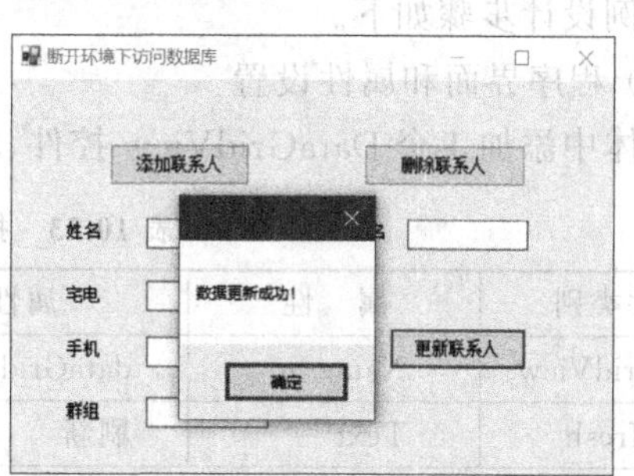

图 10.33　案例运行结果

知识点8 DataGridView 数据绑定控件

怎样简单方便地显示数据集中的数据呢？可以使用 DataGridView 控件。DataGridView 控件是.NET 提供的最通用、功能最强和最灵活的数据显示控件。DataGridView 控件以表格的方式显示数据，并且可以对显示的数据进行修改操作。

DataGridView 控件常用属性及说明如表 10.22 所示。

表 10.22 DataGridView 控件常用属性及说明

属　性	说　明
AllowUserToAddRows	指示是否允许用户在 DataGridView 中添加行
AutoGenerateColumns	指示在设置 DataSource 或 DataMember 属性时是否自动创建列
Columns	获取一个包含控件中所有列的集合
CurrentCell	获取或设置当前处于活动状态的单元格
CurrentRow	获取或设置当前处于活动状态的单元行
DataSource	获取或设置 DataGridView 所显示数据的数据源
GridColor	获取和设置网格线的颜色
MultiSelect	指示是否允许用户一次选择 DataGridView 的多个单元格、行或列
Name	获取或设置控件的名称
ReadOnly	指示用户是否可以编辑 DataGridView 控件的单元格
RowHeadersVisible	指示是否显示行标题
ColumnHeadersVisible	指示是否显示列标题
Rows	获取一个包含控件中所有行或列的集合
SelectedCells	获取用户选定的单元格的集合
SelectedColumns	获取用户选定的列的集合
SelectedRows	获取用户选定的行的集合
SelectionMode	指示如何选择 DataGridView 的单元格

【案例 10.9】 使用 DataGridView 控件显示所有联系人信息，用手写代码的方式实现该功能。程序运行效果如图 10.34 所示。

案例设计步骤如下。

(1) 程序界面和属性设置

窗体中添加 1 个 DataGridView 控件、3 个 Button 控件，属性设置如表 10.23 所示。

表 10.23 控件属性的设置

控件类别	属　性	属性值	属 性 作 用
DataGridView	Name	dataGridView1	用来设置或引用控件
btnRefresh	Text	刷新	刷新数据

续表

控件类别	属　性	属性值	属 性 作 用
btnDel	Text	删除	删除当前选择的行
btnUpdate	Text	更新	将修改和删除的数据更新到数据库

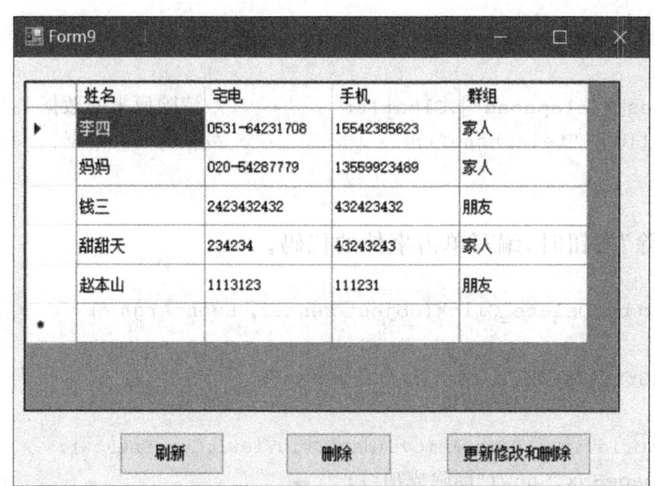

图 10.34　案例 10.9 的运行结果

(2) 代码设计

① 由于在多个事件中都要用到同一个 DataSet 和 DataAdapter，故将两者定义为全局变量。

```
DataSet ds;
SqlDataAdapter sda;
```

② 编写窗体加载时的 Load 事件的代码。

```
private void Form9_Load(object sender, EventArgs e)
{
    //建立连接
    string connctionString = " Data Source =.; Initial Catalog = Tongxinlu;
    Integrated Security=true";
    SqlConnection con =new SqlConnection(connctionString);
    //创建 DataSet 对象
    ds =new DataSet();
    //创建查询数据的 SQL 命令
    string sql ="select * from telephone";
    //创建 DataAdapter 对象
     sda =new SqlDataAdapter(sql, con);
    //填充 DataSet 对象
    sda.Fill(ds, "telephone");
```

```
    //设置控件的数据源
    dataGridView1.DataSource =ds.Tables["telephone"];
}
```

③ 双击“刷新”按钮,编写单击事件的代码。

```
private void btnRefresh_Click(object sender, EventArgs e)
{
    ds.Tables["telephone"].Clear();                //清除原来的数据
    sda.Fill(ds, "telephone");                     //重新填充数据
}
```

④ 双击“删除”按钮时,编写单击事件的代码。

```
private void btnDelete_Click(object sender, EventArgs e)
{
    if(dataGridView1.CurrentRow.Index>=0)
    {
        dataGridView1.Rows.Remove(dataGridView1.CurrentRow);
        MessageBox.Show("删除成功");
    }
    else
    {
        MessageBox.Show("请选择要删除的记录");
    }
}
```

⑤ 双击“更新修改和删除”按钮时可以将最新的 DataSet 中的数据送回数据库服务器,代码如下。

```
private void btnModify_Click(object sender, EventArgs e)
{
    SqlCommandBuilder sc =new SqlCommandBuilder(sda);
    sda.Update(ds, "telephone");
    MessageBox.Show("更新成功");
}
```

(3) 运行程序

运行程序并查看结果。

知识点 9　窗体之间传递参数

C＃窗体之间传递参数,主要有窗体的全局静态变量、公共类中的静态变量和窗体构造函数三个方法。

1. 窗体的全局静态变量

这种方法最简单，只要把变量描述成公共的static变量就可以了。在Form2中直接引用Form1的变量，代码如下。

在Form1中定义一个static变量：

```
public static int i=9 ;
```

Form2中按钮单击事件的代码如下：

```
private void button1_Click(object sender, System.EventArgs e)
{
    textBox1.Text =Form1.i.ToString();
}
```

2. 公共类中的静态变量

创建一个Helper类，在类中定义静态成员：

```
public class Helper{ public static int i; }
```

在窗体Form1中对Helper类的静态成员赋值：

```
Helper.i =9;
```

Form2中按钮单击事件的代码如下：

```
private void button1_Click(object sender, System.EventArgs e)
{
    textBox1.Text =Helper.i.ToString();
}
```

3. 窗体构造函数

Form1中按钮单击事件的代码如下：

```
private void button1_Click(object sender, System.EventArgs e)
{
    Form2 temp =new Form2( 9 );
    temp.Show();
}
```

Form2中的构造函数如下：

```
public Form2( int i )
{
    InitializeComponent();
    textBox1.Text =i.ToString();
}
```

任务　登录功能的设计与实现

1. 任务要求

根据选择类型，当用户名和密码都正确输入后，可进入相应教师和学生的主界面，并在教师主界面的标题栏下显示欢迎信息。登录界面如图 10.35 所示。

图 10.35　系统登录界面

2. 数据库说明

本项目中使用 mySchool 数据库，课内任务主要涉及 Teacher 表和 Student 表，课外任务和小组探索任务涉及 ClassInfo 表、Subject 表、Question 表和 Score 表，表的结构如图 10.36 所示。数据库中表之间的关系如图 10.37 所示。

3. 任务实施

(1) 程序界面设计

建立 ExamSystem(考试管理系统)项目，将 Form1 重命名为 LoginForm(如图 10.38 所示)；添加教师主窗体 TeacherForm 和学生主窗体 StudentForm；在登录窗体 LoginForm 中添加 2 个 TextBox 控件、1 个 ComboBox 控件、2 个 Button 控件。

(2) 窗体及控件属性设置

各控件的属性设置如表 10.24 所示。

LAPTOP-2E7FU03I.M...ool - dbo.Teacher

列名	数据类型	允许 Null 值
TeacherId	int	☐
Loginname	varchar(50)	☐
password	varchar(50)	☐
TeacherName	varchar(50)	☐
Sex	nvarchar(255)	☐

LAPTOP-2E7FU03I.M...ool - dbo.Student

列名	数据类型	允许 Null 值
StudentId	int	☐
LoginName	varchar(50)	☐
password	varchar(50)	☐
ClassId	int	☐
StudentName	nvarchar(255)	☐
StudentNO	nvarchar(255)	☐
Sex	nvarchar(255)	☐
Phone	nvarchar(255)	☑
Address	nvarchar(255)	☑

LAPTOP-2E7FU03I.M...l - dbo.ClassInfo

列名	数据类型	允许 Null 值
ClassId	int	☐
ClassName	varchar(50)	☐

LAPTOP-2E7FU03I.M...ool - dbo.Subject

列名	数据类型	允许 Null 值
SubjectId	int	☐
SubjectName	varchar(100)	☐
Hours	int	☐

LAPTOP-2E7FU03I....ol - dbo.Question

列名	数据类型	允许 Null 值
QuestionId	int	☐
Question	varchar(500)	☐
Answer	varchar(50)	☐
Difficulty	int	☐
SubjectId	int	☐
OptionA	varchar(500)	☐
OptionB	varchar(500)	☐
OptionC	varchar(500)	☐
OptionD	varchar(500)	☐

LAPTOP-2E7FU03I.MySchool - dbo.score

列名	数据类型	允许 Null 值
ScoreId	int	☐
studentName	varchar(50)	☐
score	int	☐
subjectid	int	☑

图 10.36　考试管理系统表结构

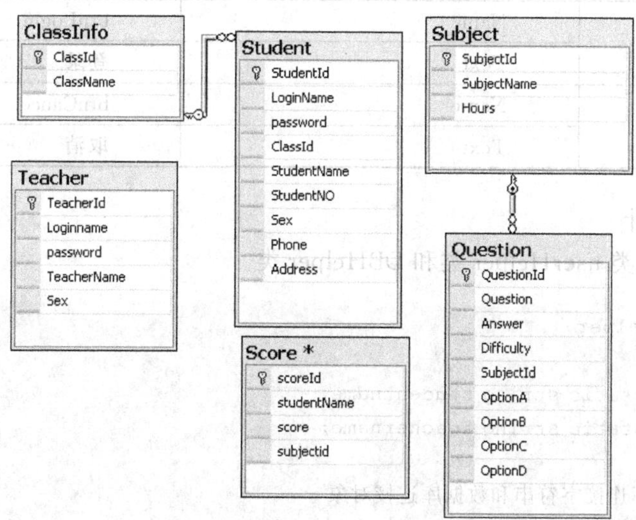

图 10.37　表之间的关系

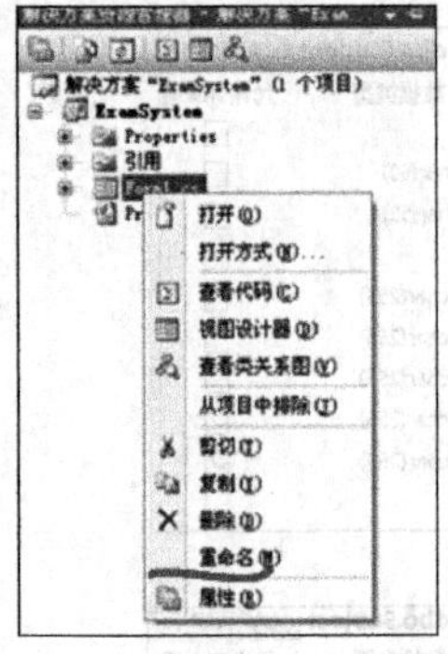

图 10.38　重命名窗体

表 10.24　控件属性的设置

控件名称	属性名	属性值
Form	Name	LoginForm
	BackgroundImage	设置图片的背景图片
	FormBorderStyle	FixedDialog
TextBox	Name	txtUserName
TextBox	Name	txtPassword
	PasswordChar	*
ComboBox	Name	cboUserType
	DropDownStyle	DropDownList
	Items	教师学生
Button	Name	btnLogin
	Text	登录
Button	Name	btnCancel
	Text	取消

(3) 代码设计

① 添加公共类 userHelper 类和 DBHelper 类。

```
class userHelper
{
    public static string studentname;
    public static string teachername;
}
//存放数据库连接字符串和数据库连接对象
class DBHelper
{
    //数据库连接字符串
```

```
    public static string connectionString ="Data Source=.;Initial Catalog=
    myschool;Integrated Security=true";
    //数据库连接对象
    public static SqlConnection connection =new SqlConnection(connectionString);
}
```

② 双击“取消”按钮，编写单击事件的代码如下：

```
//单击“取消”按钮时,应用程序退出
private void btnCancel_Click(object sender, EventArgs e)
{
    DialogResult result;
    result = MessageBox.Show("是否真的要退出?", "提示",MessageBoxButtons.
    YesNo, MessageBoxIcon.Warning);
    if (result ==DialogResult.Yes)
    {
        Application.Exit();
    }
}
```

③ 双击“登录”按钮进入单击事件，输入如下代码：

```
private void btnLogin_Click(object sender, EventArgs e)
{
    if (txtUserName.Text =="")              //判断用户名是否为空
    {
        MessageBox.Show("请输入用户名");
        return;
    }
    if (txtPassword.Text =="")
    {
        MessageBox.Show("请输入密码");
        return;
    }
    if (cboUserType.Text =="")
    {
        MessageBox.Show("请选择用户类型");
        return;
    }
    string username =txtUserName.Text.Trim();
    string password =txtPassword.Text.Trim();
    try
    {
        DBHelper.connection.Open();
```

```
    SqlCommand cmd =newSqlCommand();
    cmd.Connection =DBHelper.connection;
    if (cboUserType.Text.Trim() =="教师")
    {
        userHelper.teachername =username;
        //********开始创建命令对象*****************************************
        cmd.CommandText ="select count(*) from teacher where LoginName=
        '" +username+"' and Password='" +password +"'";
        int n =(int)(cmd.ExecuteScalar());
        if (n >0)
        {
            userHelper.teachername =username;
            TeacherForm teacherForm =new TeacherForm();
            teacherForm.Show();                          //显示教师主窗体
            this.Visible =false;                         //隐藏当前登录窗体
        }
        else
        {
            MessageBox.Show("用户名或密码错误");
        }
    }
    else if (cboUserType.Text.Trim() =="学生")
    {
        cmd.CommandText ="select count(*) from student where LoginName=
        '" +username +"' AND Password='" +password +"' ";
        int n =(int)(cmd.ExecuteScalar());
        if (n >0)
        {
            userHelper.studentname =username;
            StudentForm studentForm =new StudentForm();
            studentForm.Show();
            this.Visible =false;                         //隐藏当前登录窗体
        }
        else
        {
            MessageBox.Show("用户名或密码错误");
        }
    }
}
catch
{  MessageBox.Show("连接数据库出错");  }
finally
{
```

```
        DBHelper.connection.Close();
    }
}
```

④ 在 TeacherForm.cs 窗体和 StudentForm 窗体中添加如下代码：

```
private void StudentForm_Load(object sender, EventArgs e)
{  this.Text ="欢迎你！" +userHelper.studentname;  }
private void TeacherForm_Load(object sender, EventArgs e)
{  this.Text ="欢迎你！" +userHelper.teachername;  }
```

(4) 运行程序

按 F5 键或单击工具栏上的"启动调试"按钮，程序开始运行。

任务　教师主窗体的设计

1. 任务要求

本任务要求完成教师主界面的设计，主要包含菜单栏、工具栏、状态栏、MDI(多文档)的设计，程序运行效果如图 10.39 所示。

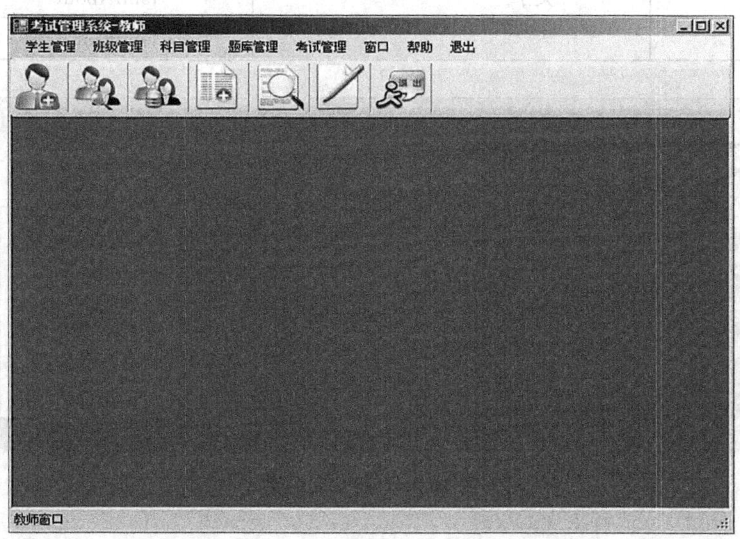

图 10.39　教师主窗体的效果

2. 任务实施

(1) 创建工具栏。使用工具箱中的工具向窗体中添加 MenuStrip 控件，将 Name 属性改为 msTeacher；再添加主菜单项和菜单项。控件属性的设置如表 10.25 所示。

(2) 创建工具栏。向窗体添加 ToolStrip 控件，将 Name 属性改为 tsTeacher。可以利用工具栏中的 Items 属性添加所需要的项；也可直接在工具栏中打开下拉列表，选择要添加的类型。这里主要需要 Button 和 Seperator 类型，如图 10.40 所示。设置工具栏的各个按钮项，当用户单击工具栏后会出现自动提示，根据菜单提示可以设置不同的工具按钮项。

表 10.25 控件属性的设置

主菜单项	子菜单项的 Text 属性	子(或主)菜单项的 Name 属性
学生管理	增加学生	tsmiAddStudent
	查询/删除学生	tsmiSearchStudent
	学生信息列表	tsmiStudentList
	学生人数	tsmiCount
班级管理	增加班级	tsmiAddClass
	查询/修改班级	tsmiSearchClass
科目管理	增加科目	tsmiAddSubject
	查询/修改科目	tsmiSearchSubject
题库管理	增加试题	tsmiAddQuestion
	查询/修改试题	tsmiSearchQuestion
考试管理	成绩浏览	tsmiBrower
窗口		tsmiWindows
帮助	关于	tsmiAbout
退出		tsmiExit

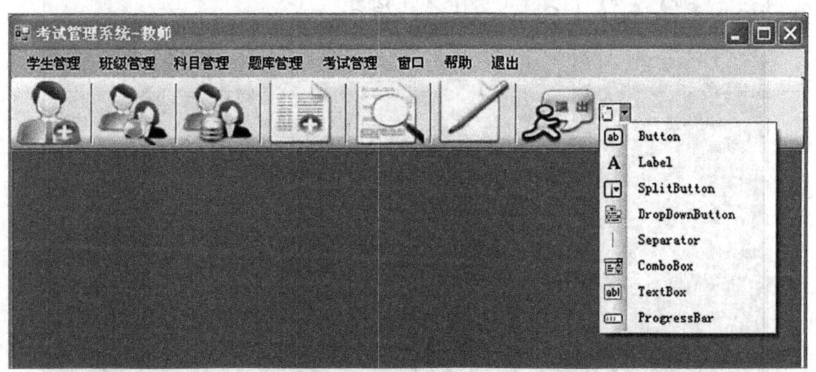

图 10.40 添加工具栏

逐个设置工具栏中的按钮。先依次添加 Button 按钮和 Seperator 按钮，然后设置 Button 按钮的 Text、Image 属性；当 Text 属性修改后相应的 ToolTipText 属性也相应发生改变。工具栏的 DisplayStyle 属性默认值为 Image(显示图像)。修改 tsTeacher 控件的 ImageScalingSize 属性为“64，64”。

(3) 创建状态栏。向窗体添加 StatusStrip 控件，将 Name 属性改为 ssTeacher。可以利用 Items 属性添加所需要的项(面板)；也可直接在状态栏中打开下拉列表，选择要添加的类型。这里添加常用的标签面板(StatusLabel)，最后将 Text 属性改为教师窗口。

(4) 将 TeacherForm.cs 窗体设为多文档(MDI)。

① 设置父窗体(TeacherForm.cs)的 IsMDIContainer 属性为 True。

② 添加子窗体 AddStudentForm.cs。选中 ExamSystem 项目,右击并选择"添加"→"Windows 窗体"命令,将窗体命名为 AddStudentForm。

③ 设置子窗体 AddStudentForm.cs 的 MdiParent 属性。

```
private void tsmiAddStudent_Click(object sender, EventArgs e)
{
    AddStudentForm addStudentForm =new AddStudentForm();  //创建窗体对象
    addStudentForm.MdiParent =this;                        //设置增加学生的父窗体实现
    addStudentForm.Show();                                 //显示增加学生的窗体
}
```

任务　统计学生人数

1. 任务要求

在菜单中选择"学生管理"→"学生人数"命令,可以统计出数据库中学生的人数。运行结果如图 10.41 所示。

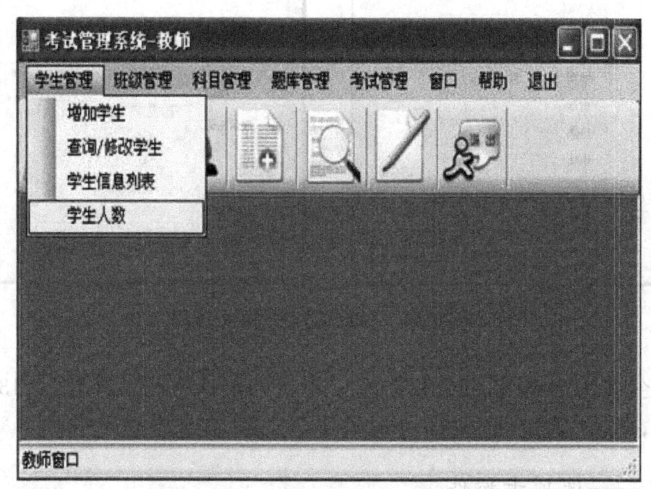

图 10.41　统计学生人数界面

2. 任务实施

(1) 代码设计如下

双击"学生人数"命令,为单击事件添加如下代码:

```
private void 查询学生人数ToolStripMenuItem_Click(object sender, EventArgs e)
{
```

```
        DBHelper.connection.Open();
        SqlCommand cmd =new SqlCommand();                //创建命令对象
        cmd.Connection =DBHelper.connection;
        cmd.CommandText ="select count(*) from student";
        int num =(int)(cmd.ExecuteScalar());
        MessageBox.Show("学生人数: " +num);
        DBHelper.connection.Close();
    }
```

(2) 运行程序

按 F5 键或单击工具栏上的"启动调试"按钮,程序开始运行。

任务 增加学生功能的设计与实现

1. 任务要求

在菜单中选择"学生管理"→"增加学生"命令,出现如图 10.42 所示界面。

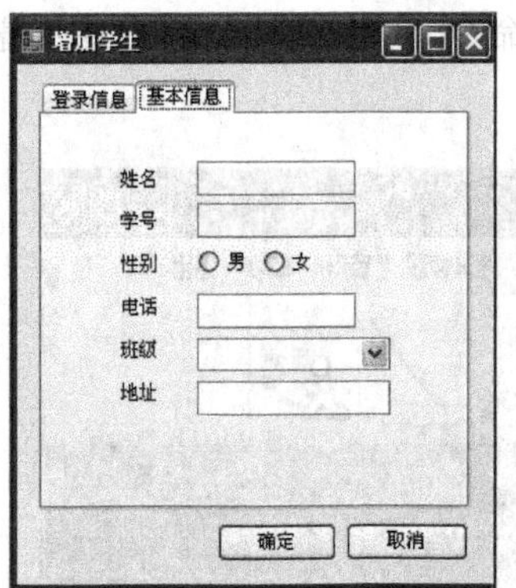

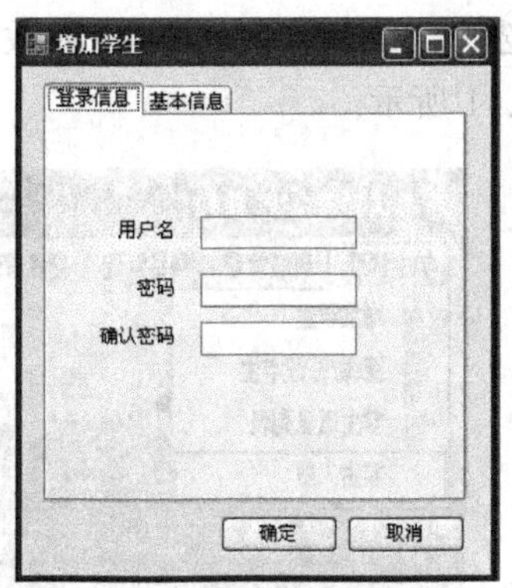

图 10.42 "增加学生"相关界面

窗体启动时会在组合框中加载数据库中现有的班级名称(如图 10.43 所示)。在窗体中填写相应信息,单击"确定"按钮即可将学生信息添加到数据库中。

2. 知识补充——选项卡控件

选项卡(TabControl)控件在 Windows 系统中经常可以见到,我们在设置 Windows 系统的显示属性时出现的对话框中就使用了选项卡,如图 10.44 所示。

TabControl 控件的常用属性及说明如表 10.26 所示。

表 10.26 TabControl 控件的常用属性及说明

属 性	说 明
Multiline	获取或设置是否可以显示一行以上的选项卡
TabPages	获取或设置选项卡页的集合

续表

属　性	说　　明
SelectedIndex	获取或设置当前选定的选项卡页的索引
SelectedTab	获取或设置当前选定的选项卡页

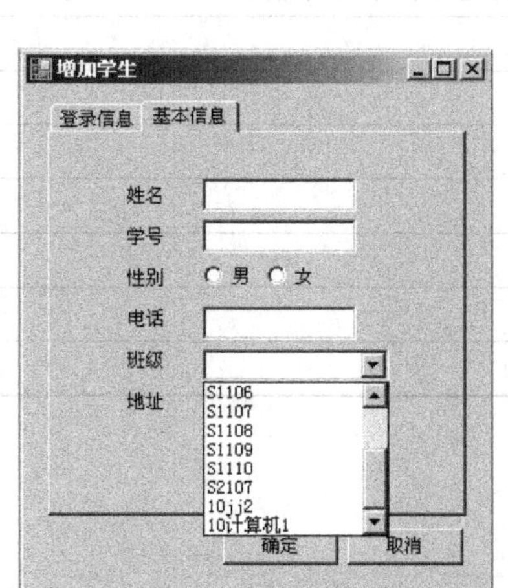

图 10.43　加载班级名称

图 10.44　"显示 属性"对话框

可以通过 TabPages 属性添加、删除和设置选项卡页。单击 TabPages 属性设置栏中的按钮，就会弹出"TabPage 集合编辑器"对话框，如图 10.45 所示。单击"添加"按钮可以添加一个选项卡页面；选中左边的某个 TabPage，单击"移除"按钮可以删除不需要的选项卡页面；选中左边的某个 TabPage，右边的属性设置栏可以设置选中 TabPage 的属性，通常用 Text 属性设置选项卡的标签。

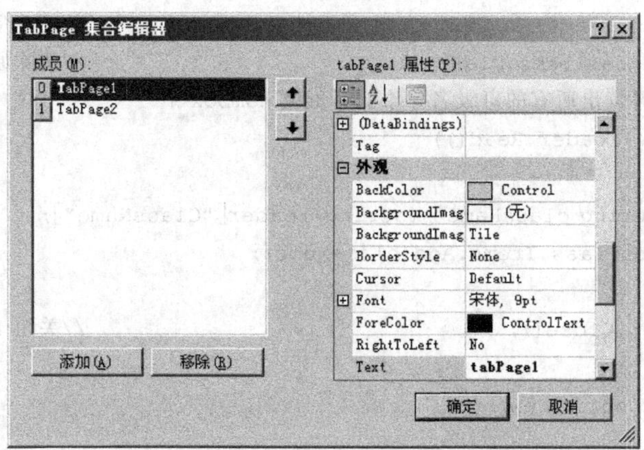

图 10.45　"TabPage 集合编辑器"对话框

3. 任务实施

(1) 设计 AddStudentForm.cs 窗体界面，添加控件并设置属性如表 10.27 所示。

表 10.27 控件属性的设置

控件名称	属性名	属性值
TabControl	Name	tabStudent
	TabPages	修改两个选项卡的 Text 属性分别为"登录信息"和"基本信息"
RadioButton	Name	rdoMale
	Text	男
	Checked	True
RadioButton	Name	rdoFemale
	Text	女
ComboBox	Name	cboClass
	DropDownStyle	DropDownList(只能选择)

(2) 代码设计如下。

① 在组合框中显示班级名称。

```
private void AddStudentForm_Load(object sender, EventArgs e)
                                                    //窗体加载时
{
    string sql =string.Format("select * from ClassInfo");
    try
    {
        //定义 command 对象
        SqlCommand com=new SqlCommand(sql, DBHelper.connection);
        DBHelper.connection.Open();                 // 打开数据库连接
        SqlDataReader reader =com.ExecuteReader();  // 执行查询
        cboClass.Items.Clear();                     //清除原来的列表值
        // 循环读出所有的班级名并添加到班级 combox 中
        while (reader.Read())
        {
            string className =(string)reader["ClassName"];
            cboClass.Items.Add(className);
        }
        reader.Close();                             //关闭 DataReader 对象
    }
    catch (Exception ex)
    {
        MessageBox.Show("操作数据库出错\n\r" +ex.Message);
```

```
        }
        finally
        {
            DBHelper.connection.Close();           //关闭数据库连接
        }
    }
```

② 验证输入内容是否为空。

```
    private bool ValidateInput()
    {
        if (txtUserName.Text =="")
        {
            MessageBox.Show("请输入用户名");
            return false;
        }
        else if (txtPassword.Text =="")
        {
            MessageBox.Show("请输入密码");
            return false;
        }
        else if (txtComfrimPassword.Text =="")
        {
            MessageBox.Show("请输入确认密码");
            return false;
        }
        else if (txtPassword.Text !=txtComfrimPassword.Text)
        {
            MessageBox.Show("您两次输入的密码不一致");
            return false;
        }
        else if (txtName.Text =="")
        {
            MessageBox.Show("请输入姓名");
            return false;
        }
        else if (txtStudentNo.Text =="")
        {
            MessageBox.Show("请输入学号");
            return false;
        }
        else if (!rdoMale.Checked && !rdoFemale.Checked)
```

```
    {
        MessageBox.Show("请选择性别");
        return false;
    }
    else if (txtTelephone.Text =="")
    {
        MessageBox.Show("请输入电话");
        return false;
    }
    else if (cboClass.Text =="")
    {
        MessageBox.Show("请选择班级");
        return false;
    }
    else if (txtAddress.Text =="")
    {
        MessageBox.Show("请输入地址");
        return false;
    }
    return true;
}
```

③ 根据班级名称获取班级 id。

```
private int GetClassId(string classname)
{
    int classId =0;                                          // 班级 id
    string sql = string.Format ("select ClassId from ClassInfo where ClassName=
    '{0}'", classname);
    try
    {
        // 定义 command 对象
        SqlCommand com =new SqlCommand(sql, DBHelper.connection);
        DBHelper.connection.Open();                          // 打开数据库连接
              SqlDataReader reader =com.ExecuteReader();    // 执行查询
              if (reader.Read())                             // 读出班级 id
        {
            classId =(int)reader["ClassId"];
        }
        reader.Close();                                     //关闭 DataReader 对象
    }
    catch (Exception ex)
    {
```

```
            MessageBox.Show("操作数据库出错\n\r" +ex.Message);
        }
        finally
        {
            DBHelper.connection.Close();             //关闭数据库连接
        }
        return classId;
    }
```

④ 执行插入操作，为“确定”按钮的单击事件添加代码如下：

```
    private void btnOK_Click(object sender, EventArgs e)
    {
        if (ValidateInput())
        {
            // 获取要插入数据库的每个字段的值
            string loginName =txtUserName.Text;
            string password =txtPassword.Text;
            string studentName =txtName.Text;
            string studentNO =txtStudentNo.Text;
            string phone =txtTelephone.Text;
            string address =txtAddress.Text;
            string sex =rdoMale.Checked ? "男" :"女";
            // 获取班级 id
            int classId =GetClassId(cboClass.Text);
            string sql =string.Format("INSERT INTO Student
              (LoginName, Password, ClassID, StudentName, StudentNO, Sex, Phone,
              Address) values('{0}','{1}','{2}','{3}','{4}','{5}','{6}','{7}')",
              loginName, password, classId, studentName, studentNO, sex, phone,
              address);
            try
            {
                // 创建 command 对象
                SqlCommand com =new SqlCommand(sql, DBHelper.connection);
                DBHelper.connection.Open();                       // 打开数据库连接
                int result =com.ExecuteNonQuery();                // 执行命令
                // 根据操作结果给出提示信息
                if (result <1)
                {
                    MessageBox.Show("添加失败!");
                }
                else
```

```
            {
                MessageBox.Show("添加成功!");
                this.Close();
            }
        }
        catch (Exception ex)
        {
            MessageBox.Show("操作数据库出错!"+ex.Message);
        }
        finally
        {
            DBHelper.connection.Close();          //关闭数据库连接
        }
    }
}
```

⑤ 为“取消”按钮的单击事件添加代码如下：

```
private void btnCancel_Click(object sender, EventArgs e)
{
    this.Close();
}
```

(3) 按 F5 键或单击工具栏上的“启动调试”按钮，程序开始运行。

任务　查询学生功能的设计与实现

1. 任务要求

在“教师主窗体”的菜单中选择“学生管理”→“查询/修改学生”命令，打开如图 10.46 所示的窗体，单击“查找”按钮即可按学生姓名进行查询。

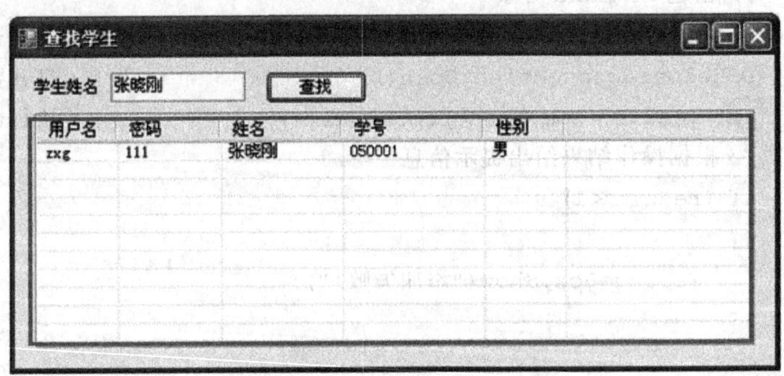

图 10.46 “查询学生”信息

2. 知识补充——ListView 控件介绍

ListView 控件可以显示带有图标的项列表，且具有多种显示模式。可使用该控件创建类似于 Windows 资源管理器的用户界面，如图 10.47 所示。

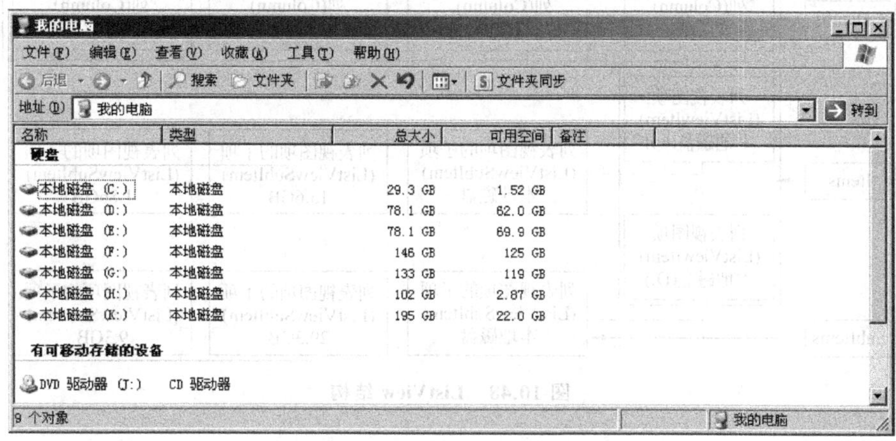

图 10.47　Windows 资源管理器

ListView 控件提供了大量属性设置显示数据的方式，并且提供了相关的事件控制操作。它的常用属性、方法和事件及说明如表 10.28 所示。

表 10.28　ListView 控件的常用属性、方法和事件及说明

属性、方法和事件	说　明
Columns 属性	控件中显示的所有列标题的集合
Enabled 属性	控件是否可以对用户交互作出响应
FullRowSelect 属性	单击某项是否选择其所有子项
GridLines 属性	在包含控件中的行和列之间是否显示网格线
Items 属性	包含控件中所有项的集合
LargeImageList 属性	设置控件以大图标视图显示时使用的 ImageList 对象
MultiSelect 属性	确定是否可以选择多个项
Name 属性	控件的名称
SelectedIndices 属性	获取控件中选定项的索引
SelectedItems 属性	获取在控件中选定的项
SmallImageList 属性	设置当控件以小图标视图显示时使用的 ImageList 对象
View 属性	控件中的显示方式，可设置 4 种不同的显示视图：大图标、小图标、列表和详细列表
Clear()方法	从控件中移除所有项和列
Click 事件	在单击控件时触发
DoubleClick 事件	在双击控件时触发
SelectedIndexChanged 事件	当选定项发生更改时触发

ListView 控件的 Items 属性是数据展示最重要的属性，它表示包含控件中所有项的集合。其中每一项都是一个 ListViewItem 对象。ListVIewItem 中的 SubItems 属性表示获取包含该项的所有子项的集合，每一项都是 ListViewSubItems 对象，如图 10.48 所示。

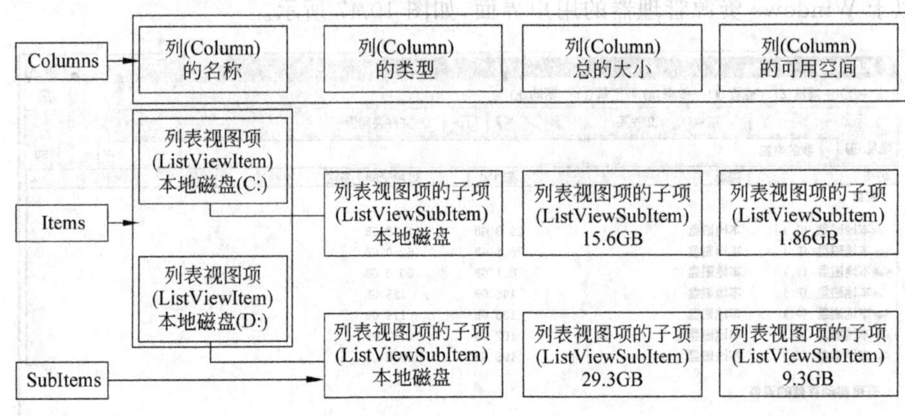

图 10.48 ListView 结构

3. 任务实施

(1) 创建窗体，添加控件并设置属性

添加窗体 SearchStudentForm.cs。添加控件并设置相应的属性，如表 10.29 所示。ListView 列的设置如图 10.49 所示。

表 10.29 控件属性的设置

控件名称	属性名	属性值
ListView	Name	IsStudent
	FullRowSelect	True
	View	Details
	Columns	用户名等
	GridLine	True
Label	Name	lblName
	Text	学生姓名
TextBox	Name	txtStudentName
Button	Name	btnSearch
	Text	查找

(2) 编写代码

```
private void btnSearch_Click(object sender, EventArgs e)
{
    string sql ="select * from Student ";
    string name =TxtStudentName.Text;
```

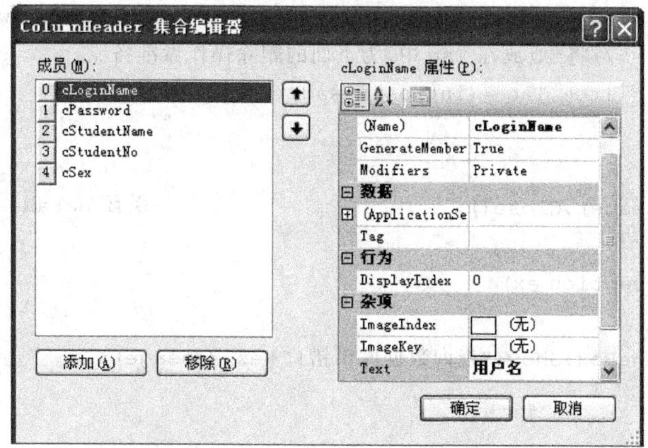

图 10.49 ListView 列的设置

```
if(name!=null&&name!="")                    //如果用户没有输入信息就查找全部
{
    sql+="where StudentName like '%"+name+"%'";
}
try
{
    SqlCommand com =new SqlCommand(sql, DBHelper.connection);
    DBHelper.connection.Open();              // 打开数据库连接
    SqlDataReader dataReader =com.ExecuteReader();
    lvStudent.Items.Clear();                 // 清除 ListView 中的所有项
    // 如果结果中没有数据行,弹出提示
    if (!dataReader.HasRows)
    {
        MessageBox.Show("抱歉,没有您要找的用户!");
    }
    else
    {
        // 将查到的结果循环写到 ListView 中
        while (dataReader.Read())
        {
            string loginName= (string)dataReader["LoginName"];
            string password= (string)dataReader["Password"];
            string studentName = (string)dataReader["StudentName"];
            string studentNO = (string)dataReader["StudentNO"];
            string sex = (string )dataReader["Sex"];
            //创建一个 ListView 项
            ListViewItem item =new ListViewItem(loginName);
            //向当前项中添加子项
            item.SubItems.AddRange(new string[] {password, studentName,
            studentNO, sex });
```

```
                lvStudent.Items.Add(item);          //向 ListView 中添加一个新项
                //将 ID 放在 Tag 中,为下面的删除操作做准备
                item.Tag=(int)dataReader["StudentID"];
            }
        }
        dataReader.Close();                         //关闭 dataReader
    }
    catch (Exception ex)
    {
        MessageBox.Show("查询数据库出错!"+ex.Message);
    }
    finally
    {
        DBHelper.connection.Close();                //关闭数据库连接
    }
}
```

(3) 运行程序

按 F5 键或单击工具栏上的"启动调试"按钮,程序开始运行。

分析:在把已经查询到的 DataReader 中的数据显示到 ListView 控件中时,关键代码是读取 DataReader 和将数据显示到 ListView 中的循环体部分。在循环体内完成两项工作:使用 DataReader 当前记录的第一个字段创建一个 ListViewItem 对象,例如 lvItem;使用 DataReader 当前记录的其余字段创建 lvItem 的 SubItems 集合元素,通过使用 lvItem.SubItems.Add()方法完成子项的添加。

任务 删除学生功能的设计与实现

1. 任务要求

在每个条目上右击都可以弹出快捷菜单。选择"删除"命令即可调出操作提示框,单击"是"按钮则删除选定的学生记录,如图 10.50 所示。

2. 任务实施

删除学生信息的功能需要两个步骤,一是确认删除提示;二是执行删除的 SQL 语句。首先要获取当前选中学生的信息,观察 ListView 控件可以发现,通过 lvEmployee.SelectedItems[0].Text 属性即可获得用户名。其次在删除学生的时候,需要知道学生记录的编号这个主键值,这个值保存在了每一个 ListItem 的 Tag 属性中,所以可以通过 lvEmployee.SelectedItems[0].Tag 获取学生编号。

(1) 添加 ContextMenuStrip 控件并设置属性

在窗体中添加 ContextMenuStrip 控件,制作右键快捷菜单,属性设置如表 10.30 所示。

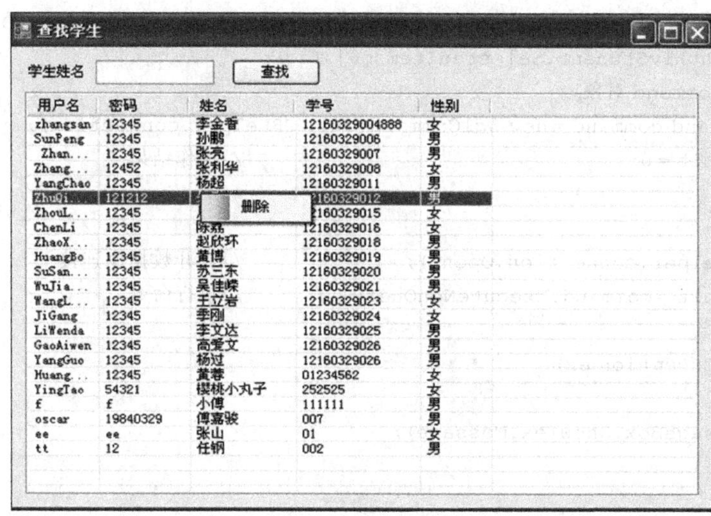

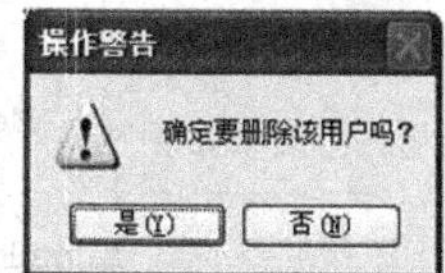

图 10.50 删除学生的信息

表 10.30 控件属性的设置

控件名称	属性名	属性值
快捷菜单	Name	cmsRight
菜单项	Name	tsmiDelete
	Text	删除

制作完成以后,将 ListView 控件的 ContextMenuStrip 属性设置为刚才制作的右键快捷菜单控件。

(2) 代码设计

```
private void tsmiDelete_Click(object sender, EventArgs e)
{
    //确保用户选择了一个学生才执行删除操作
    if (lvStudent.SelectedItems.Count ==0)
    {
        MessageBox.Show("您没有选择任何用户");
    }
    else
    {
        //为防止误删除,要先询问
        DialogResult choice =MessageBox.Show("确定要删除该用户吗?",
        "操作警告", MessageBoxButtons.YesNo, MessageBoxIcon.Warning);
        // 如果确定删除,则执行删除操作
        if (choice ==DialogResult.Yes)
        {
            // 用 SQL 语句删除内容
```

```
            string sql = string.Format("delete from Student where StudentID=
            {0}", (int)lvStudent.SelectedItems[0].Tag);
            //创建 Command 对象
            SqlCommand command = new SqlCommand(sql, DBHelper.connection);
            int result = 0;                                   //操作结果
            try
            {
                DBHelper.connection.Open();                   //打开数据库连接
                result = command.ExecuteNonQuery();           //执行命令
            }
            catch (Exception ex)
            {
                MessageBox.Show(ex.Message);
            }
            finally
            {
                DBHelper.connection.Close();                  //关闭数据库连接
            }
            if (result <1)                                    //操作失败
            {
                MessageBox.Show("删除失败!");
            }
            else                                              //操作成功
            {
                MessageBox.Show("删除成功!");
                btnSearch_Click(sender, e);
            }
        }
    }
```

(3) 运行程序

按 F5 键或单击工具栏上的"启动调试"按钮,程序开始运行。

任务 学生信息展示

1. 任务要求

在"教师主窗体"的菜单中选择"学生管理"→"学生信息列表"命令,打开如图 10.51 所示的窗体。

2. 任务实施

(1) 添加窗体并添加控件

在项目中添加学生信息列表窗体(StudentListForm.cs)。将 DataGridView 控件添

图 10.51 学生信息列表

加到窗体上，初始状态没有任何数据和列结构。

(2) 设置 DataGridView 控件和其中各列的属性

设置该 DataGridView 控件的属性如表 10.31 所示。

表 10.31 DataGridView 控件属性的设置

属 性	值
Name	dgvStudent
AutoSizeColumnMode	Fill
SelectionMode	FullRowSelect

① 选择 DataGridView 控件，在"属性"面板中单击 Columns 属性对应的按钮，弹出"编辑列"对话框，用于设置列属性，如图 10.52 所示。

② 单击"添加"按钮，弹出"添加列"对话框，用于在控件中定义添加的新列的属性，如图 10.53 所示。这里一般只设置"名称"和"页眉文本"两项。

③ 编辑列的属性，如图 10.54 所示。

DataGridView 中列对象常用的属性及说明如表 10.32 所示。

表 10.32 编辑列常用属性及说明

属 性	说 明
Name	获取或设置列名称
HeaderText	获取或设置列标题单元格的标题文本
DataPropertyName	获取或设置与本列绑定的数据源中的列的名称
Visible	指示该列是否可见
ReadOnly	指定单元格是否为只读

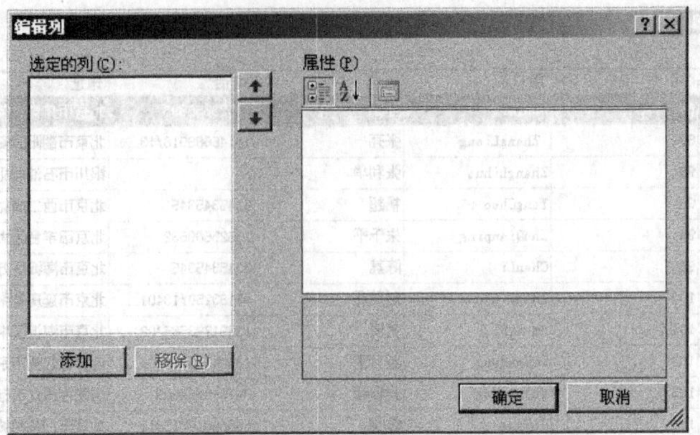

图 10.52 “编辑列”对话框

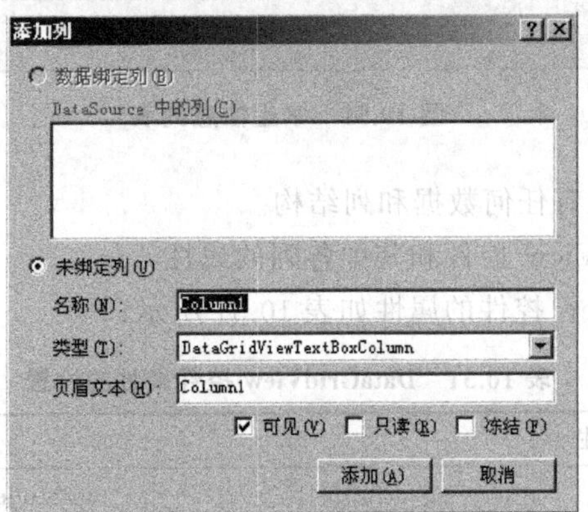

图 10.53 “添加列”对话框

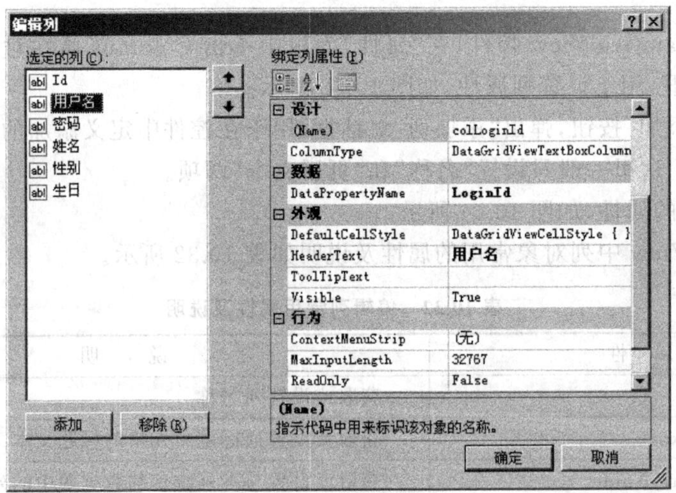

图 10.54 编辑列的属性

设置 DataGirdView 控件的 Column 属性，如表 10.33 所示。

表 10.33　设置 Column 的属性

列	Name 属性	HeaderText 属性	DataPropertyName 属性
Id	StudentId	Id	StudentId
用户名	LoginName	用户名	LoginName
姓名	StudentName	姓名	StudentName
电话	Phone	电话	Phone
地址	Address	地址	Address

(3) 代码设计

```
SqlDataAdapter dataAdapter;
DataSet dataSet =new DataSet();
private void StudentListForm_Load(object sender, EventArgs e)
{
    //查询使用的 SQL 语句
    string sql ="select StudentId, LoginName, StudentName, Phone, Address from
    Student";
    //创建 DataAdapter 对象
    dataAdapter =new SqlDataAdapter(sql, DBHelper.connection);
    //填充数据集
    dataAdapter.Fill(dataSet, "Student");
    //指定 DataGridView 数据源并显示数据
    dgvStudent.DataSource =dataSet.Tables["Student"];
}
```

(4) 运行程序

按 F5 键或单击工具栏上的“启动调试”按钮，程序开始运行。

任务　批量处理学生信息

1. 任务要求

单击“修改”“删除”“刷新”按钮可以对学生表进行相应操作，如图 10.55 所示。

2. 任务实施

(1) 在窗体中添加 4 个 Button 控件，控件属性设置如表 10.34 所示。

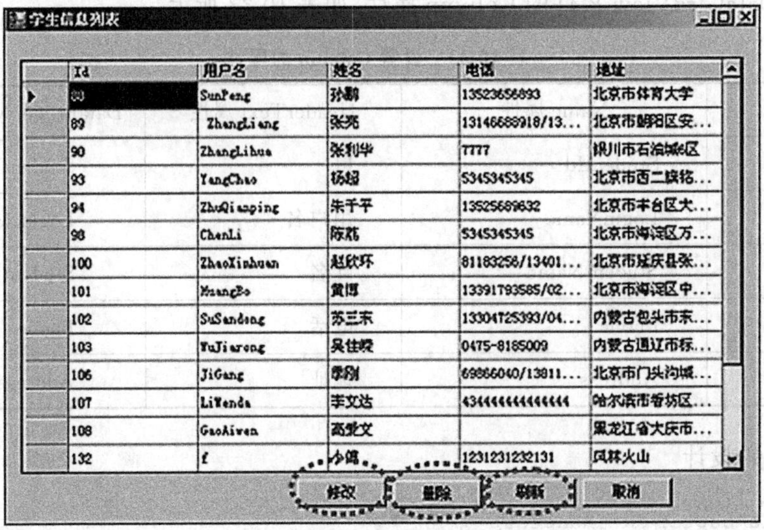

图 10.55 批量处理学生的信息

表 10.34 控件属性的设置

控件名称	属 性	属性值
Button1	Name	btnModify
	Text	修改
Button2	Name	btnDelete
	Text	删除
Button3	Name	btnRefresh
	Text	刷新
Button4	Name	btnClose
	Text	取消

(2) 代码设计如下。

① “修改”按钮的单击事件对应的代码如下：

```
private void btnModify_Click(object sender, EventArgs e)
{
    try
    {
        DialogResult result =MessageBox.Show("确定要保存修改吗?", "操作提示",
        MessageBoxButtons.OKCancel, MessageBoxIcon.Question);
        if (result ==DialogResult.OK)          // 确认修改
        {
            // 自动生成更新数据使用的命令
            SqlCommandBuilder builder =new SqlCommandBuilder(dataAdapter);
```

```
            //将已修改的数据提交到数据库中
            dataAdapter.Update(dataSet, "Student");
        }
    }
    catch(Exception e1)
    {
        MessageBox.Show(e1.Message);
    }
}
```

② “删除”按钮单击事件对应的代码如下：

```
private void btnDelete_Click(object sender, EventArgs e)
{
     DialogResult result = MessageBox.Show("确定要删除吗?", "操作提示",
     MessageBoxButtons.OKCancel, MessageBoxIcon.Question);
    if (result ==DialogResult.OK)               //确认修改
    {
        dataSet.Tables["student"].Rows[dgvStudent.CurrentRow.Index].Delete();
        SqlCommandBuilder sb =new SqlCommandBuilder(dataAdapter );
        dataAdapter.Update(dataSet , "student");
        MessageBox.Show("删除成功");
    }
}
```

③ “刷新”按钮的单击事件对应的代码如下：

```
private void btnRefresh_Click(object sender, EventArgs e)
{
    dataSet.Tables["student"].Clear();
    dataAdapter.Fill(dataSet, "Student");
}
```

④ “取消”按钮的单击事件对应的代码如下：

```
private void btnClose_Click(object sender, EventArgs e)
{
    this.Close();
}
```

(3) 按 F5 键或单击工具栏上的“启动调试”按钮，程序开始运行。

小　结

本单元主要介绍了 ADO.NET 数据库访问技术。ADO.NET 用于访问和操作数据的两个主要组件是.NET Framework 数据提供程序和 DataSet 数据集。.NET Framework 数据提供的对象包括 Connection 对象(建立数据库连接)、Command 对象(执行数据库的命令)、DataReader 对象(读取从数据库中查询到的多个数据)、DataAdapter 对象(数据适配器,将数据库中的数据装载到 DataSet 数据集中,并把修改的数据更新到数据库中)。DataSet 数据集是一个临时仓库,用于临时存储数据,保存在客户端的内存中。最后介绍了 dataGridView 数据绑定控件的方法。

同步实训和拓展实训

1. 实训目的

掌握 ADO. NET 的基本概念;熟练掌握 Connection 对象、Command 对象、DataReader 对象、DataAdapter 对象的使用方法;掌握 Dataset 数据集的结构及使用。

2. 实训内容

同步实训:创建一个项目,本项目假设数据库中有一张表 employee,该表用来存储职工信息,其中的称呼字段存放用户称呼,即"先生"或"小姐"(字符型)。表的结构和数据如图 10.56 所示。

表 - dbo.employee | 表 - dbo.employee* | 摘要

列名	数据类型	允许空
员工编号	int	☐
姓名	nvarchar(20)	☐
名	nvarchar(10)	☐
职称	nvarchar(30)	☑
称呼	nvarchar(25)	☑
出生日期	datetime	☑
雇用日期	datetime	☑
地址	nvarchar(60)	☑
城市	nvarchar(15)	☑
附注	ntext	☑
		☐

员工编号	姓名	名	职称	称呼	出生日期	雇用日期	地址	城市	附注
1	张金文	Mary	业务	小姐	1968-12-08 0...	1992-01-05 0...	北市仁爱路二...	台北市	财力雄厚,...
2	陈季暄	Bradley	业务经理	先生	1952-02-19 0...	1992-08-14 0...	北市敦化南路...	台北市	工作态度认真
3	赵飞燕	Kim	业务	小姐	1963-08-30 0...	1992-04-01 0...	北市忠孝东路...	台北市	工作有效率
4	林美丽	Chris	业务	小姐	1958-09-19 0...	1993-05-03 0...	北市南京东路...	台北市	积极向上
5	刘天王	Mike	业务	先生	1955-03-04 0...	1993-10-17 0...	北市北平东路2...	台北市	个性随和
6	高规格	Bill	业务	先生	1963-07-02 0...	1993-10-17 0...	北市中山北路...	台北市	有理想抱负
7	郭国臧	Steven	业务	先生	1960-05-29 0...	1994-01-02 0...	北市师大路67号	台北市	曾在 Believe...
8	苏涵蕴	Maggie	业务主管	小姐	1958-01-09 0...	1994-03-05 0...	北市绍兴南路9...	台北市	曾经当选好...
9	孟庭亭	Linda	业务	小姐	1969-07-02 0...	1994-11-15 0...	北市信义路二...	台北市	曾在事务所...
12	赖俊良	Eddie	资深工程师	先生	1972-12-06 0...	1995-12-06 0...	北市北平东路2...	台北市	英俊帅哥,...
13	何大樘	David	助手	先生	1961-12-06 0...	1993-12-06 0...	北市北平东路2...	台北市	工作态度认真
14	王大德	John	工程师	先生	1968-12-14 0...	1994-12-14 0...	北市北平东路2...	台北市	英俊帅哥,...

图 10.56　employee 表的结构和数据

(1) 项目运行时会出现如图 10.57 所示界面，窗体标题栏显示员工的编号和姓名等信息。

(2) 界面中组合框的值是从数据库中读取的员工编号，编号只能选择不能输入，如图 10.58 所示。

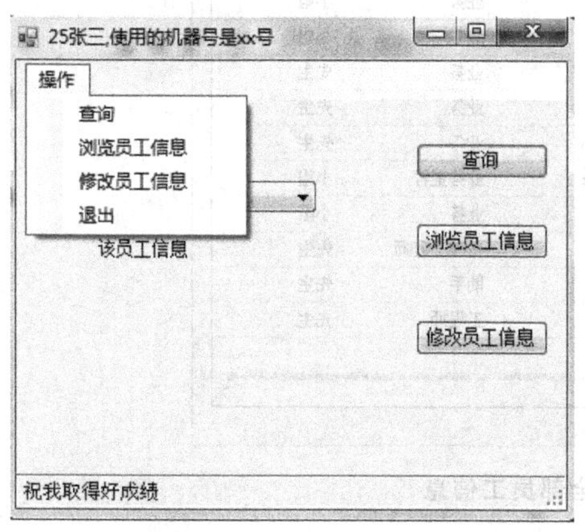

图 10.57　显示员工的编号和姓名

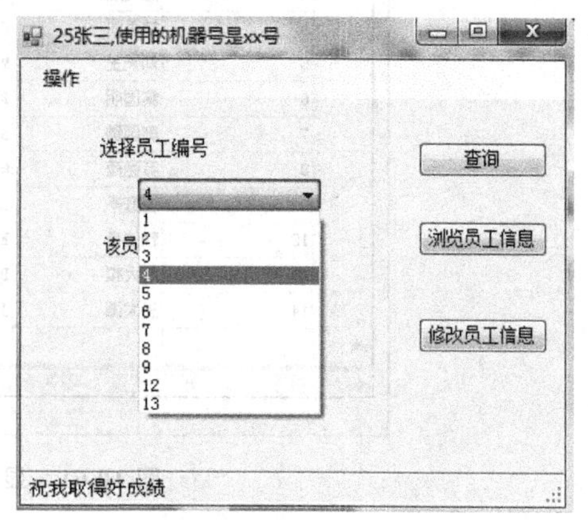

图 10.58　员工编号只能选择

(3) 单击“查询”按钮，如果组合框中未选择员工编号，则给出如图 10.59 所示的提示；如果选择了员工编号，则显示出该员工的主要信息(姓名＋称呼＋附注)，如图 10.60 所示。

图 10.59　未选择员工编号时给出提示

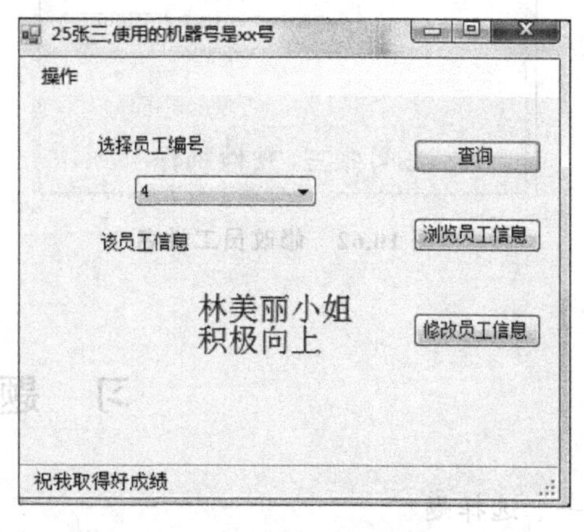

图 10.60　选择员工编号时的显示

(4) 单击“浏览员工信息”按钮，可以打开浏览全部员工信息的界面，如图 10.61 所示。

(5) 单击“修改员工信息”按钮，则可打开“修改员工姓名”窗体，窗体下方会显示员工编号和姓名的组合以及“软件制作”的文本，如图 10.62 所示。

输入要修改的员工编号，单击“保存修改”按钮，会将第二个文本框的值作为员工姓名保存到数据库中，并显示修改成功的提示信息，如图 10.63 所示。

(6) 选择“退出”命令可以退出整个应用程序。

拓展实训：完成在线考试系统其他功能。

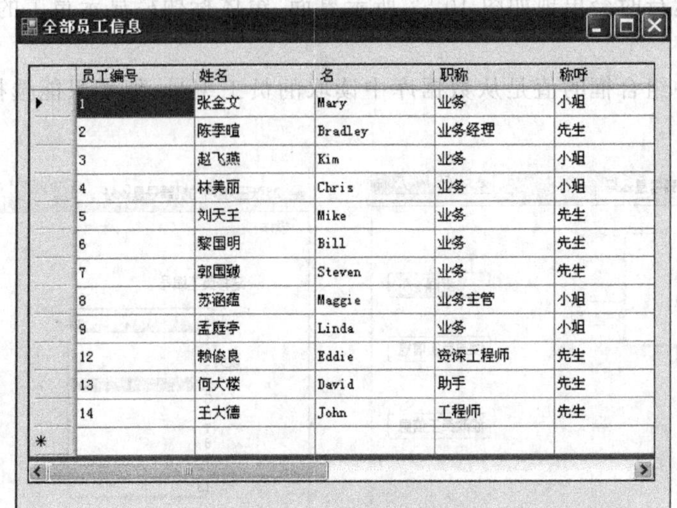

员工编号	姓名	名	职称	称呼
1	张金文	Mary	业务	小姐
2	陈季暄	Bradley	业务经理	先生
3	赵飞燕	Kim	业务	小姐
4	林美丽	Chris	业务	小姐
5	刘天王	Mike	业务	先生
6	黎国明	Bill	业务	先生
7	郭国臻	Steven	业务	先生
8	苏涵蕴	Maggie	业务主管	小姐
9	孟庭亭	Linda	业务	小姐
12	赖俊良	Eddie	资深工程师	先生
13	何大樑	David	助手	先生
14	王大德	John	工程师	先生

图 10.61　显示全部员工信息

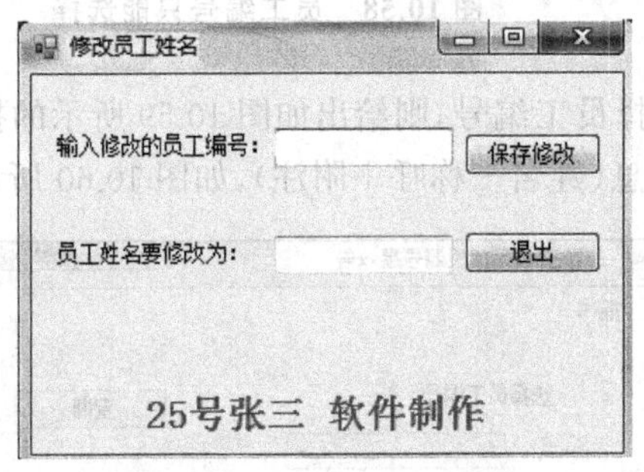

图 10.62　修改员工姓名

图 10.63　修改成功的提示信息

习　题　10

一、选择题

1. 如果想使用 SqlCommand 对象对 SQL Server 数据库进行操作，应该引入(　　)命名空间。

A. System.Data.OldeDb　　B. System.Data.SqlClient

C. System.Data.Odbc　　D. System.Data.OracleClient

2. ADO.NET 中连接 SQL Server 数据库是利用(　　)对象。

A. SqlCommand　　B. SqlDataAdapter

C. SqlDataReader　　D. SqlConnection

3. 插入、删除、修改数据可用 SqlCommand 对象的(　　)方法。

A. ExecuteReader　　B. ExecuteScalar

C. ExecuteNonQuery　　　　D. EndExecuteNonQuery

4. 在 ADO. NET 中，为访问 DataTable 对象从数据源提取的数据行，可使用 DataTable 对象的(　　)属性。

A. Rows　　B. Columns　　C. Constraints　　D. DataSet

5. ADO.NET 在非连接模式下处理数据内容的主要对象是(　　)。

A. Command　　B. Connection　　C. DataReader　　D. DataSet

6. 若将数据集中所作更改更新回数据库，应调用 SqlDataAdapter 的(　　)方法。

A. Open()　　B. Close()　　C. Fill()　　D. Update()

7. 若将数据库中的数据填充到数据集，应调用 SqlDataAdapter 的(　　)方法。

A. Open()　　B. Close()　　C. Fill()　　D. Update()

8. .NET 框架中的 SqlCommand 对象的 ExecuteReader 方法返回一个(　　)对象。

A. SqlDataReader　　B. DataSet　　C. SqlDataAdapter　　D. XMLReader

9. 使用 SqlDataReader 一次可以读取(　　)条记录。

A. 0　　B. 1　　C. 2　　D. 3

二、填空题

1. ADO.NET 对象模型包含________和________两部分。

2. 在设置连接字符串时，参数 Initial Catalog 代表的含义是________。

3. 成功向数据库表中插入 5 条记录，当调用 ExecuteNonQuery 方法后，返回值为________。

4. 请将下面的代码补充完整，以便在 DataGridView1 控件中显示查询到的数据。

```
private void Form1_Load(object sender, EventArgs e)
{
    string strCon ="Server=(local);User Id=sa;Pwd=;DataBase=myschool";
    SqlConnection sqlcon =new SqlConnection(strCon);
    SqlDataAdapter sqlda =new SqlDataAdapter("select * from student",sqlcon);
    DataSet myds =new DataSet();
    sqlda.Fill(myds,"mystudent");
    ______________________________
}
```

参考文献

[1] 邵顺增,李琳.C#程序设计——Windows项目开发[M]. 北京：清华大学出版社,2008.

[2] 张志强,等.C#程序设计案例教程[M]. 北京：清华大学出版社,2013.

[3] 韦鹏程,张伟,朱盈贤.C#应用程序设计[M]. 北京：中国铁道出版社,2011.

[4] 邓锐,佘维,等.C#程序设计案例教程[M]. 北京：清华大学出版社,2013.

[5] 张震,陈金萍,李秋,等. C#.NET程序设计项目化教程[M]. 北京：清华大学出版社,2018.